国家科学技术学术著作出版基金资助出版

非晶合金及其复合材料的冲击响应

薛云飞　王　鲁　才鸿年　著

科学出版社

北　京

内 容 简 介

本书主要研究冲击载荷下非晶合金及其复合材料的响应特征，共分为5章，系统阐述了冲击响应行为评价方法、表征手段、结构性能及变形断裂等诸多方面。本书研究内容对于理解和掌握非晶合金及其复合材料的冲击响应行为，推动该类材料在兵器、船舶、航空、航天等领域的应用具有重要价值。

本书可为材料科学与工程、动态力学等相关学科的研究生和工程技术人员提供理论和技术参考。

图书在版编目（CIP）数据

非晶合金及其复合材料的冲击响应/薛云飞，王鲁，才鸿年著．—北京：科学出版社，2019.11

ISBN 978-7-03-061206-9

Ⅰ．①非… Ⅱ．①薛… ②王… ③才… Ⅲ．①非晶态合金-复合材料 Ⅳ．①TG139

中国版本图书馆 CIP 数据核字（2019）第 091691 号

责任编辑：万瑞达 / 责任校对：王万红
责任印制：吕春珉 / 封面设计：东方人华

科学出版社 出版
北京东黄城根北街 16 号
邮政编码：100717
http://www.sciencep.com
北京虎彩文化传播有限公司 印刷
科学出版社发行　各地新华书店经销
*
2019 年 11 月第 一 版　开本：787×1092 1/16
2019 年 11 月第一次印刷　印张：13 插页：3
字数：298 000

定价：98.00 元

（如有印装质量问题，我社负责调换〈虎彩〉）
销售部电话 010-62136230 编辑部电话 010-62130874（VA03）

前 言

非晶合金具有长程无序结构，从而表现出许多不同于传统合金的优异性能，如高屈服强度、高硬度、低杨氏模量、较高的断裂韧度，以及良好的耐磨和耐腐蚀性能，它是一种近些年快速发展起来的极具研究价值和应用前景的新型亚稳金属材料。另外，非晶合金高度局域化的剪切断裂模式导致其几乎无宏观塑性变形能力，这又严重限制了非晶合金作为结构材料的应用。为了提高非晶合金的塑性变形能力，人们主要通过添加第二相阻碍剪切带扩展/诱发更多剪切带的形成，实现非晶合金塑性的提高。基于这一理念，科研工作者开发出了大量的非晶复合材料，这为非晶合金的应用奠定了扎实的基础。

非晶合金及其复合材料因其独特的性能优势，在冲击环境下服役具有诸多应用可能。例如，高度局域化的剪切断裂模式会诱发自锐化效应，有利于侵彻能力的提升；如高硬度、高弹性的特点会诱发“界面驻留”，有利于防护能力的提升。以上特点为非晶合金的应用拓展了新的领域。目前，国外在这方面的研究不但相对较少，而且缺乏对相关工作的归纳、总结和提升。本课题组从事非晶合金及其复合材料的冲击响应行为研究近 20 年，对该类材料的冲击响应行为认识深刻，研究成果得到国内外同行的广泛认可。本书是本课题组多年研究工作的总结，是团队老师、同学长期努力的成果。

全书共分 5 章，其中：第 1 章是绪论，重点围绕非晶合金的形成机制、力学性能及形变机理展开论述，同时阐述了不同种类非晶复合材料的优缺点；第 2 章主要介绍非晶合金在不同冲击加载方式下的响应行为，包括动态压缩、动态硬度、平面冲击、高速撞击及激光冲击，从不同角度分析冲击载荷下非晶合金的微结构演化与变形断裂机制；第 3 章主要介绍应用于毁伤领域的 W 丝/非晶复合材料的动态响应行为，重点阐述温度、W 丝直径、W 丝体积分数及加载角度等对该类复合材料冲击响应行为的影响，并据此指导 W 丝/非晶复合材料的结构优化设计；第 4 章主要介绍同样应用于毁伤领域的具有三维连通网络结构的多孔 W/非晶复合材料，重点从两相相互作用角度阐述其动态响应行为；第 5 章主要介绍应用于轻质装甲防护领域的新型多孔 SiC/非晶复合材料的冲击响应特征，为其实际装备应用奠定基础。

本书内容属于国家自然科学基金面上项目“多孔 W/Zr 基大块非晶复合材料准静态和动态力学行为研究”（No.10872032）、“基于残余应力和缺陷控制的非晶合金塑性提高及机理研究”（No.51471035），国家自然科学基金青年科学基金项目“多孔 W/Zr 基非晶复合材料的原位微观力学行为研究”（No.51101018）、“多孔 W/Zr 基非晶合金活性材料的释能机理研究”（No. 51701018）的课题研究成果，即来自于课题组才鸿年院士、王鲁和薛云飞等的研究成果，博士研究生刘娜、刘俊、李洁琼、马丽莉、张昕嫱、王本鹏、谈震、党一纵、张龙，硕士研究生生刘伟华、兰山、邵长星、李丹、简荣、王智春、张静、温宝海、王斯玉、刘超超、王珊、钟鑫、许洁、于本钦也为本书提供了有价值的数据和基本素材。

特别感谢中国科学院金属研究所张海峰研究员团队在非晶合金及其复合材料制备、部分数据和资料方面给予的大力支持。

由于作者学识水平有限，书中难免存在不妥之处，如读者发现并能通过邮件（xueyunfei@bit.edu.cn）告知，作者将非常感谢，并会在后续工作中予以更正。

著者

2018 年 9 月

目录

第1章 绪　　论

1.1　非晶合金的定义

自然界中的物质存在3种聚集状态，即气态、液态和固态。从组成物质的原子模型考虑，物质可分为两类：一类为有序结构，另一类为无序结构。晶体为典型的有序结构，而气态、液态和某些固态（如非晶态固体）属于无序结构。因此，固态物质可分为晶态和非晶态固体。

非晶态是一种短程有序、长程无序的结构。与晶态材料具有周期性的晶体结构相反，非晶态材料的晶体结构仅在很小的范围内具有周期性，如图1-1所示。这种结构上的差异使非晶态材料与晶态材料具有完全不同的特性。非晶态材料在人类社会中一直因其独特的性能而发挥着各种作用。

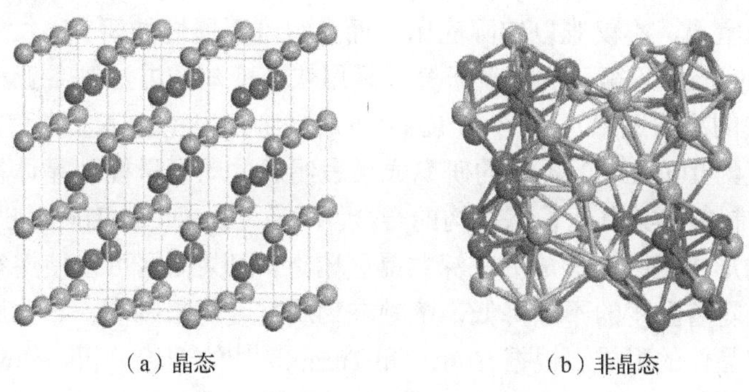

（a）晶态　　（b）非晶态

图1-1　晶态和非晶态的微观结构

非晶合金（amorphous alloy）又称金属玻璃（metallic glass），是一种近些年发展起来的极具研究价值和应用前景的新型材料。非晶合金长程无序但短程有序，原子在空间排列上不呈周期性和平移对称性，没有晶粒、晶界存在，但是原子间仍以金属键结合，在1～2nm的微小尺度内，与近邻或次近邻原子间的键合（如配位数、原子间距、键角和键长等参量）具有一定的规律性[1-5]。图1-2所示为非晶合金和晶体合金原子排列示意图，相比于晶体合金，非晶合金没有晶界和空位等缺陷，原子排列呈均质界面[6]。

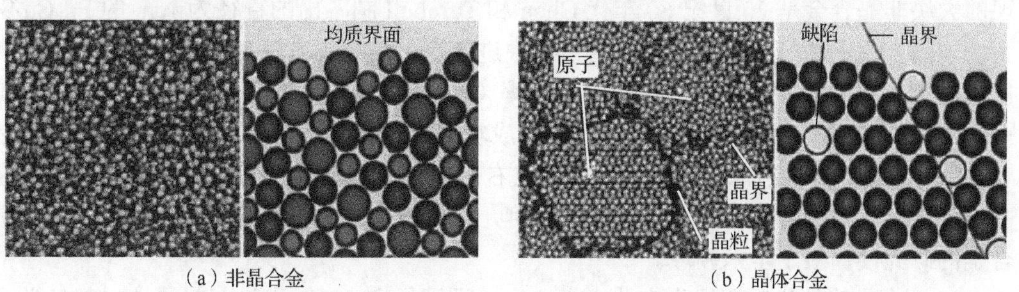

（a）非晶合金　　（b）晶体合金

图1-2　非晶合金和晶体合金原子排列示意图

其中，短程有序可分为化学短程有序和几何短程有序。化学短程有序是指合金元素的混乱状态，即每个合金原子周围的化学成分与平均成分不同的度量；几何短程有序包括拓扑短程有序和畸变短程有序。非晶合金的微观结构与液态金属相似，但又不完全相同。液态金属的短程有序范围约为 4 个原子间距，而非晶合金为 5～6 个原子间距，前者中原子可以做大于原子间距的热运动，而后者中原子主要做运动距离远小于一个原子间距的热振动。

1.2　非晶合金的发展

以离子键、共价键、范德瓦耳斯力和氢键作为主要结合力的固态材料均可以通过较为简单的方法将其制成无定形态，而以金属键结合的金属合金则很难制成无定形态。早在 20 世纪 30 年代，德国科学家 Kramer[7]就采用气相沉积的方法首次获得了非晶态薄膜。20 世纪 40 年代，Brenner 等[8]采用电沉积法制备了 Ni-P 非晶合金。后来，Buckel 和 Hilsch[9]也通过在极低温的金属板上沉积 Ga-Bi 金属获得非晶态薄膜。但是这些非晶合金薄膜的晶化温度都低于室温，不仅难以实际应用，而且很难开展性能研究。

1960 年，Klement 等第一次系统研究了采用快速冷却的方法制备亚稳态合金的可能性[10]，并在极快的冷却速率（10^5～10^6K/s）下成功制备出室温下非常稳定的 $Au_{75}Si_{25}$ 非晶合金带，厚度约 10μm。Duwez 的研究成果表明通过动力学控制晶体相的形核和长大过程，可以成功制备出具有亚稳态结构的合金。随后，Cohen 和 Turnbull[11]发现 $Au_{75}Si_{25}$ 二元非晶合金的形成是因为该成分在深共晶区附近，深共晶区可以使熔融态物质在较低温度保持稳定，随着温度的不断降低，熔融态物质黏度越来越高，导致原子能动性随之降低，进而阻碍晶体的形成。根据 Cohen 和 Turnbull[11]的理论分析，Duwez 等发现了新的合金体系 Pd-Si[12]。之后，Chen 和 Turnbull 对非晶形成理论又做了进一步研究，他们首次阐明了非晶合金和其他非金属玻璃（如硅酸盐、陶瓷玻璃和聚合物等）的相似性，同时 Turnbull 还大胆预测，随着约化玻璃化转变温度 T_{rg}（$T_{rg}=T_g/T_m$，其中 T_g 为玻璃化转变温度，T_m 为熔点）从 0.5 逐渐升高到接近 2/3，晶体在过冷液相区中的均匀形核会越来越困难[13,14]。这一经验准则对后来非晶合金的发展起到了关键性的指导作用，至今这一经验准则仍然具有非常高的参考价值。

通常将三维尺寸达到厘米级的非晶合金称为大块非晶合金。基于这一概念，最早出现的大块非晶合金是 20 世纪 60 年代 Chen 和 Turnbull 制备出的直径为 1cm 的 Pd-Cu-Si 大块非晶合金，他们采用将石英管放置水中进行淬火的制备方法，相比 Duwez 等第一次成功制备 $Au_{75}Si_{25}$ 非晶薄带时的冷却速率（10^6K/s），该冷却速率降低到 10^3K/s 左右[12]。之后，该科研小组采用同样的方法又成功制备出直径达到厘米级的 Pd-Ni-P 非晶合金[15-17]，临界冷却速率降低到了 10K/s 左右。Pd 基大块非晶合金的研制成功极大地提高了各国科研工作者对非晶合金的关注程度，但由于 Pd 的成本太高，人们对该系非晶合金的研究仅局限于学术领域。

20 世纪 80 年代后期日本东北大学 Inoue 课题组和 90 年代初期美国加州理工学院

Johnson 课题组分别在大块非晶合金的研究方面取得了突破性的进展，为推动非晶合金的发展做出了突出的贡献。Inoue 等成功制备出由普通合金元素组成的具有更低临界冷却速率的大块非晶合金，他们首先系统研究了富含 Al 的 La 基三元合金的玻璃形成能力（glass-forming ability，GFA），并且利用熔铸旋转技术和铜模铸造技术成功制备出直径达几十厘米的三元 La 基大块非晶合金，如 La-Al-Ni 和 La-Al-Cu 等，之后又成功制备出具有较大过冷液相区的 Zr 基、Ti 基等三元合金[18-21]。在 La 基三元非晶合金的基础上，Inoue 等的课题组又发展了四元、五元 La 基大块非晶合金（如 La-Al-Cu-Ni 和 La-Al-Cu-Ni-Co 大块非晶合金），其临界冷却速率低于 100K/s[22]。Inoue 等的课题组在制备 Mg 基大块非晶合金方面也取得了突破性的进展，制备出 Mg-Cu-Y、Mg-Y-Ni 等大块非晶合金[23-25]。同时，该课题组在 Zr 基非晶合金[3,26,27]和 Fe 基非晶合金[28,29]方面也做了大量卓有成效的工作,其中 $Zr_{65}Cu_{17.5}Al_{7.5}Ni_{10}$ 非晶合金的直径达到了 16mm[3]。上述合金体系的临界冷却速率均在 100K/s 左右，在未达到玻璃化转变温度之前表现出良好的热稳定性。1993 年，Peker 和 Johnson 制备出具有优异玻璃形成能力的 $Zr_{41.2}Ti_{13.8}Cu_{12.5}Ni_{10.0}Be_{22.5}$ 大块非晶合金，其临界冷却速率仅为 1.8K/s，临界浇注直径达到 10cm，并且第一次用于商业化生产，商标名为 Vit 1[30]。然而，由于合金元素 Be 有毒，该合金体系在实际应用中受到了很大的限制。之后，Lin 和 Johnson 制备出无 Be 元素的 Zr 基大块非晶合金，即 Zr-Ti(Nb)-Cu-Ni-Al 合金体系，如 $Zr_{52.5}Ti_5Cu_{17.9}Ni_{14.6}Al_{10}$（商标名 Vit 105）和 $Zr_{57}Nb_5Cu_{15.4}Ni_{12.6}Al_{10}$（商标名 Vit 106），其临界冷却速率约为 10K/s[31,32]。同时，Ni 基[33,34]、Ti 基[35,36]、Fe 基[37,38]和 Cu 基[39-41]大块非晶合金也得到了空前的发展。图 1-3 简要概括了非晶合金临界尺寸自 1960 年以来逐渐增大的发展过程[42]。图 1-4 列出非晶合金临界尺寸大于 10mm 的非晶合金体系及开发年份[43]。

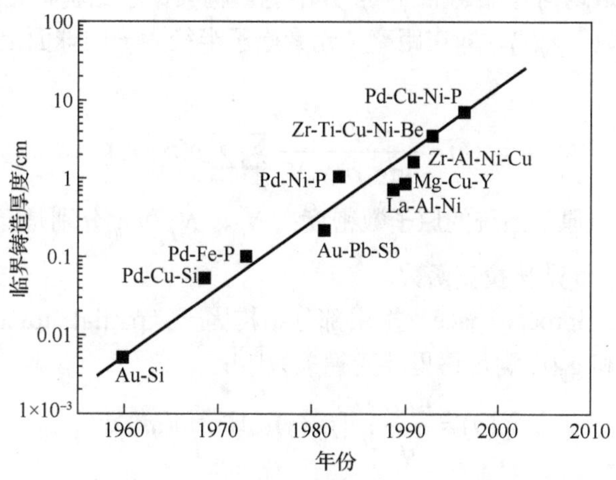

图 1-3 非晶合金临界尺寸的发展

进入 21 世纪以来，非晶合金的研究如火如荼，相继开发出一系列具有优异力学性能的非晶合金，如具有室温压缩超塑性[44,45]、加工硬化[46,47]的非晶合金和具有低玻璃化转变温度的金属塑料[47,48]。

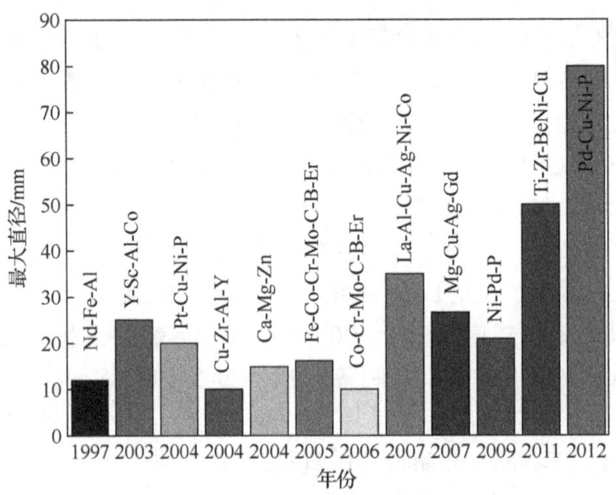

图 1-4　临界尺寸大于 10mm 的非晶合金体系及开发年份[43]

1.3　非晶合金的结构

非晶合金具有原子长程无序的特征，所以其结构不像晶体那样简单。晶体结构具有长程有序和平移对称性，确定一个晶胞便可知整个晶体中的原子占位。晶体的 Bravais 点阵类型只有 14 种，考虑点阵上具体的结构单元与其对称操作，晶体的空间群也只有 230 种。非晶合金的原子结构非常复杂，通常采用对分布函数（pair distribution function，PDF）$g(r)$ 来描述在距离一个原子半径为 r 的球面上存在另一个原子的平均概率[49]。对于多元体系，仅知道均匀非晶态的 $g(r)$ 并不能重构其原子结构，还需要确定各“元素特定部分对分布函数”$g_{ij}(r)$，即在距离 i 元素原子半径为 r 的球面上存在 j 元素原子的平均概率[49]为

$$g_{ij}(r)=\frac{N}{4\pi r^2\rho\,N_iN_j}\sum_{\xi=1}^{N_i}\sum_{\zeta=1}^{N_j}\delta(r-r_{ij})\tag{1-1}$$

式中，ρ 是含有 N 个原子系统的原子数密度；N_i、N_j 和 r_{ij} 分别是元素 i 和 j 的原子数和原子之间的距离；δ 是狄拉克函数。

在倒易空间（reciprocal space）里用部分结构因子（partial structure factor）$S_{ij}(q)$描述非晶结构。$S_{ij}(q)$和 $g_{ij}(r)$ 满足傅里叶变换关系[49]：

$$S_{ij}(q)=\frac{4\pi\rho}{q}\int_0^{\infty}[g_{ij}(r)-1]\,r\sin(qr)\,\mathrm{d}r\tag{1-2}$$

式中，q 是倒易空间的距离。非晶合金的总结构因子 $S(q)$ 可以通过 X 射线或者电子衍射直接获得，$S(q)$ 是 $S_{ij}(q)$ 的加权平均，即

$$S(q)=\sum_i\sum_j\frac{c_ic_jf_if_j}{\left(\sum_i c_if_i\right)^2}S_{ij}(q)\tag{1-3}$$

式中，c_i、c_j 和 f_i、f_j 分别是 i 型和 j 型原子的原子浓度和散射系数。

通过式（1-3）不能获得$S_{ij}(q)$，但是不同元素原子具有不同电子能级，因此$S_{ij}(q)$可通过X射线吸收精细结构（X-ray absorption fine structure，XAFS）等试验手段确定[50]。

早在1959年，Bernal[51]就提出硬球无规则密堆（dense random packing of hard sphere，DRPHs）模型，发现该结构不可避免地包含一些孔隙。Bernal将其归为5种类型，其中大部分为四面体。该模型中原子团簇包含许多五边形的面，这意味着非晶态中易于存在五次对称的结构，如二十面体[51,52]。DRPHs模型的堆垛密度仅为0.64，小于实际液体的堆垛密度[52]。另外，Torquato[53]指出“密堆”和“随机”并不相容，当体系足够密实时，有序总是会出现。为了突破DRPHs模型的堆垛密度极限，Borodin提出了多四面体堆垛模型（polytetrahedral packing model）[54]，其可以有效描述短程有序。另外，多面体特定的连接规则表明，存在一定程度的中程有序[50]。由于非晶态中最近邻原子之间的作用很强，Gaskell[55]考虑非晶态中化学短程有序和对应晶态相一致，提出立体化学模型（stereochemical model）。在一些非晶合金中，该模型取得了较好的结果。类似地，董闯提出“团簇和黏结原子”模型[56]，并据此寻找具有高玻璃形成能力的合金成分。Miracle[57]对于贫溶质的非晶合金提出“团簇有效堆垛”（efficient cluster packing，ECP）模型，认为被溶剂原子包围的溶质原子形成团簇，团簇之间共享部分溶剂原子，并在空间（1～2 nm）中按照密排结构排列。该模型对确定中程有序仍有很大的困难[50]。

从上面非晶合金的结构模型可知，由于短程有序和中程有序的复杂性、多样性，非晶合金的原子结构仍在探索阶段。

1.4 非晶合金的形成机制

非晶相的形成机制有多种分类方法[58,59]，根据获得非晶相的过程，非晶合金相的形成机制可分为3类：连续冷却过程中形成非晶相、合金成分变化诱发非晶化和外部作用导致非晶化。

1.4.1 连续冷却过程中形成非晶相

1. 熔体快淬

Klement等通过熔体快淬（quenching of melts）首次获得Au-Si非晶合金，并由此揭开了非晶合金研究的序幕[10]。实际上，几乎在同时，Turnbull和Cohen[14,60]根据经典形核理论，已预言任何合金熔体都可以通过快淬来避免晶核的形成，在其玻璃化转变温度时冻结为非晶态合金。

熔体快淬这一机制通常用“连续-冷却-转变”（continuous cooling transformation，CCT）曲线来描述。CCT曲线的位置与形核率I和晶核长大速率u相关。形核率指过冷熔体中单位体积、单位时间内形成的晶核数目。根据经典形核理论，均匀形核的稳态形核率为[61]

$$I=\frac{A}{\eta}\exp\left(-\frac{\Delta G^{*}}{k_{\mathrm{B}}T}\right)=\frac{A}{\eta}\exp\left(-\frac{16\pi\gamma_{\mathrm{SL}}^{3}}{3k_{\mathrm{B}}T\Delta G_{\mathrm{V}}^{2}}\right) \tag{1-4}$$

式中，A是常数；T是温度；k_{B}是玻尔兹曼常量；ΔG^{*}是形核所需越过的自由能；γ_{SL}是

晶核和过冷液体之间的界面能；η 是黏度；ΔG_V 是晶核和过冷液相之间单位体积自由能之差。式（1-4）中 γ_{SL} 可以通过 Spaepen-Thompson 界面负熵模型[62,63]进行估算：

$$\gamma_{SL} = \kappa \frac{T\Delta S}{(N_A V_{mol}^2)^{1/3}} \tag{1-5}$$

式中，κ 是与晶核晶体结构相关的常数，对于面心立方结构（face center cubic，FCC）和密排六方结构（hexagonal close packed，HCP），κ 取 0.86；对于体心立方结构（body center cubic，BCC），κ 取 0.71[62,64]。N_A 是阿伏伽德罗常量；V_{mol} 是晶核的摩尔体积，可以根据 X 射线衍射数据和晶核的成分确定；ΔS 是晶核和过冷液相之间的熵差。晶核长大速率可以表示为[61,65]

$$u = \frac{k_B T}{3\pi\eta\, l^2}\left[1-\exp\left(-\frac{n\Delta G_V}{k_B T}\right)\right] \tag{1-6}$$

式中，l 为平均原子直径；n 为平均原子体积。从式（1-4）和式（1-6）可知：形核率 I 和晶核长大速率 u 都随着温度的下降呈现先增大、后减小的趋势，在某一中间温度达到最大值。值得说明的是，形核率 I 的极值温度总是低于晶核长大速率 u 的极值温度[61,66]。

晶体的体积分数 f 可以通过形核率 I 和晶核长大速率 u 对时间的积分来获得，即

$$f = \int_0^t I(t')\mathrm{d}t' \frac{4}{3}\pi\left[\int_{t'}^t u(t'')\mathrm{d}t''\right]^3 \tag{1-7}$$

对于等温晶化过程，形核率 I 和晶核长大速率 u 都与时间无关，则式（1-7）可以简化为

$$f = \frac{4}{3}\pi I u^3 t^4 \tag{1-8}$$

通常认为临界体积分数为 10^{-6} 时，过冷液体中开始出现晶态相，因此过冷液体在不同温度开始晶化的时间（孕育期）为

$$t = \left(\frac{3\times10^{-6}}{4\pi I u^3}\right)^{\frac{1}{4}} \tag{1-9}$$

根据式（1-9）[67-69]或者直接通过等温晶化试验[65,70-72]可得到“温度-时间-转变”（time temperature transformation，TTT）曲线。连续冷却过程中 CCT 曲线不易测定，所以 CCT 通常采用 Scheil 或者 Grange-Kiefer 方法[68,73]从 TTT 曲线转变得到。由于 CCT 曲线和 TTT 曲线的上半部分相似[74,75]，C 形的 TTT 曲线常用来定性描述非晶合金的凝固过程。

如果合金熔体冷却速率足够快，冷却曲线会绕过 C 形的 TTT 曲线的鼻尖温度 T_n，过冷熔体不会结晶，而在玻璃化转变温度冻结为非晶合金固体。对于任何合金，其玻璃形成临界冷却速率 $R_c=(T_m-T_n)/t_n$（式中，T_m 是合金熔点；T_n 和 t_n 分别是鼻尖处所对应的温度和时间）可以通过 C 形的 TTT 曲线确定。对于成分一定的合金熔体，临界冷却速率 R_c 是其固有特征属性。不同成分的熔体具有不同的临界冷却速率，从传统单质金属的 10^{12} K/s 变化到 $Pd_{42.5}Cu_{30}Ni_{7.5}P_{20}$ 的 0.067 K/s[76]，如图 1-5 所示。在实际的快淬过程中，熔体常常因为异质形核而晶化，所以可以通过 B_2O_3 包覆处理、悬浮熔炼或选用高纯度原料来降低临界冷却速率[77,78]。

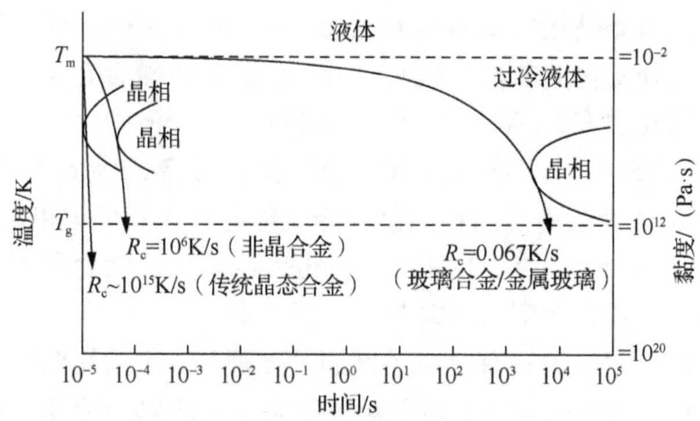

图 1-5 通过熔体快淬形成非晶合金的示意图[76]

尽管单质金属的临界冷却速率高达 10^{12} K/s，但是 2014 年 Zhong 等[79]通过电脉冲原位加热透射电子显微镜实现了高达 10^{14} K/s 的冷却速率，BCC 单质金属熔体可以绕过其结晶 C 形的 TTT 曲线的鼻尖温度形成非晶固体。然而这种技术却不能把 FCC 或者 HCP 单质金属冻结为非晶态，Greer[80]认为这是由于密排六方结构的晶体具有很高的生长速率，在快淬过程中，图 1-6 中两侧的晶体会非常迅速地向熔体中生长，完全晶化。

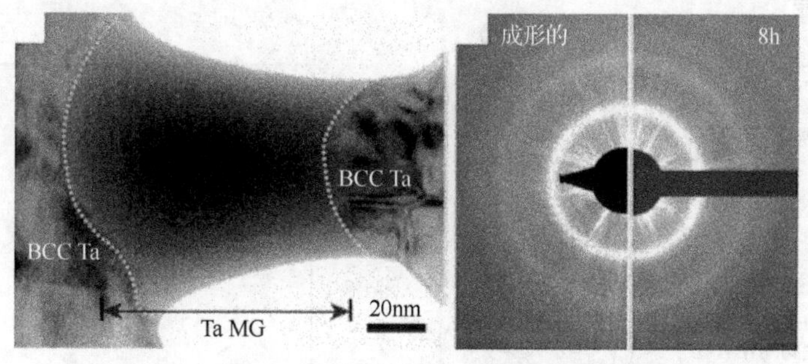

图 1-6 超快凝固获得 BCC 单质非晶态金属[79]

MG—metallic glass，金属玻璃

目前，广泛研究的非晶合金，其形成机制都是熔体快淬。由于临界冷却速率对合金成分非常敏感，研究人员提出许多关于玻璃形成的理论和判据。例如，Turnbull[14]、Highmore 和 Greer[81]发展并完善约化玻璃化转变温度 T_{rg} 判据和深共晶理论[82,83]，Inoue[84]提出经验三原则，Lu 和 Liu[85]提出γ判据等。

2. 反熔化

Blatter 等[86,87]报道了 $Ti_{70}Cr_{30}$ β 相合金在降温时会出现非晶化，并且非晶相在后续升温中又会回到初始 β 相。这种在非晶体和晶体之间的可逆相变分别被称为反熔化（inverse melting）和反凝固（inverse solidification）[88,89]。由于非晶合金在加热过程中易析出更稳定的金属间化合物，Ti-Cr 合金体系中这种非晶体与晶体之间的可逆相变不易被观测到[90]。然而在 Blatter 等[86,87]工作的基础上，研究人员发现在连续冷却[89]或等温退火[91]时，位于相图中间的 TiCr 晶态合金确实可以发生非晶相变，同时无成分变化，如图 1-7（a）所示。

虽然反熔化是固态非晶化（solid state amorphization，SSA）的一种，但其在连续冷却过程中是一种无成分变化的非晶化机制，所以将其与机械合金化、多层膜固态扩散等 SSA 方法区分。反熔化也在 Fe-Ti、Cu-Ti、Co-Nb 和 Ni-Nb 等[92]二元系统中被发现[90]。在 Al-Zn、Ti-V 等系统中，亚稳相具有较低的弹性应变，因此不能实现反熔化[93]，Vonallemen 和 Blatter 认为亚稳晶态相的晶格应变能导致在较低温度时，晶态相的自由能会高于相同成分的非晶合金相[93]。Li 和 Johnson[94]通过分子动力学模拟也证实具有较大原子尺寸差异的体系，其固溶度很高时易于出现非晶化。

非晶相可以看作被冻结的具有很高黏度的过冷液相，所以其熵值不会低于相同成分的晶态相。过冷液相的恒压热容 C_p 高于对应晶态相，所以当熔体冷却时，过冷液体的熵值会在某一临界温度以下时低于其对应晶态相的熵值，这就是著名的 Kauzmann 悖论（Kauzmann's paradox）[95]。Kauzmann 同时也指出过冷液体会在达到临界温度（T_K）之前完成玻璃化转变，冻结为非晶固体[95]。反熔化要求非晶相的自由能低于对应晶态相，如图 1-7（b）所示。这意味着非晶体的熵值低于对应晶态相的熵，出现 Kauzmann 悖论，令人难以理解[90]。Bormann[89]指出，对于构型熵（configurational entropy）部分，非晶相中可能存在短程化学有序，这部分对构型熵的贡献会远低于化学无序的 β 相，从而避免 Kauzmann 悖论。

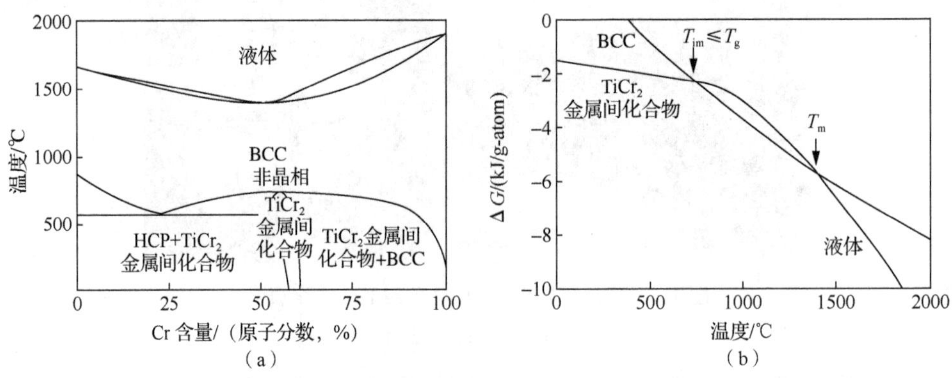

图 1-7 Calphad 方法计算的 Ti-Cr 合金系亚稳相图[90]（a）和 $Ti_{45}Cu_{55}$ 的液相-非晶相与 β 相自由能变化曲线[89]（b）

3. *形核长大方式*

2013 年，Long 等[96]报道在 Al-Fe-Si 合金系发现了熔体中通过形核长大方式（nucleation and growth）形成的非晶合金相。冷却过程中，非晶相在熔体中形核、生长，并向剩余液相中排出过剩的 Al 原子，当剩余液相中 Al 原子富集到一定程度后，晶态 α-Al 在非晶相颗粒表面形核并且呈放射状生长[96]，如图 1-8 所示。Long 等[96]同时指出，通过形核长大（一级相变）的非晶相与熔体快淬的非晶相不同，是一种长程无序，但在团簇尺度高度有序的非晶合金。尽管该非晶化过程中成分发生变化，但其非晶相的形成主要是由熔体凝固过程中热力学状态改变而导致的，所以将这种形成机制归于第一类。实际上，适当选取 Al-Fe-Si 成分可以获得单相高度有序的非晶合金相[96,97]。

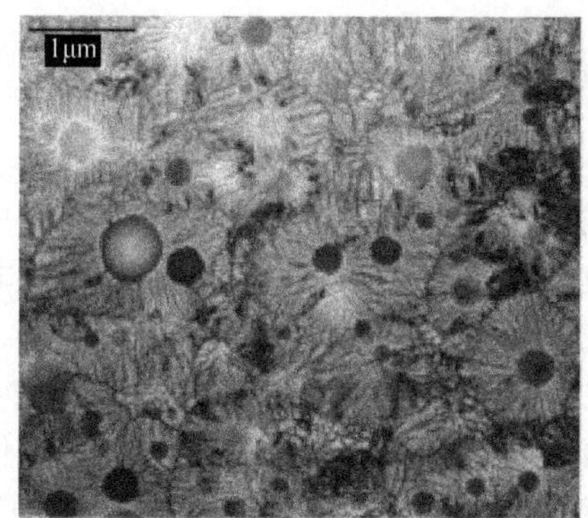

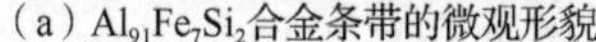
(a) $Al_{91}Fe_7Si_2$合金条带的微观形貌

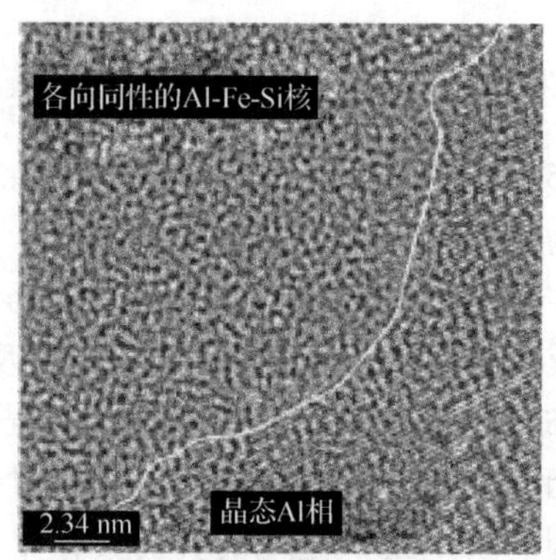

(b) 高分辨率透射电镜像

图 1-8 $Al_{91}Fe_7Si_2$ 合金条带的微观形貌和高分辨率透射电镜像

1.4.2 合金成分变化诱发非晶化

1. 扩散偶(diffusion couples)

1983 年,Schwarz 和 Johnson[98]首次在交叠沉积的晶态 La 和 Au 多层膜中通过低温退火获得了非晶合金相。之后,许多研究组用该方法在几十种过渡族金属扩散偶中发现了非晶相,扩散偶之间具有较大的负混合焓[99]。相对于固溶体、非晶相及金属间化合物,含有高密度界面的多层晶态膜体系的自由能非常高。较低温度退火时,从动力学角度,组元的非对称扩散更容易形成能够容纳较宽成分变化的非晶相[100],而热力学上更稳定的多种晶态相被抑制。Highmore 等[101]提出了瞬态形核模型(transient nucleation model),较为成功地预测了二元多层膜体系非晶层的临界厚度:

$$w^* = -\frac{f\,\tilde{D}}{3\,\bar{x}\,(1-\bar{x})}\left(\frac{\pi}{6\nu}\right)^{1/3}\frac{k_B T\lambda^2}{D\Delta g} \tag{1-10}$$

式中,f 是形成非晶相成分范围的宽度;$\bar{x}$ 是形成非晶相成分的平均值;$\tilde{D}$ 是非晶层中的有效互扩散系数;ν 是摩尔体积;λ 是原子距离;D 是分子在晶核的扩散系数;Δg 是非晶相和晶态相的自由能之差。Highmore 和 Greer[82]也讨论了组元相互作用参数 χ 对过冷液相化学有序的影响,定性估算了体系的自由能,发现一些具有深共晶特点的体系,在相图两端固溶体的固溶极限之间的合金成分原理上都可以采用扩散偶的方法实现非晶化[95]。实际上,20 世纪初通过沉积方法制备非晶合金薄膜的形成机制也与此类似[7,8,102]。

2. 机械合金化(mechanical alloying,MA)

采用高能球磨(机械合金化)可以将两种或多种元素[103]或者金属间化合物[104]实现非晶化。关于机械合金化形成非晶相的机理,有两种观点[105]:一种观点认为,高能球磨会引起材料局部瞬时熔化并快速凝固;另一种观点认为,其反应机理类似于多层膜非晶化过程,球磨过程会引入大量缺陷,使晶态相体系自由能非常高,最终通过组元扩散形成非晶相[106]。

3. 化学有序晶体的结构坍塌（destruction of chemical ordered crystals）

1995 年，Tanimura 等[106]在 1273 K $Ti_{60}Al_{40}$ 合金的共析反应产物中发现了非晶相。该反应为 HCP(α)$\longrightarrow$$D0_{19}$(α2)+$L1_0$(γ)，$D0_{19}$ 是化学有序晶体，只在 $Ti_{75}Al_{25}$ 成分附近稳定。共析反应过程中，原子的扩散导致 $D0_{19}$ 结构失稳，出现非晶相。不过非晶相只在共析反应的初始阶段出现，随着共析反应的进行，非晶相会转变为 $L1_0$。

2005 年，Kim 等[107]发现在连续凝固过程中，晶态 $Ni_{45}Ti_{33}Cu_5Zr_{16}Si_1$ 合金中也会出现非晶相。非晶相的产生是由于在某些区域中，B2 有序结构的 Ni（TiZr）晶体和密排六方结构的 NiTiZr 相之间的界面具有负曲率，因此原子在该区域具有反常的扩散行为。B2 有序结构对成分非常敏感，而这种界面负曲率导致的反常扩散使 B2 有序结构局部坍塌，因此产生非晶相。

另外，在离子辐照环境中，化学有序晶体相对于化学无序晶体更加容易结构失稳产生非晶相[108,109]。

1.4.3 外部作用导致非晶化

压力会改变体系中各相的自由能，在某些情况下会诱发非晶化[110]。Winters 和 Hammack[111]发现 R-Al_5Li_3Cu 合金在 23.2GPa 时会发生非晶化。Chen 等[112]发现在快速冲击下，B_4C 晶体中局部会出现宽度为 2nm 的非晶层。另外，非晶合金在高压下会产生多型性相变（polymorphism）[113]，甚至形成 FCC 单晶体[114]。Ikeda 等[115]发现在较高应变速率下，单晶 Ni 和 NiCu 纳米线中会出现非晶化，这种非晶化是由于均匀的弹性变形诱发的，没有发现成分上的不均匀性。2012 年，Han 等[116]在纳米多晶 Ni 金属中发现了室温准静态变形诱发的非晶相。

用离子束或电子束辐照金属薄膜材料也可以诱发非晶化[117]，其原理为高能粒子轰击晶体点阵的原子和分子，导致晶格破坏，诱发非晶化[109]。对于沉积的多层晶体膜体系，其系统自由能高于非晶态，离子束轰击为非晶化提供动力学条件。Liu 等[118]研究了具有不同晶体结构的多种二元合金，这些体系非晶化的玻璃形成范围（glass forming range，GFR）也通常位于相图两端固溶体的中间，说明其非晶化机制与扩散偶具有一定的相似性。Rehn 等[108]研究了高能粒子辐照下化学有序 Zr_3Al 合金的非晶化，在非晶化前 Zr_3Al 的剪切模量降低约 50%，这种弹性失稳（elastic instability）与晶体的熔化类似，所以这种非晶化也被认为是一级相变[107]。

在一定压力和氢气环境中，某些化学有序的金属间化合物粉末在吸氢后会发生非晶化[119-121]。其非晶化机制可能是原子半径非常小的氢原子在金属晶体的扩散，使金属晶格遭到破坏，产生非晶相。

1.5 非晶合金的力学性能

非晶合金具有长程无序结构，表现出许多不同于晶态合金的优异性能，如高屈服强

度、高硬度、低杨氏模量、较高的断裂韧性，以及良好的耐磨和耐腐蚀性能[122-129]。非晶合金原子排列的长程无序，导致其杨氏模量较晶态合金更低[130]。图 1-9 所示为各种工程材料的弹性极限和强度对比[131]，表明非晶合金较其他传统材料具有更高的强度和弹性极限。表 1-1 所示为 Vit 1 非晶合金与常用晶态合金的性能对比[132]，由表 1-1 可知 Vit 1 非晶合金具有更高的比强度。图 1-10 简要描述了各种工程材料在轴向压缩荷载作用下所表现出来的力学行为，其中非晶合金具有明显的弹性-理想塑性特征[133]。非晶合金长程无序的原子结构导致其变形机制与传统晶态材料不同，不能像晶态材料那样通过位错运动[134]、孪生[135]、诱发相变[136]实现塑性变形，这实际上也是非晶合金具有与晶态材料明显不同力学性能的原因。例如，在室温拉伸过程中，晶态材料由于位错的开动，在较低的应力下便发生屈服，而非晶合金由于不存在位错，其屈服强度接近固体的理论强度[137]。在室温载荷作用下，应力不均匀导致非晶合金形成剪切带并且产生锯齿状流变。制约非晶合金工程应用的最大障碍就是其塑性太低。在准静态压缩载荷作用下，非晶合金的塑性应变不到 1%，拉伸载荷作用下则几乎没有宏观塑性，材料沿单一剪切带发生脆断。

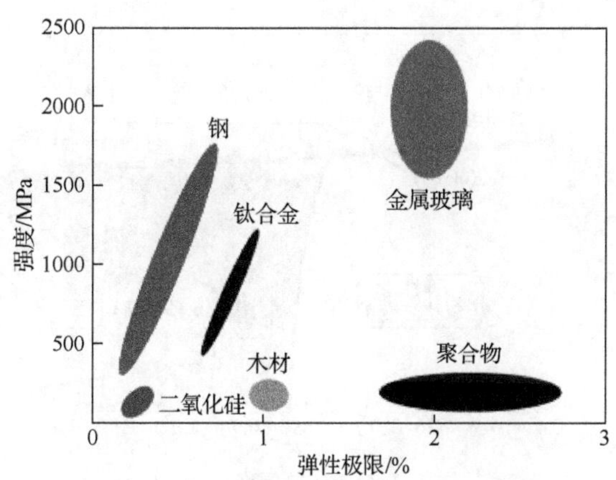

图 1-9　各种工程材料的弹性极限和强度对比

表 1-1　Vit 1 非晶合金与常用晶态合金的性能对比

性能	Vit 1	铝合金	钛合金	钢
密度 ρ /(g/cm^3)	6.1	2.6～2.9	4.3～5.1	7.8
拉伸屈服强度 σ_y /GPa	1.9	0.10～0.63	0.18～1.32	0.50～1.60
弹性应变极限 ε_{el} /%	2	～0.5[1)]	～0.5[1)]	～0.5[1)]
断裂韧性 K_{IC} /(MPa·m$^{1/2}$)	20～140	23～45	55～115	50～154
比强度/[GPa/(g·cm^{-3})]	0.32	<0.24	<0.31	<0.21

1）～0.5 表示约等于 0.5。

图 1-11 描述非晶合金的变形特点[137]：在较高温度和较低应力（较低应变速率）下，非晶合金发生均匀流变，分为牛顿黏滞流变和非牛顿黏滞流变，表现出很好的塑性；在较低温度和较高应力（较高应变速率）下，非晶合金具有非均匀变形的特点，塑性变形

集中在有限的剪切带中，通常无宏观塑性。对于玻璃化转变温度高于室温 1.4 倍的非晶合金，其室温变形机制属于后者，通常由于主剪切带的迅速扩展，屈服后会迅速发生剪切失稳和破坏。

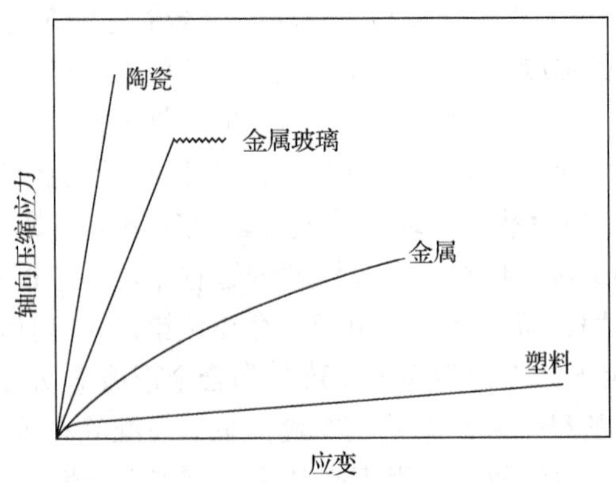

图 1-10　各种工程材料轴向压缩应力-应变行为示意图

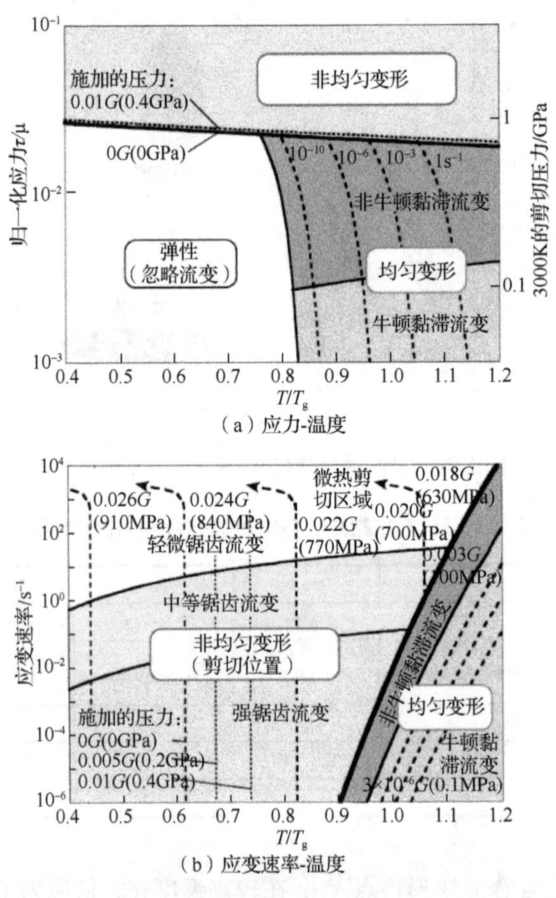

图 1-11　非晶合金变形图

图中 G 为剪切模量

1.6 非晶合金的形变机理

非晶合金表现出与晶态合金不同的变形方式，其变形主要分为均匀流变与非均匀流变两种[138,139]。非晶合金在高温（接近玻璃化转变温度 T_g）和低应力情况下发生均匀流变，表现为非晶合金在加载过程中均匀减薄，直到厚度为 0 时发生失效。而在较低温度（$<0.8T_g$）和高应力载荷作用下，非晶合金发生非均匀流变，表现为高度局域化的剪切断裂形式[140-148]。大量塑性变形集中于几条剪切带中，使剪切带内材料发生软化，导致合金容易沿剪切带发生灾难性破坏，使其高强度、高断裂韧性等优异的力学性能在服役过程中无法体现出来，这极大地限制了它在工程领域的应用。

目前，非晶合金的变形机制仍然没有定论，主要存在自由体积理论、剪切转变区理论和绝热温升理论 3 种观点。它们均认为局部区域的黏度降低是导致非晶合金发生非均匀流变的主要原因，区别在于对造成局部区域黏度降低的原因有不同理解。

1.6.1 自由体积理论

Turnbull 和 Cohen[149]最先在玻璃形成液体中提出自由体积的概念，Spaepen[150]在此基础上提出塑性流变的自由体积模型，他认为非晶合金的塑性流变是一系列原子跃迁的结果。图 1-12 所示为非晶合金中原子跃迁及自由体积产生的示意图[26]。在没有外加切应力的情况下，当非晶合金自身热振荡产生的热激活能超过临界激活能 ΔG^m 时，原子便可自发地发生跃迁并处于平衡状态，因此非晶合金不会发生塑性流变。而当有外加切应力作用在非晶合金上时，沿切应力方向的自由能势垒降低，而沿相反方向的自由能势垒增加，原子沿切应力方向上的跃迁数量将会超过沿相反方向的跃迁数量，因而非晶合金发生塑性流变。当较大体积的原子在切应力作用下跃迁进入体积更小的空间里时，就会产生新的自由体积。

非晶合金的塑性变形机制实际上是由应力诱导的自由体积增加和原子扩散弛豫引起的自由体积湮灭相互竞争所决定的。外加应力会促进自由体积的产生，而非晶合金中原子的扩散弛豫又会造成自由体积的湮灭。在低应力与高温条件下，应力诱导自由体积的增加与原子扩散弛豫引起的自由体积湮灭达到动态平衡，非晶合金中的自由体积数量将处于一种近似恒定的状态，因而合金发生均匀流变。而在高应力和低温条件下，自由体积的增加速率大于自由体积的湮灭速率，自由体积不断累积而形成剪切带，降低了剪切带区域黏度，导致该区域的变形抗力降低，因此非晶合金发生不均匀流变，直至失效[150,151]。Johnson 等[152]在此模型基础上提出自洽动态自由体积模型（self-consistent dynamic free-volume model），该模型更好地解释了非晶合金的稳态流变。

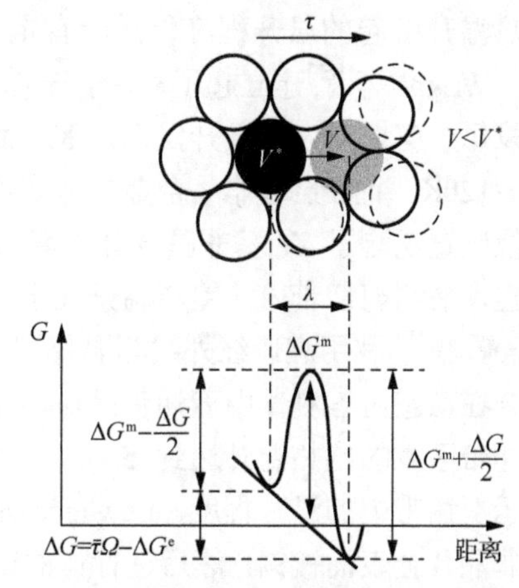

图 1-12 非晶合金中原子跃迁及自由体积产生的示意图

V^*—原子体积；V—比 V^*稍小的体积；τ—外加应力；ΔG—自由能；ΔG^m—临界激活能；ΔG^e—弹性变形能；Ω—硬球体积；λ—原子直径

1.6.2 剪切转变区理论

剪切转变区（shear transformation zones，STZ）的概念最早是由 Argon[153]提出的，他认为非晶合金的变形不是单个原子的跳动和跃迁，而是更大范围内原子团簇的局部重排，即 STZ 的剪切运动，如图 1-13 所示[154]。模型认为 STZ 是非晶合金塑性变形的基本单元。在变形过程中，STZ 容纳局部的塑性变形，STZ 运动促使原子团簇发生剪切膨胀，进而诱导产生自由体积。自由体积不断累积而形成剪切带，降低了剪切带区域黏度，导致该区域的变形抗力降低，因此非晶合金发生不均匀流变直至失效。

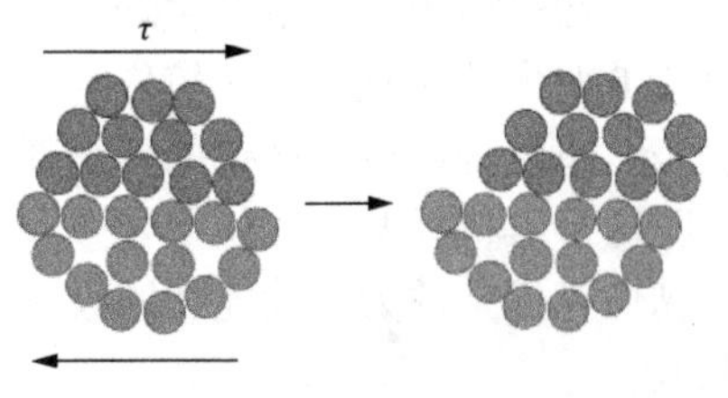

图 1-13　剪切转变区模型示意图

与自由体积模型相比，STZ 演化能够更真实地表征非晶合金的非均匀变形，并且这一过程在原子模拟中也得到了验证[155,156]。然而，STZ 模型认为非均匀变形是一个热激活作用过程，并且将自由体积作为控制这一变形过程的唯一内部状态参量。Falk 和 Langer[156]及 Bouchbinder 等[157]进一步扩展了 STZ 模型，他们耦合了更多的控制非均匀变形的内部状态参量（如 STZ 的数量和温度），进而揭示了在没有热激活作用情况下的 STZ 演化。

1.6.3 绝热温升理论

绝热温升理论最早由 Leamy 等[142]提出，他们认为非晶合金断口呈现的脉状花样及熔滴等类似液体流动的特征形貌均由绝热温升引起。非晶合金高度局部变形导致的绝热温升降低了剪切带内合金的黏度，造成该区域合金软化。剪切带在外加应力作用下快速扩展，导致合金发生剪切失效。然而，由于高度局域化的剪切带宽度非常小（10～20nm）[158-162]且传播时间极其短暂（约 10^{-5}s）[163,164]，直接测量剪切带内的温度非常困难，因而对于绝热温升引起的温升程度仍然没有定论。

Wright 等[165]建立起了非晶合金剪切带区域绝热温升的计算模型，结果表明锯齿流变阶段每个剪切带内的温升仅为几 K，而最终断裂时 Zr 基非晶合金中剪切带内的温升介于 90～120K，而 Pb 基非晶合金中剪切带内的温升高达 280K。Yang 等[166,167]利用高速红外成像装置观测了 Zr 基非晶合金中剪切带的动态演化过程，估测剪切带内的绝热温升介于 650～1200K。Bruck 等[168]利用高速红外线测温仪测试了 Zr 基非晶合金在动态压缩测试中剪切带区域温度的变化，测得剪切带区域的绝热温升达到 500K。为了更加直观地显示剪切带内的温升程度，Lewandowski 和 Greer[169]在非晶合金表面镀锡，然后进行弯曲试验，观察到在非晶合金表面靠近剪切带位置的锡层发生了明显的熔化，如图 1-14 所示，这表明非晶合金表面剪切带的温升超过了锡的熔点（505K）。这些研究成果都有力地支持了非晶合金变形的绝热温升理论。

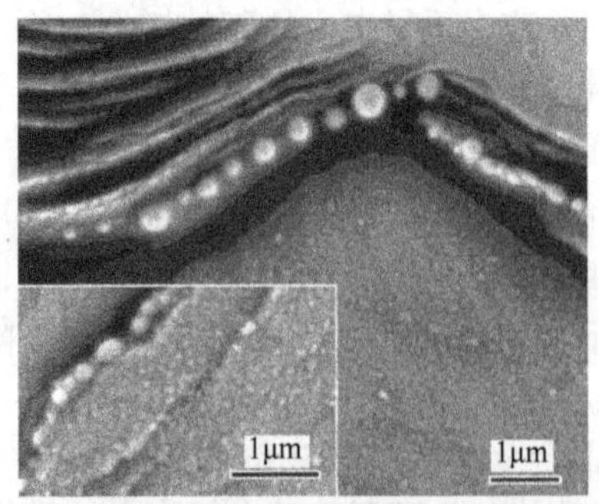

图 1-14　非晶合金表面剪切带区域绝热温升导致表面锡涂层的熔化现象[169]

1.6.4 其他模型

Meng[170]、Jiang 等[171]根据非晶合金断裂面上自组织（self-organized）的纳米周期条纹，提出纳米空隙形核为非晶合金破坏原理的拉伸转变区（tension transformation zone，TTZ）模型，该模型和 STZ 模型成功地解释了非晶合金的韧脆转变[172,173]。但是不论自由体积模型、STZ 模型还是 TTZ 模型，都不能很好地解释非晶合金的室温强度和塑性。根据 Stillinger [174]提出的内部状态和势能状态的概念，Doye 和 Wales[175]、Malandro 和 Lacks[176]、Johnson 和 Samwer[177]提出协同剪切模型（cooperative shear model）。2006 年，分子动力学模拟[178]表明非晶合金的塑性变形确实是不稳定原子团簇的协同剪切变形导致的。为了统一解释非晶合金的塑性和玻璃化转变，Yu 等[179-181]提出了流变单元模型（flow unit model），认为非晶合金是由完美弹性基体和类似液相的流变单元构成的。该模型的有力证据是流变单元具有和 β 型结构弛豫一致的激活能，这表明 β 型弛豫实际上是流变单元内部原子的动态响应。2014 年，根据该模型，非晶合金的变形、弛豫及流变单元的演化可以通过势能状态关联起来[182]，如图 1-15 所示。

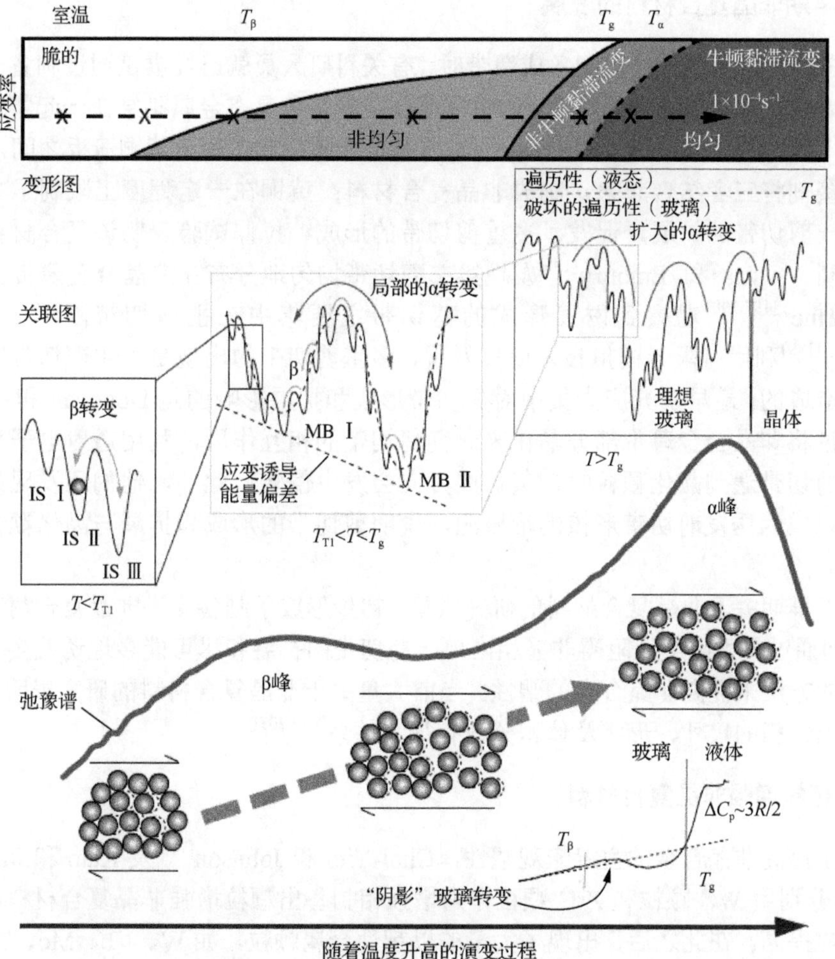

图 1-15 非晶合金在玻璃化转变过程中流变单元的演化、变形图、弛豫谱及势能状态的关联图

ΔC_p—热容；R—气体常数

1.7 非晶复合材料

与晶态合金不同，由于非晶合金内部原子排列无序，因此无法通过位错运动来实现变形。非晶合金在室温无约束条件下的变形主要是通过高度局域化的剪切带扩展实现的，基本无宏观塑性行为和加工硬化现象，这一断裂模式严重制约了非晶合金作为结构材料在实际生活中的应用[84,183-188]。为了提高非晶合金的塑性，在不断寻求新的合金体系的同时，还通过大力发展非晶复合材料来提高其塑性，通过引入增强相阻碍非晶合金中单一剪切带的扩展，以及诱发多重剪切带的形成，从而改善非晶合金的塑性[189-193]。研究发现，非晶合金非常适合作为复合材料的母相，非晶合金熔点低，因而两相界面的润湿反应比较容易控制，同时非晶合金较低的玻璃化转变温度使冷却过程中复合材料内部的残余热应力[194,195]降低。

1.7.1 早期非晶复合材料的发展

早在非晶合金还只能被制备成薄带时，有关科研人员就已经尝试通过制备非晶复合材料来提高非晶合金薄带的塑性，如将非晶合金薄带和晶态金属黏结在一起实现塑性提高[196,197]。Leng 和 Courtney[197]将 $Ni_{91}Si_7B_2$ 非晶合金薄带放在两块黄铜薄板之间，用 Pb-Sn 共析焊接剂将三者结合起来，制成非晶复合材料；黄铜在一定程度上限制了非晶合金内部单一剪切带的扩展，促发了多重剪切带的形成，拉伸试验表明该复合材料塑性有明显提高。Alpas 和 Embury[196]发现第二剪切带均匀地分布在非晶合金薄带上。Leng 和 Courtney[197,198]观察到诱发形成的剪切带主要集中在主剪切带附近。Leng 和 Courtney[199]利用有限元模拟技术研究发现，多重剪切带的出现是由主剪切带附近的应力集中造成的。最早研究应力集中对剪切带形成和扩展影响的是 Donovan 和 Turnbull，他们通过将非晶合金薄带部分晶化来研究剪切带的相互作用，利用透射电子显微镜观察发现剪切带遇到晶化颗粒时，其扩展方向会发生偏转。此外，他们还发现某些较大颗粒可以成为诱发剪切带形核的形核源，说明剪切带的形成和扩展与晶化颗粒的大小有关系。

基于早期关于非晶复合材料的研究成果，初步形成了制备先进非晶复合材料的指导思想，即通过最大限度地阻碍非晶相内单一剪切带的扩展和尽可能多地诱发多重剪切带的形成的方法来提高非晶合金的塑性。当前大量关于非晶复合材料的研究表明，其塑性提高与第二相的尺寸、形状及体积分数有很大关系[200-203]。

1.7.2 颗粒增强非晶复合材料

为了提高非晶合金的室温宏观塑性，Choi-Yim 和 Johnson[194]及 Kato 和 Inoue[204]于 1997 年分别用 WC 颗粒和 ZrC 颗粒作为增强相制备出颗粒增强非晶复合材料，其塑性得到明显提高。在此之后，出现了大量的以韧性金属颗粒，如 W、Nb、Mo、Ta 和高强度陶瓷颗粒，如 SiC、TiB_2 等及碳纳米管作为增强相的非晶复合材料[200,203,205-212]。图 1-16

所示为典型颗粒增强非晶复合材料的微观形貌[200]。颗粒增强非晶复合材料具有各向同性，其力学行为主要与颗粒增强相的种类、大小、形状及体积分数有关，目前制备出的颗粒增强非晶复合材料的室温轴向压缩断裂强度为5%～10%。

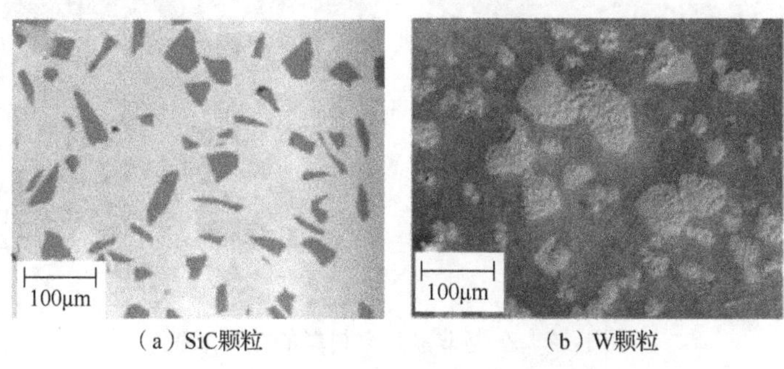

（a）SiC颗粒　（b）W颗粒

图 1-16 颗粒增强非晶复合材料微观形貌

颗粒增强非晶复合材料主要采用在熔体浇注之前加入第二相颗粒的方法制备，由于受熔体温度的限制，只能选取具有高熔点的金属颗粒或者陶瓷颗粒作为增强相，而且选取的颗粒增强相必须与母相有尽可能少的界面反应，以防止两相界面处发生部分晶化。此外，这种方法限制了添加颗粒的体积分数，如果加入较大体积分数的第二相颗粒必然会导致熔融混合物的黏度提高，导致浇注时的速率降低，使熔融合金受冷却速率不够高因素的影响发生晶化[200,205]。为了避免上述因素的影响，科研工作者开发出利用机械合金化制备颗粒增强非晶复合材料的方法 [207-209]。虽然该方法可以得到较大体积分数的第二相颗粒增强非晶复合材料，但工序复杂、影响因素多、操作性差，而且研磨过程中容易掺入其他合金元素或氧气等杂质，影响合金的非晶形成能力，因此实际应用受限[213,214]。

1.7.3 丝束、多孔材料增强非晶复合材料

Dandliker 等[195]于 1998 年最早利用渗流铸造法制备出体积分数高达 60%的 W 丝/Zr 基非晶复合材料，其室温轴向准静态压缩断裂应变较非晶相提高了将近 9 倍，约为 20%。之后各国科研工作者利用该方法对丝束/非晶复合材料（如 W 丝、钢丝、碳纤维等）进行了大量研究工作[215-219]。与颗粒增强非晶复合材料不同，丝束增强非晶复合材料具有明显的各向异性特征。北京理工大学与中国科学院金属所合作开发出了多孔 W/Zr 基非晶复合材料，其室温轴向压缩塑性获得了突破性的提高，同时在多孔陶瓷复合非晶合金方面也取得了非常好的试验结果[220-222]。与 80%W 丝/Zr 基非晶复合材料相比，具有同等体积分数的多孔 W/Zr 基非晶复合材料的室温轴向准静态压缩断裂强度增加到 80%[222]。图 1-17 所示为 W 丝/非晶复合材料[195]和多孔 W 非晶复合材料[221]的微观形貌。

与熔体浇注前添加颗粒增强相的方法不同，渗流铸造法直接将熔体浇注到预制体中，因而可制得增强相体积分数很大的非晶复合材料。利用渗流铸造法制备非晶复合材料必须注意两相界面的相互作用状况，因为界面处发生反应或者晶化都会导致复合材料

力学性能降低。

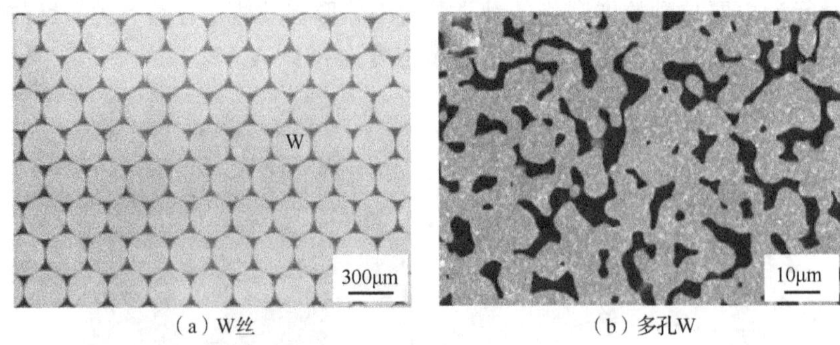

（a）W丝　（b）多孔W

图 1-17　Zr 基非晶复合材料的微观形貌

1.7.4　原位内生型非晶复合材料

内生型非晶复合材料是指在合金熔体凝固过程中原位析出晶体相，剩余液体被冻结为非晶合金基体的一类复合材料[43,200,223,224-228]。原位内生型晶体相的增强方式比外加增强相的增强方式具有更多优势。首先，这类复合材料中非晶基体和晶态相之间具有良好的界面化学结合特性[43,223,227,229]，可以避免在界面处出现外加型复合材料中存在的空隙、微裂纹、脆性金属间化合物等缺陷，因此这类材料具有优异的韧性、压缩塑性，甚至拉伸塑性[43,227,229,230]；其次，内生型非晶复合材料还可以通过改变制备工艺参数直接改变复合材料的力学性能，如改变冷却速率，则晶体相尺寸和体积分数都会发生相应的变化，进而改变复合材料的力学性能[202,231]。

内生型非晶复合材料是目前非晶复合材料研究的一个热点。过去几十年，在许多非晶合金体系开发了内生型非晶复合材料。目前广泛研究的内生型非晶复合材料主要分为两大类：B2 型和 β 型。B2 型非晶内生复合材料是在 CuZr/Ti 基合金熔体中原位析出化学有序 B2-CuZr/Ti 相的复合材料[227]，β 型非晶内生复合材料是在 Ti/Zr 基非晶合金熔体中原位析出化学无序 β-Ti/Zr 相的复合材料[43,224]。

1. B2 型非晶内生复合材料

B2 型非晶内生复合材料的研究可以追溯到 CuZr 二元非晶合金的发现[232,233]，其中 $Cu_{50}Zr_{50}$ 合金熔体在凝固过程中易于析出化学有序 B2 CuZr 相，如图 1-18（a）所示。如图 1-18（b）所示[234]，当熔体的冷却速率高于合金的玻璃形成临界冷却速率时，获得单相非晶合金组织；当冷却速率稍低时，会获得原位析出 B2 CuZr 相的非晶复合材料组织；当冷却速率更低时，非晶复合材料中 B2 相会分解为平衡相 $Cu_{10}Zr_7$ 和 $CuZr_2$。2014 年，Gargarella 等[235]在 Ti-Cu-Ni 等体系也开发出内生 B2 CuTi 晶态相的非晶内生复合材料。

B2 CuZr 相和 B2 NiTi 合金类似[236]，为化学有序的简单立方结构，空间群为 $Pm\overline{3}m$。B2 合金相是一种典型的形状记忆合金，在拉伸或压缩应力下都可以诱发从奥氏体 B2 相到马氏体 R（$P3$ 或 $P\overline{3}1m$）、B19（$Pmma$）、B19′（$P2_1/m$）、B33（$Cmcm$）、Cm 的转变，其中单斜晶系的 $P2_1/m$（B19′）和 Cm 马氏体与立方晶系 $Pm\overline{3}m$（B2）奥氏体可以在应力和温度作用下发生可逆相变，产生形状记忆效应[236,237]。

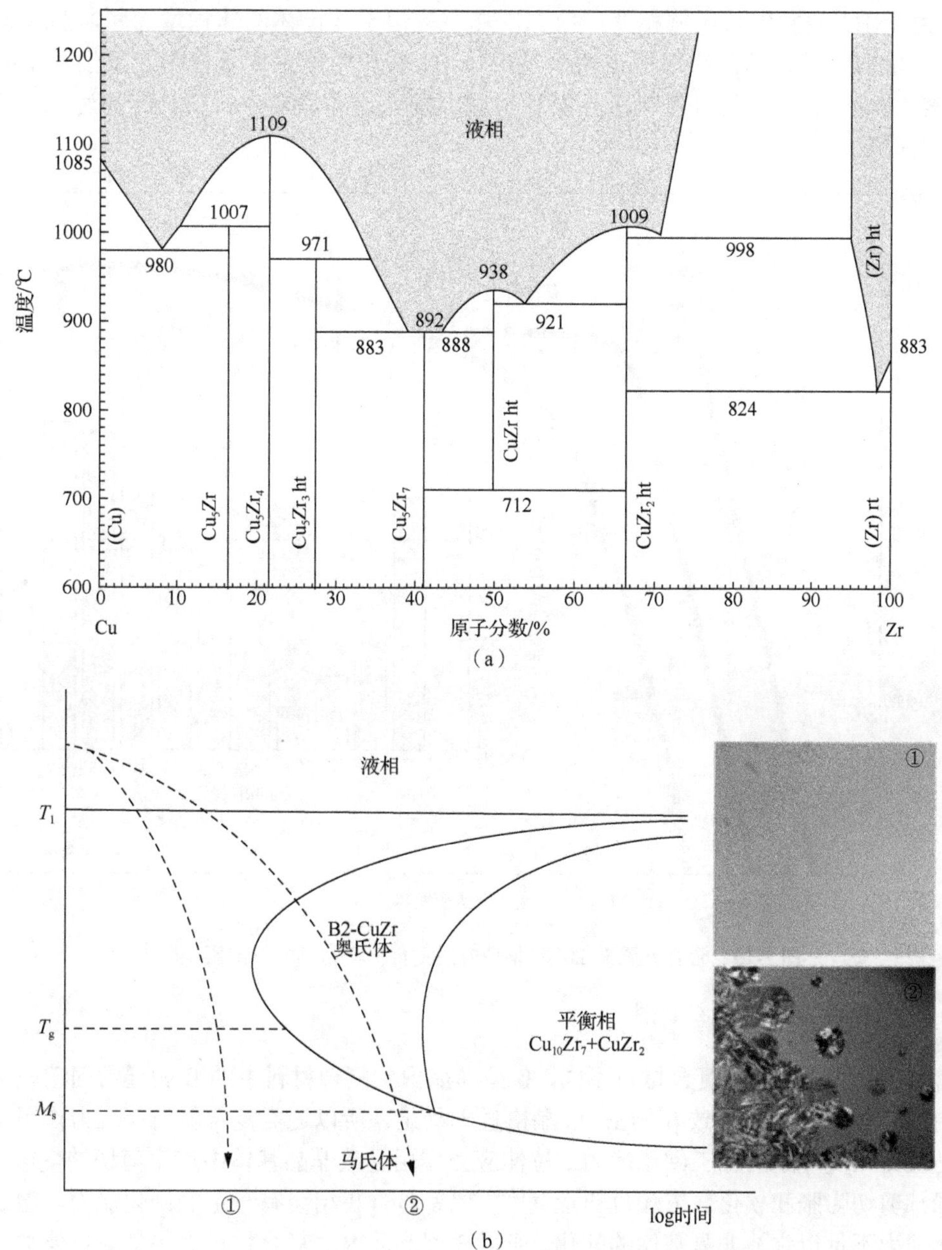

图 1-18 Cu-Zr 相图[232]和 CuZr 基合金熔体在凝固过程中形成晶态相的示意图[233]

ht—高温；rt—室温

Wu 等[230]通过在非晶合金基体中引入具有形变诱发相变效应的 B2 相，不仅使复合材料的拉伸塑性高达 5%，还使其出现加工硬化能力。优异的加工硬化能力和塑性源于 B2 到 B19′ 的马氏体相变。2012 年，Wu 等[238]研究发现降低层错能可显著改善马氏体的相变能力，进而提升非晶复合材料的力学性能，如图 1-19 所示。Song 等[239]

详细研究了 B2 型非晶内生复合材料的变形机制，发现了“三屈服”现象：第一次屈服是由于 B2 相发生马氏体相变；第二次屈服是由于马氏体的体积增加和非晶基体中产生大量剪切带；第三次屈服是由于马氏体 B19′ 相中产生大量位错及发生退孪晶。Wu 等[238]对 B2 非晶复合材料进行循环加载，发现该非晶复合材料具有高达 2.7% 的超弹性应变。

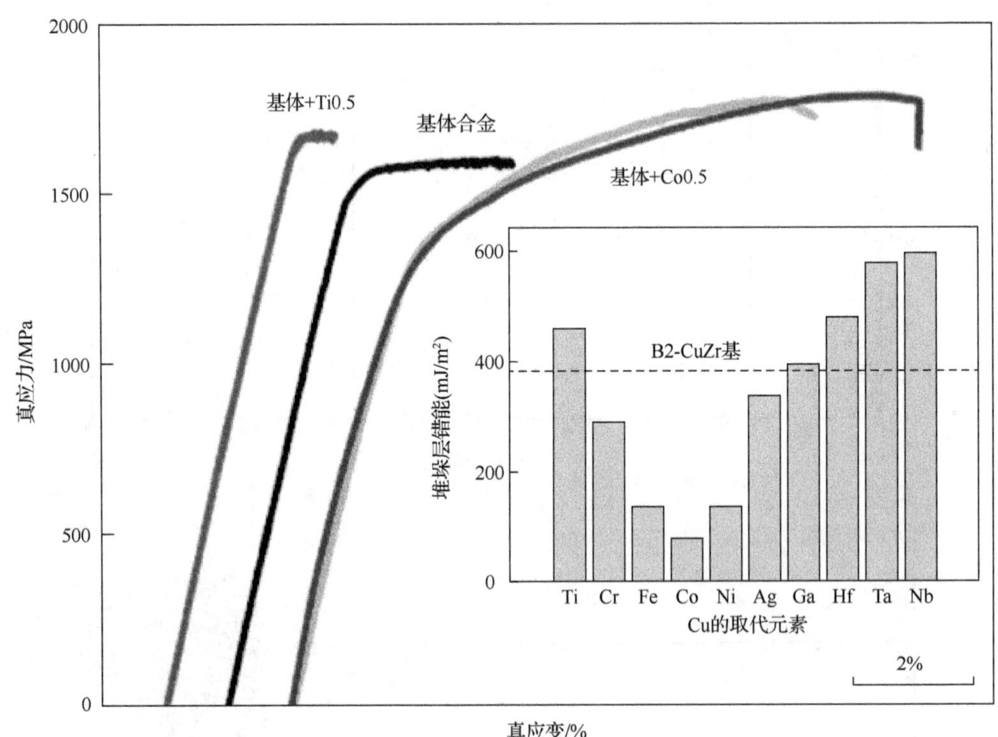

图 1-19 合金元素对 B2 型非晶内生复合材料力学性能的影响[238]

2. β 型非晶内生复合材料

与 B2 型非晶内生复合材料不同，β 型非晶内生复合材料中的 β 相通常固溶较高含量的 β 相稳定元素，导致 β 相 BCC 晶格过于稳定，所以这类复合材料在应力作用下没有马氏体相变导致的加工硬化能力。拉伸应力作用导致非晶基体中产生剪切转变区，发生局部剪切膨胀和软化。依赖位错运动[240-244]变形的 β 相会有一定的硬化能力，但这种硬化能力不足以弥补非晶基体的软化，所以 β 型非晶内生复合材料大多呈现拉伸加工软化的特征[245-247]，如图 1-20 所示[248]。

2008 年，Hofmann 等[249,250]通过半固态处理技术制备了 β 型 Zr 基内生复合材料。半固态处理使 β 相熟化并均匀分布，具有高达 8%的拉伸塑性及高达 170 $\mathrm{MPa\cdot m^{1/2}}$ 的断裂韧度。复合材料具有优异的力学性能。Hofmann 认为优异的力学性能是由于 β 枝晶尺寸 L 和 I 型裂纹尖端塑性区尺寸 R_P 匹配：

$$L \approx R_{\mathrm{P}} \approx \frac{K_{\mathrm{IC}}^2}{2\pi\sigma_{\mathrm{y}}^2} \tag{1-11}$$

式中，K_{IC} 是断裂韧性；σ_{y} 是屈服强度。具有这样特征尺寸的 β 枝晶可以有效阻止裂纹的萌生和扩展。β 型非晶内生复合材料的力学性能强烈依赖于 β 相的体积分数和分布形态。Tang 等[251]研究了具有不同体积分数 β 相的 Ti 基非晶复合材料，发现随着 β 相体积分数的提高，材料的屈服强度从 1800MPa（0%，体积分数）降低到 800MPa（90%，体积分数），复合材料的压缩塑性应变从 0%（0%，体积分数）提高到 15%（90%，体积分数），而断裂强度几乎不变。

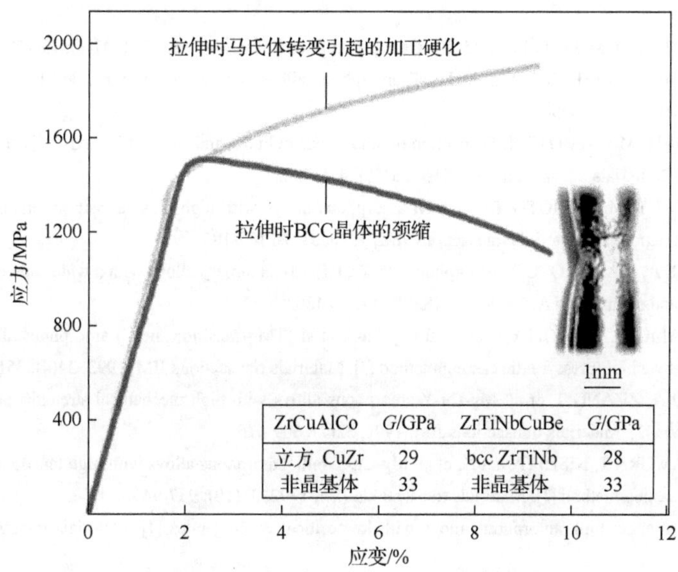

图 1-20 β 型和 B2 型非晶内生复合材料的力学性能对比[248]

参 考 文 献

[1] 汪卫华. 非晶态物质的本质和特性[J]. 物理学进展，2013，33(5)：177-351.

[2] MATSUBARA E, TAMURA T, WASEDA Y, et al. Structural study of amorphous $Mg_{50}Ni_{30}La_{20}$ alloy [J]. Materials transactions JIM, 1990, 31(3): 228-230.

[3] INOUE A, ZHANG T, NISHIYAMA N, et al. Preparation of 16mm diameter rod of amorphous $Zr_{65}Al_{7.5}Ni_{10}Cu_{17.5}$ alloy [J]. Materials transactions JIM, 1993, 34(12): 1234-1237.

[4] HE Y, SCHWARZ R B, ARCHULETA J I. Bulk glass formation in the Pd-Ni-P system [J]. Applied physics letters, 1996, 69(13): 1861-1863.

[5] TAKASAKI A, KELTON K F. High-pressure hydrogen loading in $Ti_{45}Zr_{38}Ni_{17}$ amorphous and quasicrystal powders synthesized by mechanical alloying [J]. Journal of alloys and compounds, 2002, 347(1-2): 295-300.

[6] 姚建忠. ZrCuAl 块体金属玻璃及其复合材料的制备与力学性能研究[D]. 兰州：兰州理工大学，2012.

[7] KRAMER J. Nonconducting modifications of metals [J]. Annals of physics, 1934, 411(1): 37-64.

[8] BRENNER A, COUCH D E, WILLIAMS E K. Electrodeposition of alloys and phosphorus with nickel or cobalt [J]. Journal of research of the national bureau of standard, 1950, 44(1): 109-122.

[9] BUCKEL W, HILSCH R. Einfluß der kondensation bei tiefen temperaturen auf den elektrischen widerstand und die supraleitung für verschiedene metalle [J]. Zeitschrift für physik, 1954, 138(2): 109-120.

[10] KLEMENT W, WILLENS R H, DUWEZ P. Non-crystalline structure in solidified gold-silicon alloys [J]. Nature, 1960,

187(4740): 869-870.

[11] COHEN M H, TURNBULL D. Composition requirements for glass formation in metallic and ionic system [J]. Nature, 1961, 189(475): 131-132.

[12] DUWEZ P, WILLENS R H, CREWDSON R C. Amorphous phase in palladium-silicon alloys [J]. Journal of applied physics, 1965, 36(7): 2267-2269.

[13] CHEN H S, TURNBULL D. Evidence of a glass-liquid transition in a gold-germanium-silicon alloy [J]. Journal of chemical physics, 1968, 48(6): 2560-2571.

[14] TURNBULL D. Under what conditions can a glass be formed [J]. Contemporary physics, 1969, 10(5): 473-488.

[15] DREHMAN A L, GREER A L, TURNBULL D. Bulk formation of a metallic glass: $Pd_{40}Ni_{40}P_{20}$ [J]. Applied physics letters, 1982, 41(8): 716-717.

[16] KUI H W, GREER A L, TURNBULL D. Formation of bulk metallic glass by fluxing [J]. Applied physics letters, 1984, 45(6): 615-616.

[17] KUI H W, TURNBULL D. Melting of $Ni_{40}Pd_{40}P_{20}$ glass [J]. Applied physics letters, 1984, 47(8): 796-797.

[18] INOUE A, ZHANG T, MASUMOTO T. Al-La-Ni amorphous alloys with a wide supercooled liquid region [J]. Materials transactions JIM, 1989, 30(5): 965-972.

[19] INOUE A, ZHANG T, MASUMOTO T. Production of amorphous cylinder and sheet of $La_{55}Al_{25}Ni_{20}$ alloy by a metallic mold casting method [J]. Materials transactions JIM, 1990, 31(5): 425-428.

[20] INOUE A, ZHANG T, MASUMOTO T. Zr-Al-Ni amorphous alloys with high glass transition temperature and significant supercooled liquid region [J]. Materials transactions JIM, 1990, 31(3): 177-183.

[21] ZHANG T, INOUE A, MASUMOTO T. Amorphous (Ti, Zr, Hf)-Ni-Cu ternary alloys with a wide supercooled liquid region[J]. Materials science and engineering A, 1994, 181-182(2): 1423-1426.

[22] INOUE A, NAKAMURA T, SUGITA T, et al. Bulky La-Al-TM (TM=transition metal) amorphous alloys with high tensile strength produced by a high-pressure die casting method [J]. Materials transactions JIM, 1993, 34(4): 351-358.

[23] INOUE A, KATO A, ZHANG T, et al. Mg-Cu-Y amorphous alloys with high mechanical strengths produced by a metallic mold casting method [J]. Materials transactions JIM, 1991, 32(7): 609-616.

[24] INOUE A, NAKAMURA T, NISHIYAMA N, et al. Mg-Cu-Y bulk amorphous alloys with high tensile strength produced by a high-pressure die casting method [J]. Materials transactions JIM, 1992, 33(10): 937-945.

[25] INOUE A. High strength bulk amorphous alloys with low critical cooling rates [J]. Materials transactions JIM, 1995, 36: 866-875.

[26] ZHANG T, INOUE A, MASUMOTO T. Amorphous Zr-Al-TM (TM=Co,Ni,Cu) alloys with significant supercooled liquid region of over 100K [J]. Materials transactions JIM, 1991, 32(11): 1005-1010.

[27] INOUE A, SHIBATA T, ZHANG T. Effect of additional elements on transition behavior and glass formation tendency of Zr-Al-Cu-Ni alloys [J]. Materials transactions JIM, 1995, 36(12): 1420-1426.

[28] INOUE A, GOOK J S. Fe-based ferromagnetic glassy alloys with wide supercooled liquid region [J]. Materials transactions JIM, 1995, 36(9): 1180-1183.

[29] INOUE A, ZHANG T, ITOI T, et al. New Fe-Co-Zr-B amorphous alloys with wide supercooled liquid regions and good soft magnetic properties [J]. Materials transactions JIM, 1997, 38(4): 359-362.

[30] PEKER A, JOHNSON W L. A highly processable metallic glass: $Zr_{41.2}Ti_{13.8}Cu_{12.5}Ni_{10.0}Be_{22.5}$ [J]. Applied physics letters, 1993, 63(17): 2342-2344.

[31] LIN X H. Bulk glass formation and crystallization of Zr-Ti based alloys [D]. California: California Institute of Technology, 1997.

[32] LIN X H, JOHNSON W L, RHIM W K. Effect of oxygen impurity on crystallization of an undecooled bulk glass forming Zr-Ti-Cu-Al alloy [J]. Materials transactions JIM, 1997, 38(5): 473-477.

[33] YI S, PARK T G, KIM D H. Ni-based bulk amorphous alloys in the Ni-Ti-Zr-(Si, Sn) system [J]. Journal of materials research, 2000, 15(11): 2425-2430.

[34] CHOI-YIM H, XU D H, JOHNSON W L. Ni-based bulk metallic glass formation in the Ni-Nb-Sn and Ni-Nb-Sn-X (X=B, Fe, Cu) alloy systems [J]. Applied physics letters, 2003, 82(7): 1030-1032.

[35] ZHANG T, INOUE A. Thermal and mechanical properties of Ti-Ni-Cu-Sn amorphous alloys with a wide supercooled liquid region before crystallization [J]. Materials transactions JIM, 1998, 39(10): 1001-1003.

[36] PARK J M, KIM Y C, KIM W T, et al. Ti-based bulk metallic glasses with high specific strength [J]. Materials transactions, 2004, 45(2): 595-598.

[37] SHEN T D, SCHWARZ R B. Bulk ferromagnetic glasses in the Fe-Ni-P-B system [J]. Acta materialia, 2001, 49(5): 837-847.

[38] SHEN T D, HARMS U, SCHWARZ R B. Bulk Fe-based metallic glass with extremely soft ferromagnetic properties [J]. Journal of motastable and nanocrystalling Materials science forum, 2002, 13: 441-446.

[39] LIN X H, JOHNSON W L. Formation of Ti-Zr-Cu-Ni bulk metallic glasses [J]. Journal of applied Physics, 1995, 78(11): 6514-6519.

[40] ZHANG T, INOUE A. Preparation of Ti-Cu-Ni-Si-B amorphous alloys with a large supercooled liquid region [J]. Materials transactions JIM, 1999, 40(4): 301-306.

[41] LI C, SAIDA J, KIMINAMI M, et al. Dynamic crystallization process in a supercooled liquid region of $Cu_{40}Ti_{30}Ni_{15}Zr_{10}Sn_5$ amorphous alloy [J]. Journal of non-crystalline solids, 2000, 261(1-3): 108-114.

[42] LÖFFLER J F. Bulk metallic glasses [J]. Intermetallics, 2003, 11(6): 529-540.

[43] QIAO J, JIA H, LIAW P K. Metallic glass matrix composites [J]. Materials science and engineering: reports, 2016, 100: 1-69.

[44] LIU Y H, WANG G, WANG R J, et al. Super plastic bulk metallic glasses at room temperature [J]. Science, 2007, 315(5817): 1385-1388.

[45] YAO K F, RUAN F, YANG Y Q, et al. Superductile bulk metallic glass [J]. Applied physics letters, 2006, 88(12): 122106.

[46] KIM K B, DAS J, VENKATARAMAN S, et al. Work hardening ability of ductile Ti45Cu40Ni7.5Zr5Sn2.5 and Cu47.5Zr47.5Al5 bulk metallic glasses [J]. Applied physics letters, 2006, 89(7): 071908.

[47] ZHANG B, ZHAO D Q, PAN M X, et al. Amorphous metallic plastic [J]. Physical review letters, 2005, 94(20): 205502.

[48] LI J F, WANG J Q, LIU X F, et al. Glassy metallic plastics [J]. Science China-physics mechanics and astronomy, 2010, 53(3): 409-414.

[49] EGAMI T, BILLINGE S J L. Underneath the bragg peaks: structural analysis of complex materials [M]. Oxford: Elsevier, 2003.

[50] CHENG Y Q, MA E. Atomic-level structure and structure-property relationship in metallic glasses [J]. Progress in materials science, 2011, 56(4): 379-473.

[51] BERNAL J D. A geometrical approach to the structure of liquids [J]. Nature, 1959, 183(4655): 141-147.

[52] FINNEY J L. Random packings and structure of simple liquids 1. Geometry of random close packing [J]. Proceedings of the royal society of London, 1970, 319(1539): 479-493.

[53] TORQUATO S. Mean nearest-neighbor distance in random packings of hard d-dimensional spheres [J]. Physical review letters, 1995, 74(12): 2156-2159.

[54] BORODIN V A. Local atomic arrangements in polytetrahedral materials [J]. Philosophical magazine, 1999, 79(8): 1887-1907.

[55] GASKELL P H. New structural model for transition metal-metalloid glasses [J]. Nature, 1978, 276(5687): 484-485.

[56] 董闯. 从相图到材料成分设计[Z]. 大连理工大学学术讲演会，2004.

[57] MIRACLE D B. A structural model for metallic glasses [J]. Nature materials, 2004, 3(10): 697-702.

[58] 汪卫华. 金属玻璃简史[J]. 物理，2011, 40(11): 701-709.

[59] SURYANARAYANA C, INOUE A. Bulk metallic glasses [M]. New York: Taylor and Francis Group, LLC, 2011.

[60] TURNBULL D, COHEN M H. Concerning reconstructive transformation and formation of glass [J]. Journal of chemical physics, 1958, 29(5): 1049-1054.

[61] HERLACH D. Non-equilibrium solidification of undercooled metallic melts [J]. Metals, 2014, 4(2): 196-234.

[62] SPAEPEN F. A structural model for the solid-liquid interface in monatomic systems [J]. Acta materialia, 1975, 23(6): 729-743.

[63] SPAEPEN F，MEYER R B. The surface tension in a structural model for the solid-liquid interface[J]. Scripta metallurgica, 1976, 10(1): 37-43.

[64] THOMPSON C V, SPAEPEN F. Homogeneous crystal nucleation in binary metallic melts [J]. Acta materialia, 1983, 31(12): 2021-2027.

[65] LOFFLER J F, SCHROERS J, JOHNSON W L. Time-temperature-transformation diagram and microstructures of bulk glass forming Pd40Cu30Ni10P20 [J]. Applied physics letters, 2000, 77(5): 681-683.

[66] SCHROERS J, MASUHR A, JOHNSON W L, et al. Pronounced asymmetry in the crystallization behavior during constant heating and cooling of a bulk metallic glass-forming liquid [J]. Physical review B, 1999, 60(17): 11855-11858.

[67] LI Q. Critical cooling rate for the glass formation of ferromagnetic Fe40Ni40P14B6 alloy [J]. Material letters, 2007, 61(16):

3323-3328.

[68] WANG Z Y, YANG Y S, TONG W H, et al. A new model for calculating the critical cooling rate of bulk metallic glass under non-isothermal condition [J]. Acta physica sinica, 2006, 55(4): 1953-1958.

[69] XU K, WANG Y, LI J F, et al. Critical cooling rate for the glass formation of ferromagnetic Fe80P13C7 alloy [J]. Acta metallurgica sinica (english letters), 2013, 26(1): 56-62.

[70] LEGG B A, SCHROERS J, BUSCH R. Thermodynamics, kinetics, and crystallization of Pt57.3Cu14.6Ni5.3P22.8 bulk metallic glass [J]. Acta materialia, 2007, 55(3): 1109-1116.

[71] HAYS C C, SCHROERS J, JOHNSON W L, et al. Vitrification and determination of the crystallization time scales of the bulk-metallic-glass-forming liquid Zr58.5Nb2.8Cu15.6Ni12.8Al10.3 [J]. Applied physics letters, 2001, 79(11): 1605-1607.

[72] KIM Y J, BUSCH R, JOHNSON W L, et al. Experimental determination of a time-temperature-transformation diagram of the undercooled Zr41.2Ti13.8Cu12.5Ni10.0Be22.5 alloy using the containerless electrostatic levitation processing technique [J]. Applied Physics Letters, 1996, 68(8): 1057-1059.

[73] NISHIYAMA N, INOUE A. Supercooling investigation and critical cooling rate for glass formation in Pd-Cu-Ni-P alloy [J]. Acta materialia, 1999, 47(5): 1487-1495.

[74] SCHROERS J. Processing of bulk metallic glass [J]. Advanced materials, 2010, 22(14): 1566-1597.

[75] SCHROERS J. Bulk metallic glasses [J]. Physics today, 2013, 66(2): 32-37.

[76] INOUE A, TAKEUCHI A. Recent development and application products of bulk glassy alloys [J]. Acta materialia, 2011, 59(6): 2243-2267.

[77] MASUHR A, BUSCH R, JOHNSON W L. Rheometry and crystallization of bulk metallic glass forming alloys at high temperatures [C]//BARO M D, SURINACH S.Mechanically alloyed, metastable and nanocrystalline materials, Part 2. Zurich: Transtec Publications Ltd, 1998.

[78] SCHROERS J, WU Y, JOHNSON W L. Heterogeneous influences on the crystallization of Pd43Ni10Cu27P20 [J]. Philosophical magazine A, 2002, 82(6): 1207-1217.

[79] ZHONG L, WANG J W, SHENG H W, et al. Formation of monatomic metallic glasses through ultrafast liquid quenching [J]. Nature, 2014, 512(7513): 177-180.

[80] GREER A L. New horizons for glass formation and stability [J]. Nature materials, 2015, 14(6): 542-546.

[81] HIGHMORE R J, GREER A L. Eutectics and the formation of amorphous alloys [J]. Nature, 1989, 339(6223): 363-365.

[82] GREER A L. Metallic glasses [J]. Science, 1995, 267(5206): 1947-1953.

[83] JOHNSON W L. Fundamental aspects of bulk metallic glass formation in multicomponent alloys [C]//SCHULZ R. Mechanically alloyed and nanocrystalline materials, Pts 1 and 2. Zurich: Transtec Publications Ltd, 1996.

[84] INOUE A. Stabilization of metallic supercooled liquid and bulk amorphous alloys [J]. Acta materialia, 2000, 48(1): 279-306.

[85] LU Z P, LIU C T. A new glass-forming ability criterion for bulk metallic glasses [J]. Acta materialia, 2002, 50(13): 3501-3512.

[86] BLATTER A, ALLMEN M. Reversible amorphization in laser-quenched titanium alloys [J]. Physical review letters, 1985, 54(19): 2103-2106.

[87] BLATTER A, VONALLMEN M, BALTZER N. Spontaneous vitrification in Cr-Ti bulk alloys [J]. Journal of applied physics, 1987, 62(1): 276-280.

[88] GREER A L. The thermodynamics of inverse melting [J]. Journal of the less common metals, 1988, 140: 327-334.

[89] BORMANN R. Thermodynamic and kinetic requirements for inverse melting [J]. Materials science and engineering A, 1994, 179-180: 31-35.

[90] PRASAD R, SOMEKH R E, GREER A L. Proceedings of the seventh international conference on rapidly quenched materials electron microscopic study of Cr-Ti alloys [J]. Materials science and engineering A, 1991, 133: 606-610.

[91] YAN Z H, KLASSEN T, MICHAELSEN C, et al. Inverse melting in the Ti-Cr system [J]. Physical review B, 1993, 47(14): 8520-8527.

[92] BRUCK H A, CHRISTMAN T, ROSAKIS A J, et al. Quasi-static constitutive behavior of $Zr_{41.25}Ti_{13.75}Ni_{10}Cu_{12.5}Be_{22.5}$ bulk amorphous alloys [J]. Scripta metallurgica et materialia, 1994, 30(4): 429-434.

[93] VONALLMEN M, BLATTER A. Spontaneously vitrifying crystalline alloys [J]. Applied physics letters, 1987, 50(26): 1873-1875.

[94] LI M, JOHNSON W L. Instability of metastable solid-solutions and crystal to glass-transition [J]. Physical review letters, 1993, 70(8): 1120-1123.

[95] KAUZMANN W. The nature of the glassy state and the behavior of liquids at low temperatures [J]. Chemical reviews, 1948, 43(2): 219-256.

[96] LONG G G, CHAPMAN K W, CHUPAS P J, et al. Highly ordered noncrystalline metallic phase [J]. Physical review letters, 2013, 111(1): 015502.

[97] CHAPMAN K W, CHUPAS P J, LONG G G, et al. An ordered metallic glass solid solution phase that grows from the melt like a crystal [J]. Acta materialia, 2014, 62: 58-68.

[98] SCHWARZ R B, JOHNSON W L. Formation of an amorphous alloy by solid-state reaction of the pure polycrystalline metals[J]. Physical review letters, 1983, 51(5): 415-418.

[99] CHEN L J. Solid state amorphization in metal/Si systems [J]. Materials science and engineering: reports, 2000, 29(5): 115-152.

[100] SCHRÖDER H, SAMWER K, KÖSTER U. Micromechanism for metallic-glass formation by solid-state reactions [J]. Physical review letters, 1985, 54(3): 197-200.

[101] HIGHMORE R J, GREER A L, LEAKE J A, et al. A transient nucleation model for solid state amorphisation [J]. Material letters, 1988, 6(11-12): 401-405.

[102] SCHWARZ R B, JOHNSON W L. Remarks on solid-state amorphizing transformations [J]. Journal of the less common metals, 1988, 140: 1-6.

[103] FECHT H J, HAN G, FU Z, et al. Metastable phase formation in the Zr-Al binary-system induced by mechanical alloying [J]. Journal of applied physics, 1990, 67(4): 1744-1748.

[104] ZHANG L C, SHEN Z Q, XU J. Glass formation in a (Ti,Zr,Hf)-(Cu,Ni,Ag)-Al high-order alloy system by mechanical alloying [J]. Journal of materials research, 2003, 18(9): 2141-2149.

[105] SURYANARAYANA C. Mechanical alloying and milling [J]. Progress in materials science, 2001, 46(1-2): 1-184.

[106] TANIMURA M, INOUE Y, KOYAMA Y. Features of a eutectoid reaction in a Ti-40 at% Al alloy: evidence for an amorphous-state formation from a crystal [J]. Physical review B, 1995, 52(21): 15239-15243.

[107] KIM K B, YI S, CHOI-YIM H, et al. Interfacial instability-driven amorphization/nanocrystallization in a bulk Ni45Cu5Ti33Zr16Si1 alloy during solidification [J]. Physical review B, 2005, 72(9): 092102.

[108] REHN L E, OKAMOTO P R, PEARSON J, et al. Solid-state amorphization of Zr3Al: evidence of an elastic instability and first-order phase transformation [J]. Physical review letters, 1987, 59(26): 2987-2990.

[109] LIMOGE Y, BARBU A. Amorphization mechanism in metallic crystalline solids under irradiation [J]. Physical review B, 1984, 30(4): 2212-2215.

[110] MACHON D, MEERSMAN F, WILDING M C, et al. Pressure-induced amorphization and polyamorphism: inorganic and biochemical systems [J]. Progress in materials science, 2014, 61: 216-282.

[111] WINTERS R R, HAMMACK W S. Pressure-induced amorphization of R-Al5Li3Cu: a structural relation among amorphous metals, quasi-crystals, and curved space [J]. Science, 1993, 260(5105): 202-204.

[112] CHEN M W, MCCAULEY J W, HEMKER K J. Shock-induced localized amorphization in boron carbide [J]. Science, 2003, 299(5612): 1563-1566.

[113] SHENG H W, LIU H Z, CHENG Y Q, et al. Polyamorphism in a metallic glass [J]. Nature materials, 2007, 6(3): 192-197.

[114] ZENG Q, SHENG H, DING Y, et al. Long-range topological order in metallic glass [J]. Science, 2011, 332(6036): 1404-1406.

[115] IKEDA H, QI Y, CAGIN T, et al. Strain rate induced amorphization in metallic nanowires [J]. Physical review letters, 1999, 82(14): 2900-2903.

[116] HAN S, ZHAO L, JIANG Q, et al. Deformation-induced localized solid-state amorphization in nanocrystalline nickel [J]. Scientific reports, 2012, 2: 493.

[117] LIU B X, LAI W S, ZHANG Q. Irradiation induced amorphization in metallic multilayers and calculation of glass-forming ability from atomistic potential in the binary metal systems [J]. Materials science and engineering: reports, 2000, 29(1-2): 1-48.

[118] LIU B X, JOHNSON W L, NICOLET M A, et al. Structural difference rule for amorphous alloy formation by ion mixing [J]. Applied physics letters, 1983, 42(1): 45-47.

[119] AOKI K, YAMAMOTO T, SATOH Y, et al. Amorphization of the $CeFe_2$ Laves phase compound by hydrogen absorption [J]. Acta metallurgica, 1987, 35(10): 2465-2470.

[120] AOKI K, LI X G, HIRATA T, et al. A correlation between stability of compounds and structure of hydrogen-induced

amorphous alloys in GdM2 (M = Fe, Co, Ni) [J]. Acta metallurgica et materialia, 1993, 41(5): 1523-1530.

[121] YEH X L, SAMWER K, JOHNSON W L. Formation of an amorphous metallic hydride by reaction of hydrogen with crystalline intermetallic compounds-A new method of synthesizing metallic glasses [J]. Applied physics letters, 1983, 42(3): 242-244.

[122] INOUE A. Bulk amorphous alloys: Preparation and fundamental characteristics [M]. Switzerland: Trans Tech Publishing Ltd., 1998.

[123] INOUE A. Bulk amorphous alloys: Practical characteristics and applications [M]. Switzerland: Trans Tech Publishing Ltd., 1999.

[124] JOHNSON W L. Bulk glass-forming metallic alloys: Science and technology [J]. Materials research bulletin, 1999, 24(10): 42-56.

[125] KATHARINE M F, REINHOLD H D. Enhanced toughness due to stable crack tip damage zones in bulk metallic glass [J]. Scripta materialia, 1999, 41(9): 937-943.

[126] CONNER R D, ROSAKIS A J, JOHNSON W L, et al. Fracture toughness deformation for a beryllium-bearing bulk metallic glass [J]. Scripta materialia, 1997, 37(9): 1373-1378.

[127] GILBERT C J, RITCHIE R O, JOHNSON W L. Fracture toughness and fatigue-crack propagation in a Zr-Ti-Ni-Cu-Be bulk metallic glass [J]. Applied physics letters, 1997, 71(4): 476-478.

[128] MA M Z, LIU R P, XIAO Y, et al. Wear resistance of Zr-based bulk metallic glass applied in bearing rollers [J]. Materials science and engineering A, 2004, 386(1-2): 326-330.

[129] JAYARAJ J, SORDELET D J, KIM D H, et al. Corrosion behaviour of Ni-Zr-Ti-Si-Sn amorphous plasma spray coating [J]. Corrosion science, 2006, 48(4): 950-964.

[130] CHEN H S. Glassy metals [J]. Reports on progress in physics, 1980, 43(4): 353-432.

[131] JOHNSON W L. Research interests[EB/OL]. (2018-11-10)[2018-12-18]. http://www.its. caltech.edu/~matsci/wlj/wlj-research.html.

[132] TELFORD M. The case for bulk metallic glass[J]. Materialstoday, 2004,7(3): 36-43.

[133] WRIGHT W J. Shear band processes in bulk metallic glasses [D]. Palo Alto: Stanford University, 2003.

[134] UCHIC M D, DIMIDUK D M, FLORANDO J N, et al. Sample dimensions influence strength and crystal plasticity [J]. Science, 2004, 305(5686): 986-989.

[135] YU Q, SHAN Z W, LI J, et al. Strong crystal size effect on deformation twinning [J]. Nature, 2010, 463(7279): 335-338.

[136] CASTANY P, RAMAROLAHY A, PRIMA F, et al. In situ synchrotron X-ray diffraction study of the martensitic transformation in superelastic Ti-24Nb-0.5N and Ti-24Nb-0.5O alloys [J]. Acta materialia, 2015, 88: 102-111.

[137] SCHUH C, HUFNAGEL T, RAMAMURTY U. Mechanical behavior of amorphous alloys [J]. Acta materialia, 2007, 55(12): 4067-4109.

[138] LU J, RAVICHANDRAN G, JOHNSON W L. Deformation behavior of the $Zr_{41.2}Ti_{13.8}Cu_{12.5}Ni_{10}Be_{22.5}$ bulk metallic glass over a wide range of strain-rates and temperatures [J]. Acta materialia, 2003, 51(12): 3429-3443.

[139] SUN B A, WANG W H. The fracture of bulk metallic glasses [J]. Progress in materials science, 2015, 74: 211-307.

[140] SPAEPEN F, TAUB A L. Amorphous metallic alloys [M]. Lodon: Buttersorths and Co., Ltd., 1983.

[141] MASUMOTO T, MADDIN R. Mechanical properties of palladium 20 a/o silicon alloy quenched from the liquid state [J]. Acta metallurgica, 1971, 19(7): 725-741.

[142] LEAMY H J, CHEN H S, WANG T T. Plastic flow and fracture of metallic glass [J]. Metallurgical and materials transactions, 1972, 3(3): 699-708.

[143] PAMPILLO C A, CHEN H S. Comprehensive plastic deformation of a bulk metallic glass [J]. Materials science and engineering A, 1974, 13(2): 181-188.

[144] PAMPILLO C A, POLK D E. The strength and fracture characteristics of Fe, Ni-Fe and Ni-base glasses at various temperatures [J]. Acta metallurgica, 1974, 22(6): 741-749.

[145] ARGON A S, MEGUSAR J, GRANT N J. Shear band induced dilations in metallic glasses [J]. Scripta metallurgica et materialia, 1985, 19(5): 591-596.

[146] KAWAMURA Y, KATO H, INOUE A, et al. Full strength compacts by extrusion of glassy metal powder at the supercooled liquid state [J]. Applied physics letters, 1995, 67(14): 2008-2010.

[147] INOUE A, TAKEUCHI A. Recent progress in bulk glassy alloys [J]. Materials transactions, 2002, 43(8): 1892-1906.

[148] HEILMAIER M. Deformation behavior of Zr-based metallic glasses [J]. Journal of materials processing technology, 2001,

117(3): 374-380.

[149] TURNBULL D, COHEN M H. Free-volume model of the amorphous phase: glass transition [J]. Journal of chemical physics, 1961, 34(1): 120-125.

[150] SPAEPEN F. A microscopic mechanism for steady state inhomogeneous flow in metallic glasses [J]. Acta metallurgica, 1977, 25(4): 407-415.

[151] POLK D E, TURNBULL D. Flow of melt and glass forms of metallic alloys [J]. Acta metallurgica, 1972, 20(4): 493-498.

[152] JOHNSON W L, LU J, DEMETRIOU M D. Deformation and flow in bulk metallic glasses and deeply undercooled glass forming liquids—a self consistent dynamic free volume model [J]. Intermetallics, 2002, 10(11-12): 1039-1046.

[153] ARGON A S. Plastic deformation in metallic glasses [J]. Acta metallurgica, 1979, 27(1): 47-58.

[154] CHEN M W. Mechanical behavior of metallic glasses: microscopic understanding of strength and ductility [J]. Annual review of materials research, 2008, 38(1): 445-469.

[155] BULATOV V V, ARGON A S. A stochastic model for continuum elasto-plastic behavior. I. Numerical approach and strain localization [J]. Modeling and simulation of materials science and engineering, 1994, 2(2): 167-185.

[156] FALK M L, LANGER J S. Dynamics of viscoplastic deformation in amorphous solids [J]. Physical review E, 1998, 57(6): 7192-7205.

[157] BOUCHBINDER E, LANGER J S, PROCACCIA I. Athermal shear-transformation-zone theory of amorphous plastic deformation. I. Basic principles [J]. Physical review E, 2007, 75(3): 036107.

[158] DONOVAN P E, STOBBS W M. The structure of shear bands in metallic glasses [J]. Acta metallurgica, 1981, 29(8): 1419-1426.

[159] PEKARSKAYA E, KIM C P, JOHNSON W L. In situ transmission electron microscopy studies of shear bands in a bulk metallic glass based composite [J]. Journal of materials research, 2001, 16(9): 2513-2518.

[160] LOWHAPHANDU P, MONTGOMERY S L, Lewandowski J J. Effects of superimposed hydrostatic pressure on flow and fracture of a Zr-Ti-Ni-Cu-Be bulk amorphous alloy [J]. Scripta materialia, 1999, 41(1): 19-24.

[161] MUKAI T, NIEH T G, KAWAMURA Y, et al. Dynamic response of a $Pd_{40}Ni_{40}P_{20}$ bulk metallic glass in tension [J]. Scripta materialia, 2002, 46(1): 43-47.

[162] ZHANG, Y, GREER A L. Thickness of shear bands in metallic glasses [J]. Applied physics letters, 2006, 89(7): 071907.

[163] HUFNAGEL T C, JIAO T, LI Y, et al. Deformation and failure of $Zr_{57}Ti_5Cu_{20}Ni_8Al_{10}$ bulk metallic glass under quasi-static and dynamic compression [J]. Journal of materials research, 2002, 17(6): 1441-1445.

[164] SCHUH C A, LUND A C. Atomistic basis for the plastic yield criterion of metallic glass [J]. Nature materials, 2003, 2(7): 449-452.

[165] WRIGHT W J, SCHWARZ R B, NIX W D. Localized heating during serrated plastic flow in bulk metallic glasses [J]. Materials science and engineering A, 2001, 319-321(s1): 229-232.

[166] YANG B, LIAW P K, WANG G, et al. In-situ thermographic observation of mechanical damage in bulk-metallic glasses during fatigue and tensile experiments [J]. Intermetallics, 2004, 12(10-11): 1265-1274.

[167] YANG B, MORRISON M L, LIAW P K, et al. Dynamic evolution of nanoscale shear bands in a bulk-metallic glass [J]. Applied physics letters, 2005, 86(14): 141904.

[168] BRUCK H A, ROSAKIS A J, JOHNSON W L. The dynamic compressive behavior of beryllium bearing bulk metallic glasses[J]. Journal of materials research, 1996, 11(2): 503-511.

[169] LEWANDOWSKI J J, GREER A L. Temperature rise at shear bands in metallic glasses [J]. Nature materials, 2005, 5(1): 15-18.

[170] MENG J X, LING Z, JIANG M Q, et al. Dynamic fracture instability of tough bulk metallic glass [J]. Applied physics letters, 2008, 92(17): 171909.

[171] JIANG M Q, LING Z, MENG J X, et al. Energy dissipation in fracture of bulk metallic glasses via inherent competition between local softening and quasi-cleavage [J]. Philosophical magazine, 2008, 88(3): 407-426.

[172] RAGHAVAN R, MURALI P, RAMAMURTY U. On factors influencing the ductile-to-brittle transition in a bulk metallic glass [J]. Acta materialia, 2009, 57(11): 3332-3340.

[173] LI G, JIANG M Q, JIANG F, et al. Temperature-induced ductile-to-brittle transition of bulk metallic glasses [J]. Applied physics letters, 2013, 102(17): 171901.

[174] STILLINGER F H. Supercooled liquids, glass transitions, and the Kauzmann paradox [J]. Journal of chemical physics, 1988,

88(12): 7818-7825.

[175] DOYE J P K, WALES D J. Saddle points and dynamics of Lennard-Jones clusters, solids, and supercooled liquids [J]. Journal of chemical physics, 2002, 116(9): 3777-3788.

[176] MALANDRO D L, LACKS D J. Relationships of shear-induced changes in the potential energy landscape to the mechanical properties of ductile glasses [J]. Journal of chemical physics, 1999, 110(9): 4593-4601.

[177] JOHNSON W L, SAMWER K. A universal criterion for plastic yielding of metallic glasses with a $(T/T_g)(2/3)$ temperature dependence [J]. Physical review letters, 2005, 95(19): 195501.

[178] MAYR S G. Activation energy of shear transformation zones: a key for understanding rheology of glasses and liquids [J]. Physical review letters, 2006, 97(19): 195501.

[179] YU H B, SHEN X, WANG Z, et al. Tensile plasticity in metallic glasses with pronounced beta relaxations [J]. Physical review letters, 2012, 108(1): 015504.

[180] JIAO W, WEN P, PENG H L, et al. Evolution of structural and dynamic heterogeneities and activation energy distribution of deformation units in metallic glass [J]. Applied physics letters, 2013, 102(10): 101903.

[181] ZHU Z G, WEN P, WANG D P, et al. Characterization of flow units in metallic glass through structural relaxations [J]. Journal of applied physics, 2013, 114(8): 083512.

[182] WANG Z, SUN B A, BAI H Y, et al. Evolution of hidden localized flow during glass-to-liquid transition in metallic glass [J]. Nature communications, 2014, 5: 5823.

[183] XIAO X S, LI W H, XIA L, et al. Quasistatic and dynamic tensile behavior of $Zr_{52.5}Al_{10}Ni_{10}Cu_{15}be_{12.5}$ bulk metallic glass [J]. Journal of materials science and technology, 2003, 19(5): 410-412.

[184] XING L Q, BERTRAND C, DALLAS J P, et al. Nanocrystal evolution in bulk amorphous $Zr_{57}Cu_{20}Al_{10}Ni_8Ti_5$ alloy and its mechanical properties [J]. Materials science and engineering A, 1998, 241(1-2): 216-225.

[185] ZHANG Z F, HE G, ECKERT J, et al. Fracture mechanisms in bulk metallic glassy materials [J]. Physical review letters, 2003, 91(4): 045505.

[186] WANG G, SHEN J, SUN J F, et al. Tensile fracture characteristics and deformation behavior of a Zr-based bulk metallic glass at high temperatures [J]. Intermetallics, 2005, 13(6): 642-648.

[187] MUKAI T, NIEH T G, KAWAMURA Y, et al. Effect of strain rate on compressive behavior of a $Pd_{40}Ni_{40}P_{20}$ bulk metallic glass [J]. Intermetallics, 2002, 10(11-12): 1071-1077.

[188] ZHANG Z F, ECKEIT J, SCHULTZ L. Difference in compressive and tensile fracture mechanisms of $Zr_{59}Cu_{20}Al_{10}Ni_8Ti_3$ bulk metallic glass [J]. Acta materialia, 2003, 51(4): 1167-1179.

[189] LOUZGUINE D V, KATO H, INOUE A. High-strength Cu-based crystal-glassy composite with enhanced ductility [J]. Applied physics letters, 2004, 84(7): 1088-1089.

[190] ZHANG H, ZHANG Z F, WANG Z G, et al. Fatigue damage and fracture behavior of tungsten fiber reinforced Zr-based metallic glassy composite [J]. Materials science and engineering A, 2006, 418(1-2): 146-154.

[191] MOELLE C, LU I R, SAGEL A, et al. Formation of ceramic/metallic glass composite by mechanical alloying [J]. Materials science forum, 1998, 269: 47-52.

[192] SUN Y F, WEI B C, WANG Y R, et al. Enhanced plasticity of Zr-based bulk metallic glass matrix composite with ductile reinforcement [J]. Journal of materials research, 2005, 20(9): 2386-2390.

[193] FAN C, QIAO D C, WILSON T W, et al. As-cast Zr-Ni-Cu-Al-Nb bulk metallic glasses containing nanocrystalline particles with ductility [J]. Materials science and engineering A, 2006, 431(1-2): 158-165.

[194] CHOI-YIM H, JOHNSON W L. Bulk metallic glass matrix composites [J]. Applied physics letters, 1997, 71(26): 3808-3810.

[195] DANDLIKER R B, CONNER R D, JOHNSON W L. Melt infiltration casting of bulk metallic-glass matrix composites [J]. Journal of materials research, 1998, 13(10): 2896-2901.

[196] ALPAS A T, EMBURY J D. Flow localization in thin layers of amorphous alloys in laminated composite structures [J]. Scripta metallurgica et materialia, 1988, 22(2): 265-270.

[197] LENG Y, COURTNEY T H. Some tensile properties of metal-metallic glass laminates [J]. Journal of materials science, 1989, 24(6): 2006-2010.

[198] LENG Y, COURTNEY T H. Fracture behavior of laminated metal-metallic glass composites [J]. Metallurgical and materials transactions A, 1990, 21(8): 2159-2168.

[199] LENG Y, COURTNEY T H. Multiple shear band formation in metallic glasses in composites [J]. Journal of materials science,

1991, 26(3): 588-592.

[200] CHOI-YIM H, BUSCH R, KÖSTER U, et al. Synthesis and characterization of particulate reinforced $Zr_{57}Nb_5Al_{10}Cu_{15.4}Ni_{12.6}$ bulk metallic glass composites [J]. Acta materialia, 1999, 47(8): 2455-2462.

[201] SZUECS F, KIM C P, JOHNSON W L. Mechanical properties of $Zr_{56.2}Ti_{13.8}Nb_{5.0}Cu_{6.9}Ni_{5.6}Be_{12.5}$ ductile phase reinforced bulk metallic glass composite [J]. Acta materialia, 2001, 49(9): 1507-1513.

[202] HAYS C C, KIM C P, JOHNSON W L. Improved mechanical behavior of bulk metallic glasses containing in situ formed ductile phase dendrite dispersions [J]. Materials science and engineering A, 2001, 304-306(s1): 650-655.

[203] CHOI-YIM H, CONNER R D, SZUECS F, et al. Processing, microstructure and properties of ductile metal particulate reinforced $Zr_{57}Nb_5Al_{10}Cu_{15.4}Ni_{12.6}$ bulk metallic glass composites [J]. Acta materialia, 2002, 50(10): 2737-2745.

[204] KATO H, INOUE A. Synthesis and mechanical properties of bulk amorphous Zr-Al-Ni-Cu alloys containing ZrC particles [J]. Materials transactions JIM, 1997, 38(9): 793-800.

[205] CONNER R D, CHOI-YIM H, JOHNSON W L. Mechanical properties of $Zr_{57}Nb_5Al_{10}Cu_{15.4}Ni_{12.6}$ metallic glass matrix particulate composites [J]. Journal of materials research, 1999, 14(8): 3292-3297.

[206] XU Y K, XU J. Ceramics particulate reinforced $Mg_{65}Cu_{20}Zn_5Y_{10}$ bulk metallic glass composites [J]. Scripta materialia, 2003, 49(9): 843-848.

[207] CANNILLO V, LEONELLI C, MANFREDINI T, et al. Mechanical performance and fracture behavior of glass-matrix composites reinforced with molybdenum particles [J]. Composites science and technology, 2005, 65(7-8): 1276-1283.

[208] JENG I K, LEE P Y. Mechanically alloyed tungsten carbide particle/$Ti_{50}Cu_{28}Ni_{15}Sn_7$ glassy alloy matrix composites [J]. Materials science and engineering A, 2007, 449-451: 1090-1094.

[209] ECKERT J, DELEDDA S, KÜHN U, et al. Bulk metallic glasses and composites in multicomponent systems [J]. Materials transactions JIM, 2001, 42(4): 650-655.

[210] LI J Q, WANG L, ZHANG H F, et al. Synthesis and characterization of particulate reinforced Mg-based bulk metallic glass composites [J]. Material letters, 2007, 61(11-12): 2217-2221.

[211] BIAN Z, PAN M X, ZHANG Y, et al. Carbon-nanotube-reinforced $Zr_{52.5}Cu_{17.9}Ni_{14.6}Al_{10}Ti_5$ bulk metallic glass composites [J]. Applied physics letters, 2002, 81(25): 4739-4741.

[212] BIAN Z, WANG R J, ZHAO D Q, et al. Excellent ultrasonic absorption ability of carbon-nanotube-reinforced bulk metallic glass composites [J]. Applied physics letters, 2003, 82(17): 2790-2792.

[213] ECKERT J, KÜBLER A, and SCHULTZ L. Mechanically alloyed $Zr_{55}Al_{10}Cu_{30}Ni_5$ metallic glass composites containing nanocrystalline W particles [J]. Journal of applied physics, 1999, 85(10): 7112-7119.

[214] DELEDDA S, ECKERT J, SCHULTZ L. Thermal stability of mechanically alloyed Zr-Cu-Al-Ni glass composites containing ZrC particles as a second phase [J]. Scripta materialia, 2002, 46(1): 31-35.

[215] CONNER R D, DANDLIKER R B, JOHNSON W L. Mechanical properties of tungsten and steel fiber reinforced $Zr_{41.25}Ti_{13.75}Cu_{12.5}Ni_{10}Be_{22.5}$ metallic glass matrix composites [J]. Acta materialia, 1998, 46(17): 6089-6102.

[216] QIU K Q, WANG A M, ZHANG H F, et al. Mechanical properties of tungsten fiber reinforced ZrAlNiCuSi metallic glass matrix composite [J]. Intermetallics, 2002, 10(11-12): 1283-1288.

[217] CHOI-YIM H, SCHROERS J, JOHNSON W L. Microstructures and mechanical properties of tungsten wire/particle reinforced $Zr_{57}Nb_5Al_{10}Cu_{15.4}Ni_{12.6}$ metallic glass matrix composites [J]. Applied physics letters, 2002, 80(11): 1906-1908.

[218] WANG G, CHEN D M, SHEN J, et al. Deformation behavior of a tungsten-wire/bulk metallic glass matrix composite in a wide strain rate range [J]. Journal of non-crystalline solids, 2006, 352(36-37): 3872-3878.

[219] KIM C P, KECK W M, BUSCHA R, et al. Processing of carbon-fiber-reinforced $Zr_{41.2}Ti_{13.8}Cu_{12.5}Ni_{10.0}Be_{22.5}$ bulk metallic glass composites [J]. Applied physics letters, 2001, 79(10): 1456-1458.

[220] ZHANG H F, WANG A M, LI H, et al. Quasi-static compressive property of metallic glass/porous tungsten bi-continuous phase composite [J]. Journal of materials research, 2006, 21(6): 1351-1354.

[221] XUE Y F, CAI H N, WANG L, et al. Dynamic compressive deformation and failure behavior of Zr-based metallic glass reinforced porous tungsten composite [J]. Materials science and engineering A, 2007, 445-446: 275-280.

[222] XUE Y F, CAI H N, WANG L, et al. Strength-improved Zr-based metallic glass/porous tungsten phase composite by hydrostatic extrusion [J]. Applied physics letters, 2007, 90(8): 081901.

[223] LIU Z Q, WANG H, ZHANG T. Bulk metallic glass composites ductilized by core-shell structured dual crystalline phases through controlled inoculation [J]. Intermetallics, 2014, 45: 24-28.

[224] QIAO J W. In-situ dendrite/metallic glass matrix composites: a review [J]. Journal of materials science and technology, 2013, 29(8): 685-701.

[225] WU X F, ZHANG H F, QIU K Q, et al. Synthesis and mechanical properties of in situ ZrC reinforced bulk Zr amorphous matrix composites [J]. Acta metallurgica sinica, 2003, 39(5): 555-560.

[226] LEE S Y, CLAUSEN B, ÜSTÜNDAG E, et al. Compressive behavior of wire reinforced bulk metallic glass matrix composites [J]. Materials science and engineering A, 2005, 399(1-2): 128-133.

[227] WU Y, WANG H, LIU X J, et al. Designing bulk metallic glass composites with enhanced formability and plasticity [J]. Journal of materials science and technology, 2014, 30(6): 566-575.

[228] FU H M, WANG H, ZHANG H F, et al. In situ TiB-reinforced Cu-based bulk metallic glass composites [J]. Scripta materialia, 2006, 54(11): 1961-1966.

[229] HOFMANN D C, SUH J Y, WIEST A, et al. New processing possibilities for highly toughened metallic glass matrix composites with tensile ductility [J]. Scripta materialia, 2008, 59(7): 684-687.

[230] WU Y, XIAO Y H, CHEN G L, et al. Bulk metallic glass composites with transformation-mediated work-hardening and ductility [J]. Advanced materials, 2010, 22(25): 2770-2773.

[231] KÜHN U, ECKERT J, MATTERN N, et al. Microstructure and mechanical properties of slowly cooled Zr-Nb-Cu-Ni-Al composites with ductile bcc phase [J]. Materials science and engineering A, 2004, 375-377(s1): 322-326.

[232] TANG M B, ZHAO D Q, PAN M X, et al. Binary Cu-Zr bulk metallic glasses [J]. Chinese physics letters, 2004, 21(5): 901-903.

[233] WANG D, LI Y, SUN B B, et al. Bulk metallic glass formation in the binary Cu-Zr system [J]. Applied physics letters, 2004, 84(20): 4029-4031.

[234] PAULY S. Phase formation and mechanical properties of metastable Cu-Zr-based alloys [D]. Dresden, IFW 2010.

[235] GARGARELLA P, PAULY S, KHOSHKHOO M S, et al. Phase formation and mechanical properties of Ti-Cu-Ni-Zr bulk metallic glass composites [J]. Acta materialia, 2014, 65: 259-269.

[236] OTSUKA K, REN X. Physical metallurgy of Ti-Ni-based shape memory alloys [J]. Progress in materials science, 2005, 50(5): 511-678.

[237] KIM H Y, IKEHARA Y, KIM J I, et al. Martensitic transformation, shape memory effect and superelasticity of Ti-Nb binary alloys [J]. Acta materialia, 2006, 54(9): 2419-2429.

[238] WU Y, ZHOU D Q, SONG W L, et al. Ductilizing bulk metallic glass composite by tailoring stacking fault energy [J]. Physical review letters, 2012, 109(24): 245506.

[239] SONG K K, PAULY S, ZHANG Y, et al. Triple yielding and deformation mechanisms in metastable Cu47.5Zr47.5Al5 composites [J]. Acta materialia, 2012, 60(17): 6000-6012.

[240] MA D Q, LI J, ZHANG Y F, et al. Effect of compositional tailoring on the glass-forming ability and mechanical properties of TiZr-based bulk metallic glass matrix composites [J]. Materials science and engineering A, 2014, 612: 310-315.

[241] QIAO J W, CHU M Y, CHENG L, et al. Plastic flows of in-situ metallic glass matrix composites upon dynamic loading [J]. Material letters, 2014, 119: 92-95.

[242] ZHANG T, YE H Y, SHI J Y, er al. Dendrite size dependence of tensile plasticity of in situ Ti-based metallic glass matrix composites [J]. Journal of alloys and compounds, 2014, 583: 593-597.

[243] BAI J, LI J S, WANG J, et al. Strain-rate-dependent deformation behavior in a Ti-based bulk metallic glass composite upon dynamic deformation [J]. Journal of alloys and compounds, 2015, 639: 131-138.

[244] MA D Q, JIAO W T, ZHANG Y F, et al. Strong work-hardening behavior induced by the solid solution strengthening of dendrites in TiZr-based bulk metallic glass matrix composites [J]. Journal of alloys and compounds, 2015, 624: 9-16.

[245] CHEN G, CHENG J L, LIU C T. Large-sized Zr-based bulk-metallic-glass composite with enhanced tensile properties [J]. Intermetallics, 2012, 28: 25-33.

[246] QIAO J W, ZHANG T, YANG F Q, et al. A tensile deformation model for in-situ dendrite/metallic glass matrix composites [J]. Scientific reports, 2013, 3: 2816.

[247] SUN X H, QIAO J W, JIAO Z M, et al. An improved tensile deformation model for in-situ dendrite/metallic glass matrix composites [J]. Scientific reports, 2015, 5: 11.

[248] HOFMANN D C. Shape memory bulk metallic glass composites [J]. Science, 2010, 329(5997): 1294-1295.

[249] HOFMANN D C, SUH J Y, WIEST A, et al. Designing metallic glass matrix composites with high toughness and tensile

ductility [J]. Nature, 2008, 451(7182): 1085-1089.
[250] HOFMANN D C. Designing bulk metallic glass matrix composites with high toughness and tensile ductility [D]. California: California Institute of Technology (Caltech), 2008.
[251] TANG M Q, ZHU Z W, FU H M, et al. Ti-based amorphous composites with quantitatively controlled in-situ formation of dendrites [J]. Acta metallurgica sinica, 2012, 48(7): 861-866.

第2章 非 晶 合 金

近年来，作为结构材料的非晶合金因其所具有的基础科学价值和潜在的工程应用价值越来越受到人们的广泛关注[1]。尽管人们对非晶合金力学行为的研究已持续多年，但对该材料变形断裂机理的认识仍然十分有限。非晶合金在冲击服役环境下具有广阔的应用前景，但目前针对非晶合金的研究还主要集中在准静态力学响应方面，而在动态力学响应方面的研究则相对较少。仅有的动态研究结果不仅普遍不够深入，还出现了相互不一致、甚至彼此冲突的试验结果，这引起了广大科研工作者的强烈关注。到底是什么原因导致结果冲突，尽管有各种推测，但普遍归结到以下两个方面的原因。

1. *微结构差异*

与晶态合金内固有缺陷的类型、数量等能够对其力学性能产生很大的影响一样，非晶合金内局部微观结构的尺度、数量和演变方式同样会对其力学行为产生直接的影响。大量研究结果表明，非晶合金的化学成分、微观结构、加载模式、试样形状及非晶化程度等都会对其力学行为（剪切带形成和扩展）产生极大的影响，但具体的影响方式有待进一步分析。

2. *动态数据的可靠性*

非晶合金是典型的脆性材料。目前，针对金属材料动态响应数据的测试尚不够完善，尤其是脆性材料的测试更是比较棘手。例如，在采用传统分离式 Hopkinson 压杆（split Hopkinson pressure bar，SHPB）试验装置测试高强度、高脆性材料（如陶瓷材料和非晶合金）的动态力学性能时，无法得到较为可靠的数据。Staehler 等[2]采用 SHPB 试验装置测试高强度陶瓷材料时发现了明显的弥散效应。其他如动态硬度等的测试更是尚无统一认识，从而导致相关研究滞后。

结合应用背景，在充分考虑非晶合金微结构特征的基础上，本章将系统阐述非晶合金在轴向动态压缩、动态硬度、平面冲击、高速撞击及激光冲击下的响应行为，在大应变率范围内对非晶合金的冲击响应行为开展深入研究。

2.1 微结构对非晶合金应变率相关力学性能的影响

2.1.1 微结构表征

Zr 基非晶合金具有相对较高的非晶形成能力和热稳定性，是世界各国研究较为全面和系统的合金体系，其研究结果充分，相关性能指标较其他合金体系更加齐全。基于此，在充分考虑形成能力、热稳定性及已有试验结果的基础上，本节重点研究 $Zr_{65}Al_{7.5}Ni_{10}Cu_{17.5}$ 非晶合金。

采用控制浇注温度的方式实现合金微观组织结构的调整，分别选取在 950℃、1100℃、1250℃、1350℃下进行浇注，同时选取吸铸方式（电弧熔炼，温度高达 3000℃）

进行样品制备。研究发现，通过控制浇注温度可以很好地调整非晶合金的微观结构。图 2-1 所示为非晶合金在不同浇注温度下的 X 射线衍射（X-ray diffraction，XRD）图谱，发现 950℃对应合金试样具有明显的衍射峰，表明非晶合金内部存在部分晶体相。随着浇注温度的升高，合金内部晶体相逐渐减少，但 1350℃对应合金试样同样表现出不是很明显的衍射峰，这与浇注温度太高，致使石英管紧贴合金部分熔化有关。

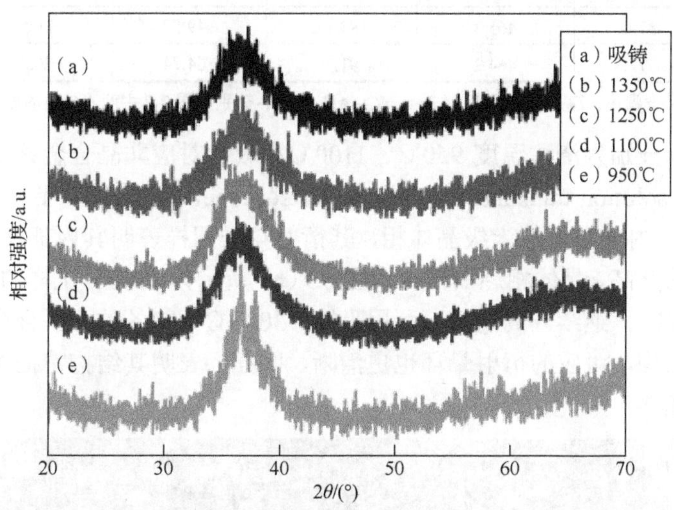

图 2-1　不同浇注温度对应合金试样的 XRD 图谱

图 2-2 所示为不同浇注温度对应 $Zr_{65}Al_{7.5}Ni_{10}Cu_{17.5}$ 的示差扫描量热法（differential scanning calorimeter，DSC）曲线。从图 2-2 中可以看出，不同温度对应合金试样的 DSC 曲线均表现出明显的吸热反应，在较宽过冷液相区的玻璃化转变区和放热峰对应着合金试样的组织转变。对不同温度对应试样的放热焓进行计算，发现 950℃和 1350℃对应试样的放热焓明显较其他试样低，这同样表明其内部存在部分晶体相，具体数据如表 2-1 所示。

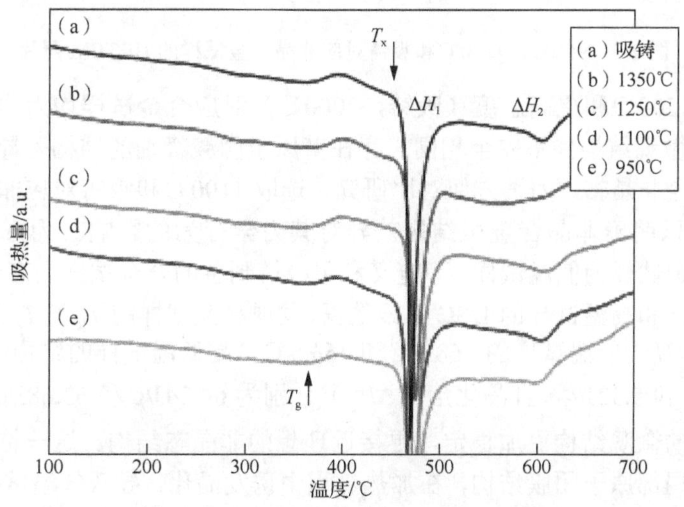

图 2-2　不同浇注温度对应合金试样的 DSC 曲线

a.u.—任意单位，表示相对值

表 2-1 不同浇注温度对应合金试样的相关热力学参数

浇注温度	T_g/℃	T_x/℃	ΔT_g/℃	ΔH_1/(J/g)	ΔH_2/(J/g)	ΔH/(J/g)
950℃	349.7	464.1	114.4	−58.68	−15.58	−74.26
1100℃	368.5	463.5	94.6	−63.68	−22.87	−86.55
1250℃	372.2	469.9	97.7	−62.96	−19.63	−82.59
1350℃	379.7	465.3	85.6	−49.57	−26.52	−76.05
吸铸	372.8	464.2	91.3	−64.24	−20.27	−84.51

注：T_g为玻璃化转变温度，T_x为晶化温度，$\Delta T_g=T_x-T_g$，ΔH_1与ΔH_2分别为图 2-2 中两次放热的放热焓，$\Delta H=\Delta H_1+\Delta H_2$。

图 2-3 所示分别为浇注温度 950℃、1100℃和吸铸对应非晶合金试样的高分辨率透射电镜（high resolution transmission electron microscope，HRTEM）照片。950℃非晶合金［图 2-3（a）］内部存有纳米级晶体相，其衍射花样同样表明其内部存在较多晶体相；随着浇注温度的升高，晶体相逐渐减少，图 2-3（b）所示为 1100℃试样的 HRTEM 照片，试样为完全非晶态；继续升高温度，利用吸铸（3000℃）制备的非晶合金试样表现出更加均匀的微观结构，对应的衍射晕环也更清晰、明亮，表明其结构特征更加接近理想的非晶态结构［图 2-3（c）］。

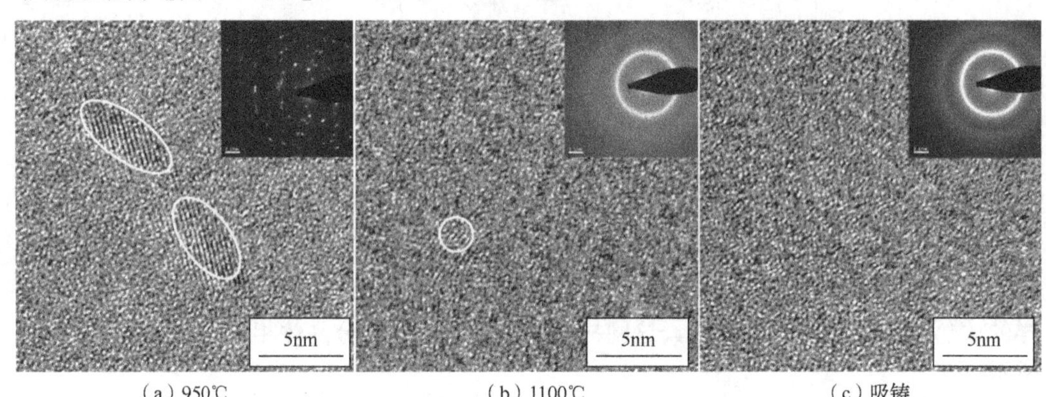

（a）950℃　（b）1100℃　（c）吸铸

图 2-3 950℃、1100℃和吸铸对应非晶合金试样的 HRTEM 照片

1100℃、1200℃和更高温度（吸铸，3000℃）对应合金试样均为非晶态结构，但这 3 种合金的微观结构并不完全相同，存在着原子团簇级别的结构差异，浇注温度越高，越接近完全非晶态。为了方便对比研究，选取 1100℃和吸铸对应非晶合金试样作为研究对象，以明确非晶合金微结构差异对其力学行为的影响。为方便表述，定义 1100℃对应合金试样为低温试样，而定义利用吸铸制备的合金试样为高温试样。图 2-4 所示为低温试样和高温试样的 DSC 曲线数据，发现高温试样的 T_g 和 T_x 分别为 372.8℃和 464.2℃，均高于低温试样的 368.5℃和 463.5℃，高低温试样的结构弛豫焓（ΔH_r）分别为 6.89J/g 和 5.32J/g，且晶化焓（ΔH_c）分别为 64.24J/g 和 63.68J/g，表明高温试样较低温试样的微观结构更加稳定，更接近理想的非晶态结构。这一特点可能是低温试样内部存在局部原子团簇结构，在加热过程中诱发晶化，导致低温试样过早失稳[3]。Beukel 和 Sietsma[4]认为非晶合金的结构弛豫焓（ΔH_r）改变是由自由体积的变化引起的。

$$\Delta H_{\mathrm{r}} = \beta' \Delta v_{\mathrm{f}} \tag{2-1}$$

式中，β' 是常数；ΔH_{r} 为结构弛豫焓的变化；Δv_{f} 为每个原子体积的自由体积变化。Slipenyuk 和 Eckert [5]发现自由体积与弛豫焓的变化成正比，即当温度低于 T_{g} 时，弛豫焓（结构弛豫过程中的热量释放）严重依赖于自由体积的存在。如图 2-4 所示，低温试样和高温试样的弛豫焓（ΔH_{r}）分别为 5.32J/g 和 6.89J/g，表明高温试样内部比低温试样存在更多的自由体积。相比高温试样，更多的中短程有序结构存在于低温试样内部。目前已有研究结果证明在相对较低的浇注温度下，非晶合金内部将存在更多的原子团簇结构，随着浇注温度的升高，原子团簇逐渐熔化，导致非晶合金表现出更为理想的非晶态结构[6-9]。

以上分析结果均表明，通过控制非晶合金浇注时的浇注温度可以很好地调整合金试样内部的微观组织结构。

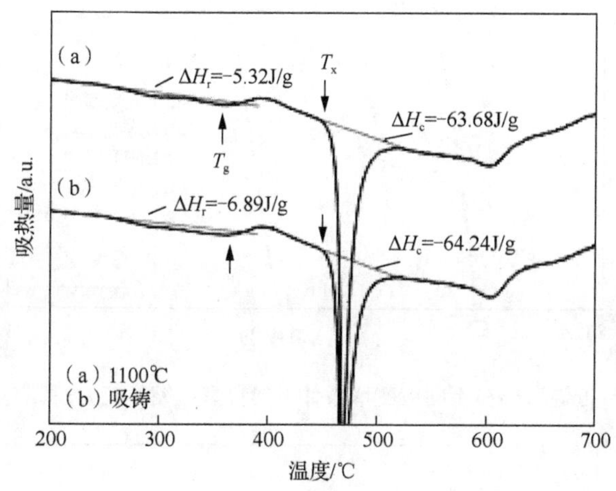

图 2-4 1100℃和吸铸对应合金试样的 DSC 曲线

2.1.2 塑性突变

图 2-5 所示为低温试样在不同应变率条件下的典型压缩真应力-真应变曲线，发现其锯齿流变状态、流变应力水平和断裂强度严重受应变率的影响，其中锯齿流变状态和流变应力水平均随着应变率的增加而降低。然而，在 $1.6\times10^{-2}\mathrm{s}^{-1}$ 应变率条件下却表现出明显的断裂强度突然增加的现象，继续增加应变率，该低温试样则表现出完全的脆性断裂，无宏观塑性。

重复试验表明，其确实存在一个塑性突变区，如图 2-6 所示，断裂强度几乎是其在 $1.6\times10^{-5}\mathrm{s}^{-1}$ 下的 3 倍，继续增加应变率则表现出完全的脆性断裂。

为了能够更加深入地理解其应变率响应机制，尤其针对塑性突变现象的理解，对不同应变率载荷作用下试样的断裂特征进行详细观察。为方便讨论应变率对剪切带形核和扩展的影响，将剪切带分为微小剪切带和成熟剪切带两种，其中微小剪切带的尺度在 10～100μm，而成熟剪切带的尺度基本与试样尺寸在同一数量级。图 2-7 所示为不同应变率条件下合金试样侧面的扫描电子显微镜（scanning electron microscope，SEM）照片，$1.6\times10^{-5}\mathrm{s}^{-1}$

应变率条件下，在临近主剪切面的区域，出现了大量的微小剪切带，如图 2-7（a）和（d）所示，这与试样在该应变率下表现出剧烈的锯齿流变特征相对应（图 2-5）。然而，当应变率增加到 $1.6\times10^{-2}s^{-1}$ 时，形成了大量的成熟剪切带，且这些宏观剪切带均匀分布在整个试样当中，如图 2-7（b）和（e）所示，这也与图 2-5 中在该应变率下表现出光滑流变应力相一致。继续增加应变率，试样则沿着主剪切带快速断裂，伴随有由主剪切带处萌生的侧向裂纹，表现出完全的脆性断裂，如图 2-7（c）和（f）所示。图 2-7 表明非晶合金试样均形成了剪切带，但不同应变率条件下这些剪切带的密度、尺寸和分布等表现出极大的不同。

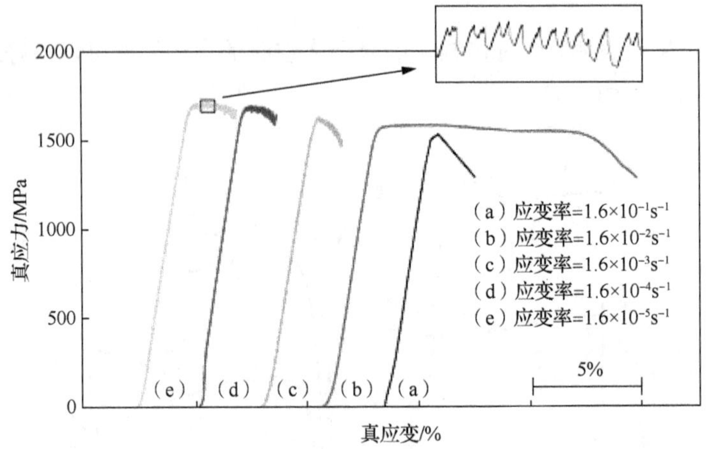

图 2-5　低温试样在不同应变率条件下的典型压缩真应力-真应变曲线

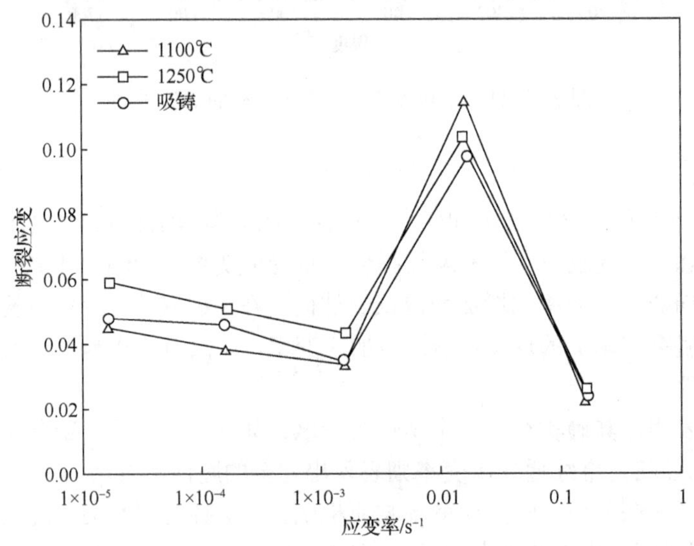

图 2-6　不同温度对应合金试样断裂强度随应变率的变化曲线

尽管对非晶合金在形变过程中局部原子运动的本质并不完全了解，但普遍认为其与原子的局部重新排列有关，通过原子的局部运动可以实现试样的剪切变形。在自由体积模型中，自由体积在原子尺度的重新分布是其关键机制所在[10-13]。自由体积的形成过程（内部缺陷）导致试样内部的能量波动，引起周围原子结构的重新分布，表现为试样变形过程中的局部应变软化，进而诱发剪切带的形成。因此，自由体积的聚集可以看成剪切带的形核。Dai 等[14]和 Jiang 等[15]认为随着应变率的增加，自由体积的形核率也逐渐提高，进而导致在较高应变条件下促进更多剪切带的形核形成。除了需要深入研究应变率对剪切带形核数量的影响外，应变率对剪切带形核分布区的影响也应该引起足够的重视，而这直接关系到不同应变率条件下微小/成熟剪切带的空间分布。

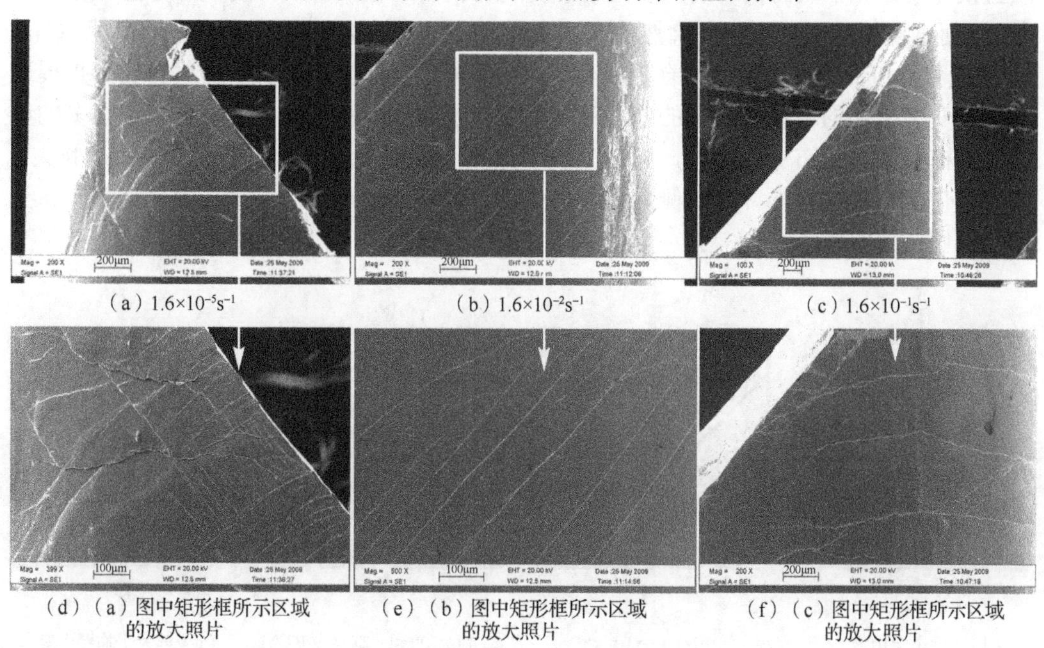

（a）$1.6\times10^{-5}s^{-1}$　（b）$1.6\times10^{-2}s^{-1}$　（c）$1.6\times10^{-1}s^{-1}$

（d）（a）图中矩形框所示区域的放大照片　（e）（b）图中矩形框所示区域的放大照片　（f）（c）图中矩形框所示区域的放大照片

图 2-7　不同应变率条件下合金试样侧面的 SEM 照片

基于图 2-7 所示的断裂形貌和自由体积理论，图 2-8（彩图见书末）给出了合金试样在不同应变率条件下剪切带形成和扩展的空间分布示意图，其中红线包围区域代表剪切带形核的分布。假设试样在不同应变率条件下进行塑性变形，很容易推测应变率越低，沿主剪切带形核的剪切带数量越少。如果应变率足够低，我们有理由相信在主剪切面上仅有几个剪切带形核触发，这仅有的几个剪切带形核可以有足够的时间长大并沿主剪切带方向扩展，进而仅形成一个成熟剪切带（即主剪切带），导致试样内部仅靠近主剪切带非常小的体积参与了试样变形，这样必然会导致无锯齿流动特征的出现，如图 2-8（a）所示。实际上，Song 等[16]已经证明 $Zr_{56}Al_{10.9}Ni_{4.6}Cu_{27.8}Nb_{0.7}$ 非晶合金在应变率降低到 $10^{-7}s^{-1}$ 时，完全没有锯齿行为出现，随着应变率逐渐提高到 $10^{-5}s^{-1}$，则表现出非常明显的锯齿特征，这一试验结果与上面的分析完全吻合。随着应变的增加，尽管更多的自由体积诱发形成且分布面积进一步增大，但其仍然在一个相对较小的体积区域，如图 2-8（b）所示。然而，单一主剪切带的扩展长大已经无法与剪切应变保持同步，因此触发形成了额外的剪切带，导致大量微小剪切带的出现，这些微小剪切带在时间和空间上均表现出明显的不均匀性。当前研究表明，锯齿流动也许并不是试样内部剪切带的无序消散造成的，而是由靠近主剪切带的微小剪切带优先形成引起的。相比图 2-8（b）中较低应变率的状态，在更高应变率条件下，剪切带形核率进一步提高，并且分布更加均匀，如图 2-8（c）所示。一方面，大量分布广泛的剪切带形核为成熟剪切带的形成提供了基础；另一方面，推测认为合金试样内部剪切带扩展速度并不受外加载荷加载速率的影响，而当加载速率（临界冷却速率）与剪切带扩展速率相一致时，在与主剪切带平行方向，将形成大量的成熟剪切带，如图 2-8（c）所示。当试样在临界应变率形变时，单一的剪切带扩展将无法直接体现出来，取而代之的是多重成熟剪切带同时产生，在试样的大部分区域参与形变，从而试样表现出断裂强度突然提高，如图 2-5 中 $1.6\times10^{-2}s^{-1}$ 应变率对应的曲线。Chen 等[17]发现剪切带扩展速率仅与合金成分有关，而与应变率无关，表明前述剪切带扩展速率与应变率无关的假设是合理的。当应变率远大于临界应变率时，尽管将会有更多的剪切带形核形成且分布更加均匀，但是应变率较大，以至于这些形核还没有来得及长大，主剪切带已经贯穿试样并伴随侧向裂纹的出现，如图 2-8（d）所示，导致试样失效，无宏观塑性。

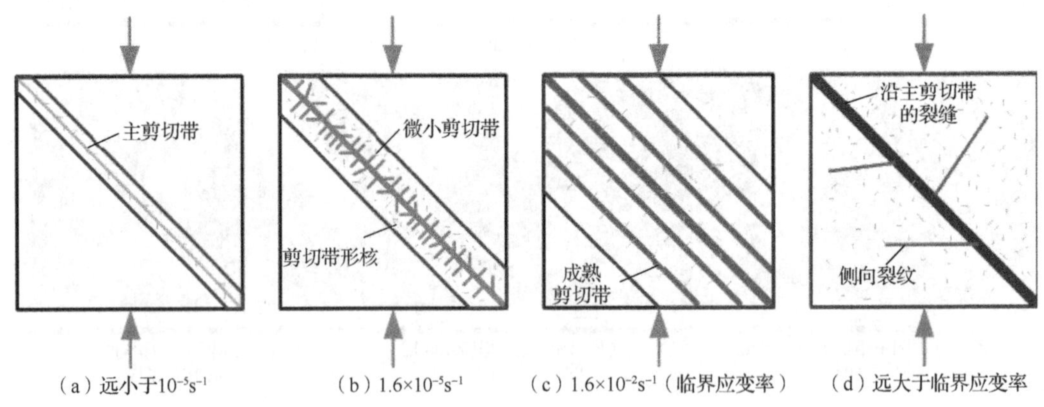

图 2-8　不同应变率条件下剪切带形成和扩展的空间分布示意图

2.1.3　应变率效应

低温试样在 $1.6\times10^{-5}s^{-1}$ 的应变率条件下，屈服强度高达 1.7GPa，随着应变率的逐渐提高，流变应力降低且锯齿减少，如图 2-5 所示。同样的规律在其他合金成分中也可见[18,19]。截至目前，我们对于非晶合金表现出随应变率增加而强度逐渐降低的负应变率效应的认识仍然十分有限。

不同于低温试样表现出明显的负应变率效应，高温试样几乎无应变率效应。图 2-9 所示为高温试样在不同应变率条件下的压缩真应力–真应变曲线，发现随着应变率的增加，试样屈服强度并不像低温试样那样表现出逐渐降低的现象，而表现出应变率不敏感性。Bruck 等[20]和 Zhang 等[21]均报道 $Zr_{41.25}Ti_{13.75}Ni_{10}Cu_{12.5}Be_{22.5}$ 和 $Zr_{59}Cu_{20}Al_{10}Ni_8Ti_3$ 非晶合金在压缩试验条件下几乎无应变率效应。Mukai 等[22] 认为 $Pd_{40}Ni_{40}P_{20}$ 非晶合金在拉伸载荷作用下无应变率效应是因为剪切带扩展速率要比应变率大太多。

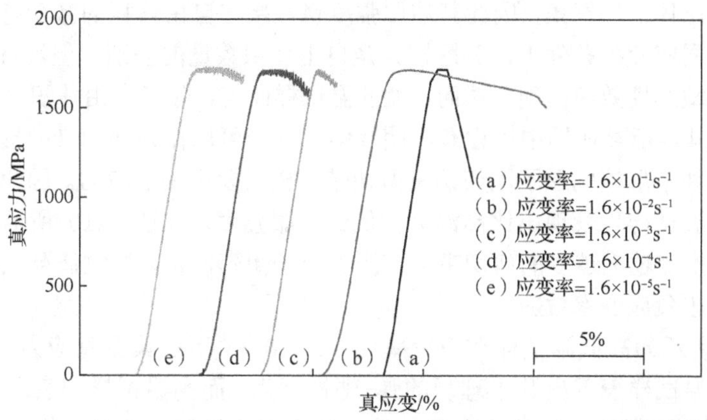

图 2-9 高温试样在不同应变率条件下的压缩真应力-真应变曲线

尽管非晶合金中包括负应变率效应、应变率不敏感甚至正应变率效应，但是这些相互矛盾的结果是在不同成分非晶合金中发现的。然而，如图 2-10 所示，针对同一合金成分的研究结果表明高温试样表现出强度与应变率几乎没有关系的无应变率效应，而低温试样则表现出明显的强度随应变率增加而逐渐降低的负应变率效应，表明非晶合金应变率相关力学行为严重受到局部团簇结构的影响。目前普遍认为，$Zr_{41.25}Ti_{13.75}Ni_{10}Cu_{12.5}Be_{22.5}$的临界冷却速率是所有非晶合金体系中最慢的（约 1.8K/s），这表明该非晶合金的结构特征较其他合金成分更接近理想的非晶态[23]。DSC 分析表明，高温试样比低温试样具有更加均匀的非晶态结构，且表现出应变率不敏感，这表明合金试样非晶化程度越高，应变率对流变应力的影响越小。

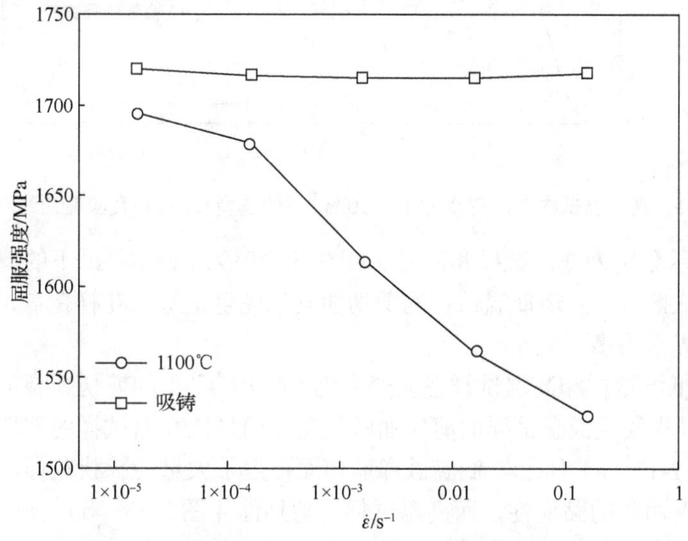

图 2-10 屈服强度与应变率的对应曲线图

如前所述，目前普遍认为剪切带形核主要是由于自由体积的聚集诱发形成的。然而，剪切带形核同样可以在局部原子团簇的地方诱发形成。就高温试样而言，其剪切带形核主要源自于自由体积的聚集，因此其屈服强度也直接与自由体积的激活能有关，因此在相同应变但不同应变率条件下，其区别只是自由体积数量的差别，但没有应力的变化，导致应变率不敏感性效应出现。然而，就低温试样而言，除了自由体积聚集可以诱发剪切带形核外，其内部存在的中短程有序团簇结构同样可以作为剪切带的形核源。自由体积聚集诱发剪切带形核比原子团簇诱发剪切带形核需要更高的应力。因此，在不同应变率条件下，低温试样均表现出比高温试样低的屈服强度，如图 2-10 所示。随着应变率的提高，可以推测越来越多的剪切带形核源于原子团簇诱发，导致低温试样屈服强度逐渐降低，表现出负应变率效应。

图 2-11 所示为高低温试样在应变率为 $1.6\times10^{-2}s^{-1}$ 下的典型真应力-真应变曲线对比图，发现低温试样表现出几乎理想的弹-塑性行为，而高温试样则表现出明显的随应变增加强度逐渐降低的加工软化现象，且断裂强度明显低于低温试样。很明显，低温试样内部的中短程有序结构不仅可以作为剪切带形核源，同时在试样形变过程中，这些短程有序结构还可以作为剪切带扩展的阻碍物，在一定程度上提高剪切带扩展的阻力，诱发更多剪切带的形成，导致低温试样较高温试样表现出无加工软化现象和较大的断裂强度。

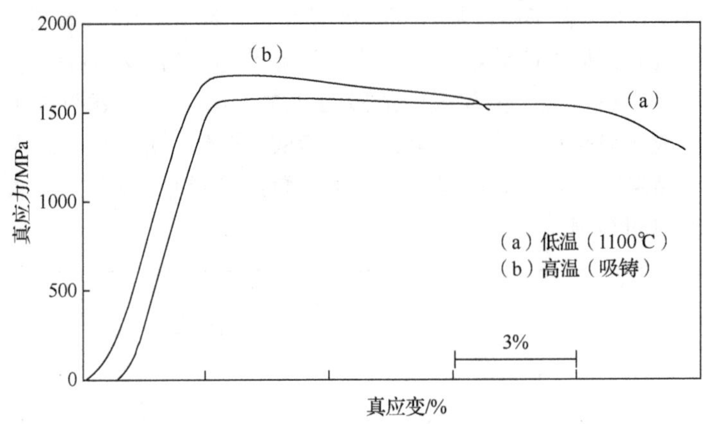

图 2-11　高低温试样在应变率为 $1.6\times10^{-2}s^{-1}$ 下的典型真应力-真应变曲线对比图

图 2-12 所示分别为低温试样和高温试样在应变率为 $1.6\times10^{-2}s^{-1}$ 下的剪切断裂形貌及对应区域的放大照片，发现低温试样的剪切面几乎完全由脉状花样覆盖，而高温试样的剪切面则相对光滑得多。

图 2-13 为低温试样和高温试样在应变率为 $1.6\times10^{-4}s^{-1}$ 下的剪切断裂形貌及对应区域的放大照片，同样发现低温试样的剪切面脉状花样明显比高温试样的剪切面脉状花样黏稠得多。如图 2-13（a）所示，低温试样剪切面覆盖了大量的脉状花样，表现出形变过程中断裂面具有明显的黏稠性，而高温试样的剪切面［图 2-13（b）］则相对非常光滑，很明显剪切过程中的阻力相对比较小，这与高温试样表现出加工软化现象相对应。低温试样中存在原子团簇结构，这些原子团簇提高了剪切扩展的阻力，导致温度升高，剪切区域基体软化，形成大量的脉状花样。然而，在高温试样中，由于原子团簇明显减少，当试样达到屈服强度时，剪切带快速沿剪切方向扩展，剪切阻力相对较小，剪切面相对

比较光滑，因此表现出加工软化现象，如图 2-11 所示。

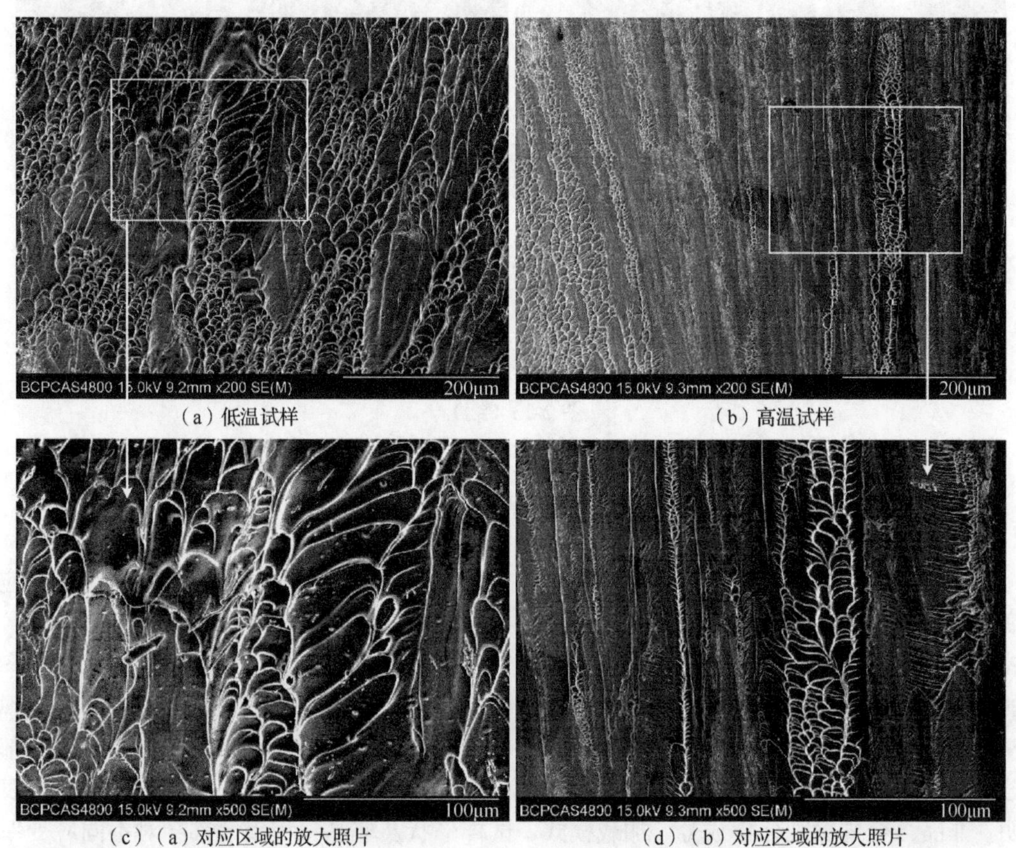

（a）低温试样 （b）高温试样

（c）（a）对应区域的放大照片 （d）（b）对应区域的放大照片

图 2-12 高低温试样在应变率为 $1.6\times10^{-2}s^{-1}$ 下的剪切断裂形貌及对应区域的放大照片

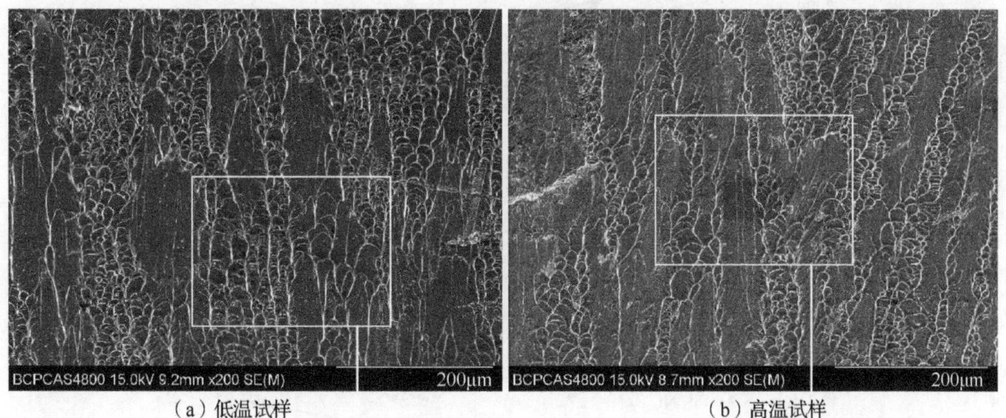

（a）低温试样 （b）高温试样

图 2-13 高低温试样在应变率为 $1.6\times10^{-4}s^{-1}$ 下的剪切断裂形貌及对应区域的放大照片

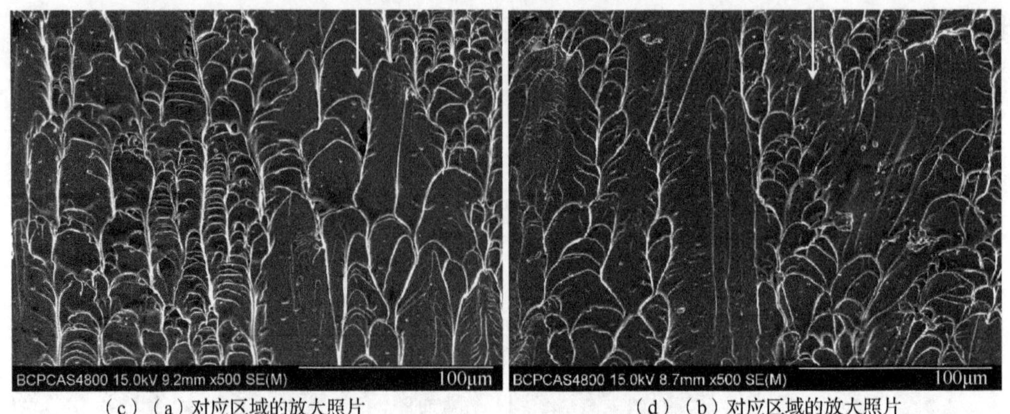

（c）（a）对应区域的放大照片　　（d）（b）对应区域的放大照片

图 2-13（续）

2.2　动 态 压 缩

Bruck 等[20]和 Subhash 等[24]发现 $Zr_{41.2}Ti_{13.8}Cu_{12.5}Ni_{10}Be_{22.5}$ 非晶合金的断裂强度与应变率无关。Li 等[18]、Mukai 等[25]、Xue 等[26]和 Hufnagel 等[19]则分别发现 Zr/Hf 基、$Pd_{40}Ni_{40}P_{20}$、$Zr_{38}Ti_{17}Cu_{10.5}Co_{12}Be_{22.5}$ 和 $Zr_{57}Ti_5Cu_{20}Ni_8Al_{10}$ 非晶合金的断裂强度随应变率的提高而降低，表现出负应变率效应。与之相反，Liu 等[27]和 Zhang 等[28]分别发现 $Nd_{60}Fe_{20}Co_{10}Al_{10}$ 和 $Ti_{45}Zr_{16}Ni_9Cu_{10}Be_{20}$ 非晶合金均表现出正应变率效应。作者总结了部分非晶合金断裂强度随应变率的变化规律[29]，如图 2-14 所示，相互矛盾的研究结果表明，非晶合金内微观化学成分、加载模式、试样形状及非晶化程度等都会对不同应变率下非晶合金的力学行为产生影响，但具体的影响方式有待进一步研究。

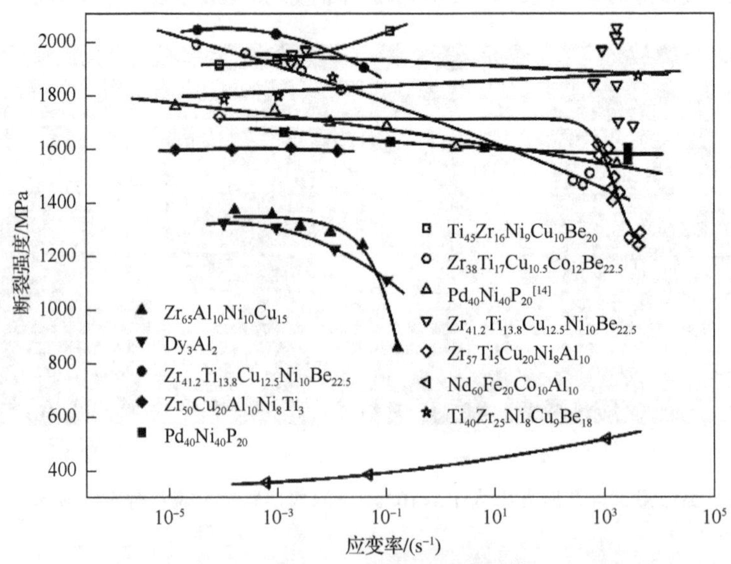

图 2-14　非晶合金断裂强度随应变率的变化规律

空心符号和实心符号分别代表拉伸试验和压缩试验

基于上述原因，本节以 $Zr_{38}Ti_{17}Cu_{10.5}Co_{12}Be_{22.5}$ 非晶合金作为研究对象，通过改进现有 SHPB 试验装置来满足非晶合金试样在高应变率下的均匀变形、应变率极限和弥散效应等方面的要求，从而得到可靠的动态压缩试验数据。结合准静态压缩试验结果，详细分析应变率对该 Zr 基非晶合金强度和失效行为的影响。

2.2.1 测试方法

采用 SHPB 试验装置对材料进行室温轴向动态压缩试验，应变率范围为 $10^2 \sim 10^4 s^{-1}$，试样的直径和长度均为 5mm （长径比为 1）。在动态压缩试验过程中，要求试样的两端面具有非常高的平行度，尤其是非晶合金试样，因为非晶合金在动态压缩载荷下的断裂强度不超过 2%，试样两端面稍许的不平行就会引起极大的非均匀变形，从而导致测量结果失效。

SHPB 试验装置示意图如图 2-15 所示。所用波导杆与子弹均采用 18Ni 高强度马氏体时效钢制成，波导杆直径为 14.5mm，子弹选用与波导杆直径相同、长度为 200mm 的圆柱，信号的采集放大处理采用 K54 型超动态应变仪。波导杆主要由输入杆、输出杆和吸收杆组成，试样放置在输入杆和输出杆之间。气枪中的子弹经发射撞击输入杆后，在输入杆内产生弹性压缩脉冲，与之对应的应变 $\varepsilon_i(t)$ 通过粘贴在输入杆中间位置的应变片 A 测量得到。当输入杆中脉冲到达输入杆与试样界面时，一部分脉冲被反射回输入杆，其余部分透过试样进入输出杆。反射回输入杆的那部分脉冲，其对应的应变 $\varepsilon_r(t)$ 同样通过粘贴在输入杆的应变片 A 进行测量。与穿过试样进入输出杆的脉冲相对应的应变 $\varepsilon_t(t)$ 通过粘贴在输出杆中间位置的应变片 B 进行测量。

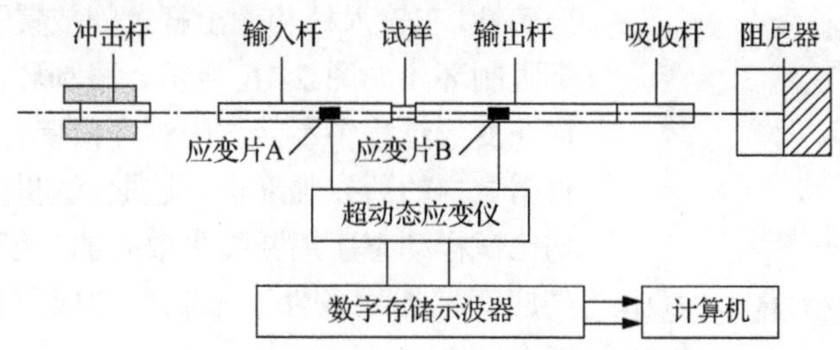

图 2-15 SHPB 试验装置示意图

当试样发生均匀变形时，试样应变率与反射波振幅成一定比例。同样地，试样应力值与透射波振幅成一定比例。通过超动态应变仪和数字存储示波器采集以上信号，获取数据。根据一维应力波原理，通过在输入杆和输出杆采集到的应变信号计算得出试样在变形过程中的应力-应变数据。

对 SHPB 试验数据的处理需要满足以下 3 个基本假设。

1）一维假设：试样和波导杆的变形可以近似为一维应力状态下的变形。由此得到的试样应力和应变数据的结构最简单，不需要二次处理，便于确定材料的本构关系。另外，波导杆的一维近似使波导杆表面应变片测试位置的轴向变形可以与整个截面的轴向变形等价，但是波导杆的一维近似只有在应力波的波长满足一定条件后才可以成立，一般认为应力波波长达到波导杆直径 10 倍以上时，波导杆的一维假设近似成立[30]。

2）应力均匀假设：试样的应变是由试样两端面的相对位移推导得出的平均应变，因此试样只有在均匀应力作用下发生均匀变形，平均应力和平均应变的概念才能代表材料的真实性能。

3）波导杆弹性假设：波导杆只有处于弹性状态下，才能由波导杆上测试的应变信号推导波导杆截面上的受力状况，由于弹性波传播不存在能量耗散问题，因此可以将测试得到的截面受力状态与波导杆和试样端的受力状态等价，同时必须保证试样与波导杆接触界面的光滑和平行。

在满足以上 3 个基本假设的前提下，具体试样的应变率$\dot{\varepsilon}$、应力σ和应变ε可以分别计算如下：

$$\dot{\varepsilon} = -\frac{2C}{L_{\text{o}}}\varepsilon_{\text{r}}(t) \tag{2-2}$$

$$\sigma = \frac{AE}{A_{\text{o}}}\varepsilon_{\text{t}}(t) \tag{2-3}$$

$$\varepsilon = -\frac{2C}{L_{\text{o}}}\int_0^5 \varepsilon_{\text{r}}(t)\text{d}t \tag{2-4}$$

式中，E、C 和 A 分别是波导杆的杨氏模量、弹性波速和横截面面积；A_0 和 L_0 分别是试样的横截面面积和长度。更加详细的关于 SHPB 试验装置的介绍可见文献[31]。

在动态压缩载荷作用下，塑性较低的试样常常会由于试验过程中输入杆对试样的重复撞击而断裂成碎块。为了避免试样碎化并保护断裂面，确保研究动态压缩载荷作用下试样变形断裂模式的准确性，在输入杆和输出杆之间放置了一个马氏体时效钢限制环，如图 2-16 所示。限制环内径的选取保证试样在变形过程中不会与限制环内壁发生接触，高度可以根据试样的断裂强度进行选取，这里选取的限制环高度均比试样动态压缩断裂失效时的长度小 1～2mm。关于高应变率加载条件下限制环的应用在文献[32]中有详细介绍。

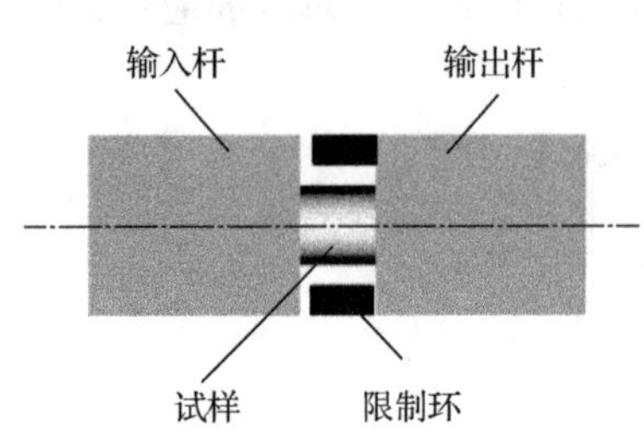

图 2-16 马氏体时效钢限制环示意图

2.2.2 数据获取

1. *波形整形器*

依据 SHPB 试验装置需要满足的 3 个基本假设，发现该试验装置适合具有较大塑性的金属材料。陶瓷材料和非晶合金等脆性材料的高强度和高脆性的特点明显不符合假设 1）和假设 2），对假设 3）也有一定的局限性。为了降低波导杆内应力波的弥散效应，避免试验产生弥散效应引起振荡载荷的疲劳加载[33]，减少弥散对试验数据的影响[34]，保证试验过程中非晶合金试样内的应力状态保持平衡和试样在变形断裂过程中一直处于恒定的应变率状态，这里在子弹和入射杆之间放置了一个波形整形器[31]。波形整形器实际上是一个厚度很薄的金属小圆片，通过该金属小圆片的塑性变形改变入射波的形状，进而起到控制加载的作用[35]。因此，波形整形器材料必须具有良好的延展性，一般多选用黄铜作为波形整形器材料。

波形整形器的设计主要根据以下两个基本假设。

1）金属片足够薄（应力平衡时间约为零）。

2）不考虑动态压缩过程中金属片端面摩擦力对轴向应力和应变的影响。

添加铜片后，波形由未加铜片时的方波变成了三角波，关于采用黄铜小圆片作为波形整形器对波形进行调整的详细描述可见 *Metals Handbook* [32]。弹速和波形整形器厚度的变化都可以改变应力波的加载速率，其中波形整形器的厚度变化会导致应力波持续时间的变化，弹速的变化虽然不会改变应力波的持续时间，但可以大幅度改变应力波的峰值高度，其中波形整形器的直径变化对波形的影响最大。试验过程中，在非晶合金试样尺寸和子弹长度保持不变的前提下，主要通过改变整形器的厚度和直径来选取具有合适尺寸的小圆片。通过大量试验校对，最终选取直径 6.0mm、长度 0.8mm 和直径 3.0mm、长度 1.6mm 两种尺寸的黄铜圆片作为非晶合金动态压缩试验的波形整形器。

2. 波形选择

图 2-17 所示为采用传统 SHPB 试验装置进行室温轴向动态压缩试验时得到的典型方波波形。图 2-18 为由图 2-17 中的方波信号转化得到的非晶合金典型真应力-真应变曲线和与之对应的应变率-应变曲线。根据 2.2.2 节“1. 波形整形器”的分析可知，断裂强度只有试样在变形过程中处于应力平衡状态时才有效。如图 2-18 所示，试样在整个变形断裂过程中，应变率并没有处于恒定状态，即试样在断裂之前并没有处于应力平衡状态，由此得到的断裂强度数据并不准确，说明传统 SHPB 试验装置不能直接用于具有高脆性非晶合金动态压缩力学性能的测试。

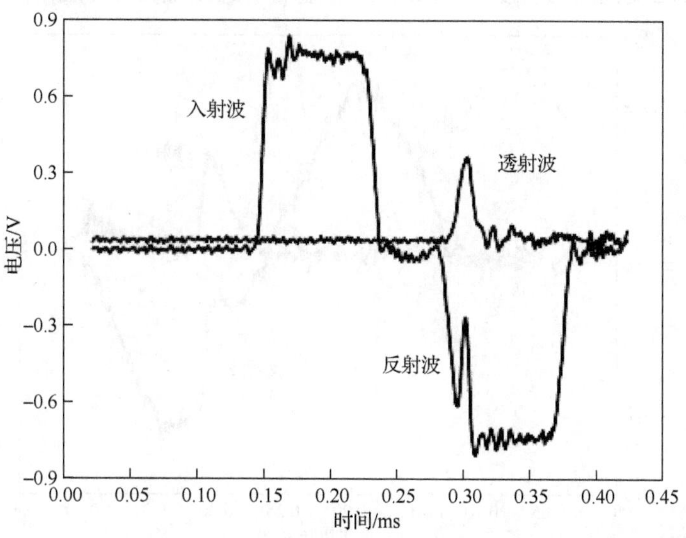

图 2-17 采用传统 SHPB 试验装置进行室温轴向动态压缩试验时得到的典型方波波形

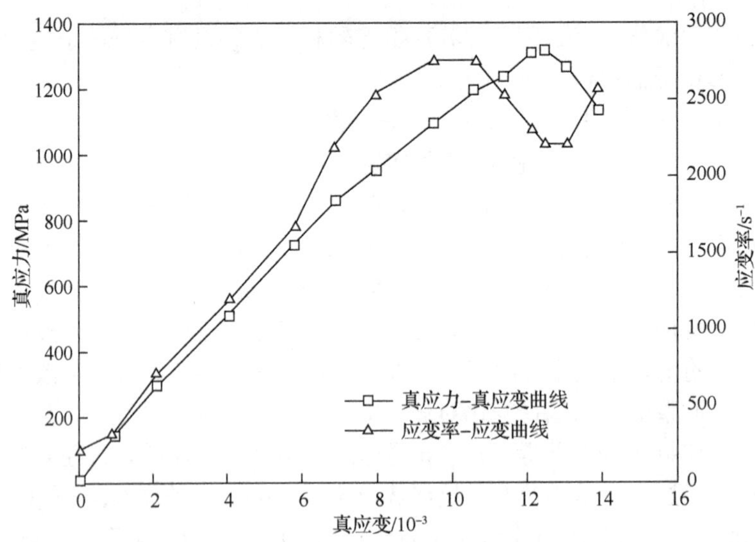

图 2-18　由方波信号（图 2-17）转化得到的非晶合金典型真应力-真应变曲线和与之对应的应变率-应变曲线

图 2-19 所示为采用附有波形整形器的 SHPB 试验装置进行室温轴向动态压缩试验时得到的典型三角波波形。与图 2-17 所示的方波相比，三角波的上升时间明显增加。当三角入射波的上升时间增加到与应力在非晶合金试样内部达到平衡状态所需时间相当时，试样在变形初期得到的数据是可信的。图 2-20 是由图 2-19 中三角波信号转化得到的非晶合金典型真应力-真应变曲线和与之相对应的应变率-应变曲线，应变率大约为 $560s^{-1}$。如图 2-20 所示，应变率在初始短暂的跃迁之后基本保持恒定，直到试样断裂，表明真应力-真应变曲线可以真实反映非晶合金的动态压缩力学响应。

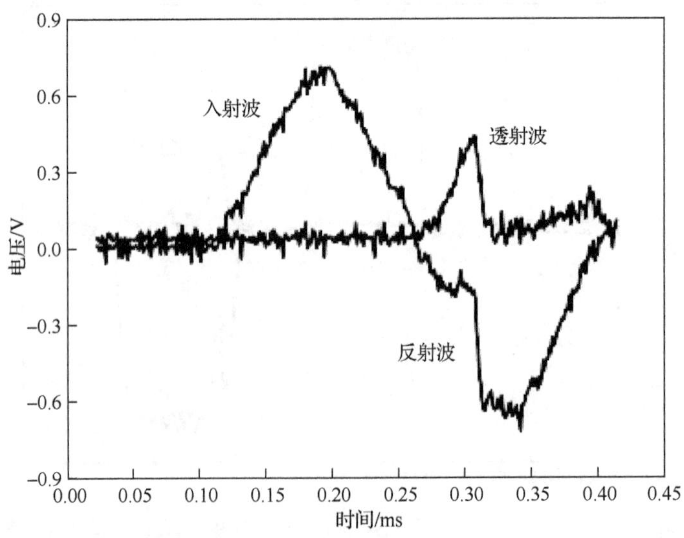

图 2-19　采用附有波形整形器的 SHPB 试验装置进行室温轴向动态压缩试验时得到典型三角波波形

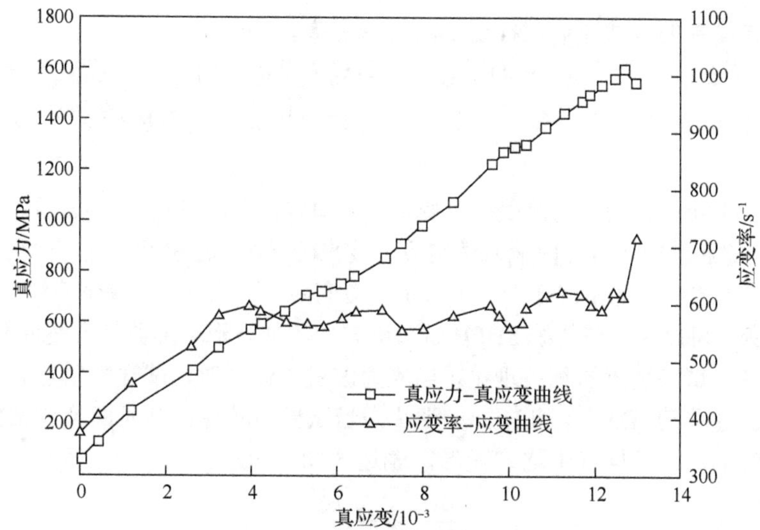

图 2-20 由三角波信号（图 2-19）转化得到的非晶合金典型真应力-真应变曲线和与之对应的应变率-应变曲线

图 2-21 所示为非晶合金在不同应变率室温轴向压缩试验条件下 $\log\dot{\varepsilon}$ （$\dot{\varepsilon}$ 是应变率）和断裂强度的关系。显然，断裂强度随着应变率的增加而逐渐降低。当应变率超过 $1000s^{-1}$ 时，断裂强度突然急剧下降，表明采用 SHPB 试验装置对非晶合金进行动态压缩试验时存在应变率极限。如果试样应变率超过应变率极限，弥散效应等的影响将会直接导致测量数据的失效，因此这些超过临界应变率之后所取得的数据并不能用来表征该非晶合金的动态力学行为。

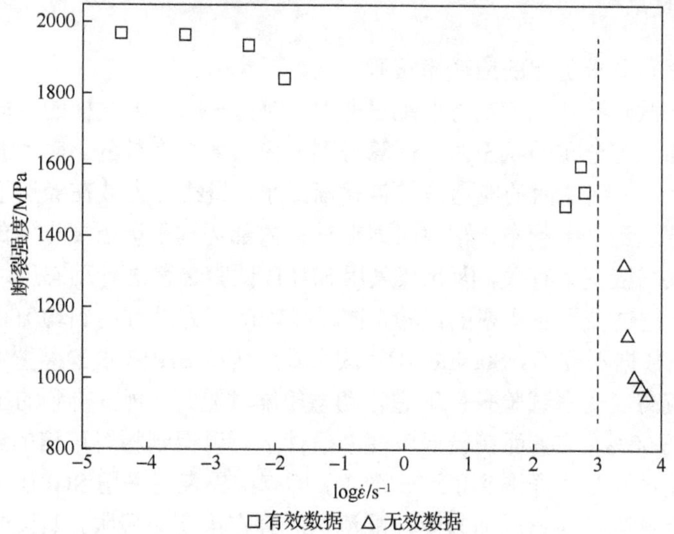

图 2-21 非晶合金在不同应变率室温轴向压缩试验条件下 $\log\dot{\varepsilon}$ 和断裂强度的关系

3. 均匀变形的要求

Namat-Nasser 采用 SHPB 试验装置进行动态压缩试验时，以一维弹性波理论为基础，采用一种比较简单的方法评估试样变形时的应变率 $\dot{\varepsilon}$[31]：

$$\dot{\varepsilon} = -2\left(C/L_{\rm o}\right)\varepsilon_{\rm r} = 2\left(C/L_{\rm o}\right)\left(\varepsilon_{\rm i} - \varepsilon_{\rm t}\right) \tag{2-5}$$

式中，$L_{\rm o}$ 是试样长度；$\varepsilon_{\rm r}$、$\varepsilon_{\rm i}$ 和 $\varepsilon_{\rm t}$ 分别是与时间相关的反射应变、入射应变和透射应变。

由式（2-5）可知，为了确保试样应变率保持恒定，必须使 $\varepsilon_{\rm r} = \varepsilon_{\rm t} - \varepsilon_{\rm i}$ 保持恒定。传统 SHPB 试验装置通过向入射杆内输入恒定应力波来确保试样应变率恒定，但是在弹性试样内，恒定的应力波并不能在试样内产生恒定的应变率。因此，为了保证应变差值 $\varepsilon_{\rm t} - \varepsilon_{\rm i}$ 尽可能保持不变，可以通过在传统 SHPB 试验装置中添加波形整形器将方波调整成三角波。

按照 SHPB 试验装置的相关理论，当应力波进入试样时，试样内质点会分别沿轴向和径向方向加速移动。Davies 和 Hunter[36]认为当试样内脉冲持续时间超过试样内应力达到平衡所需时间时，试样发生均匀变形，表达式如下所示：

$$\frac{{\rm d}\sigma}{{\rm d}\varepsilon} > \frac{\pi^2 \rho L_{\rm o}^2}{t^2} \tag{2-6}$$

式中，ρ 是试样密度；${\rm d}\sigma/{\rm d}\varepsilon$ 是试样真应力-真应变曲线的斜率。就 $Zr_{38}Ti_{17}Cu_{10.5}Co_{12}Be_{22.5}$ 大块非晶合金而言，$\rho = 6.502{\rm g/cm^3}$，$L_{\rm o} = 6.0{\rm mm}$，${\rm d}\sigma/{\rm d}\varepsilon \approx 96{\rm GPa}$。把上述相关参数代入式（2-6），计算得出应力在该非晶合金试样内达到平衡至少需要 $t = 4.9\mu{\rm s}$。如图 2-19 所示，三角波的上升时间约为 70μs，明显高于试样内达到应力平衡所需时间 t。根据以上分析结果，认为该非晶合金在采用三角波的动态压缩试验条件下得到的试验数据是准确的，图 2-20 所示的真应力-真应变曲线与式（2-6）相一致。

4. 应变率极限

（1）应力平衡要求引起的应变率极限

采用 SHPB 试验装置进行动态压缩试验时，应力平衡要求试样的轴向应力在变形过程中处于沿轴向均匀分布的状态时，计算得到的应力才是有效的。应力波在试样两端面来回反射的过程中，两端面的应力波差值逐渐减小，最终应力波在经历了一定次数的反射后在试样内部达到平衡状态。轴向应力在试样内部达到平衡需要一定的时间，而试样破坏所需时间又与应变率有关，因此在采用 SHPB 试验装置进行动态压缩试验时存在临界应变率。对于超过临界应变率的试验，试样在轴向应力没有达到均匀状态之前就发生断裂，导致试验数据不准确。Staehler 等[2]认为采用传统 SHPB 试验装置对高强度、低韧性陶瓷材料在较高应变率试验条件下进行动态压缩试验时，测试得到的压缩断裂强度可能会比实际值低 50%左右，而在较低应变率条件下可以得到相对可信的结果。在进行非晶合金动态压缩试验时同样遇到了这一现象，所有结果表明采用 SHPB 试验装置对陶瓷材料或者非晶合金进行动态压缩力学性能测试时存在应变率极限，如果试样应变率超过临界应变率，所测试验结果无效。

根据 Ravichandran 的分析结果，陶瓷试样的应变率极限 $\dot{\varepsilon}_1$ 可以表示如下[33]：

$$\dot{\varepsilon}_1 = \frac{\varepsilon_{\rm f} C_{\rm o}}{\alpha L_{\rm o}} \tag{2-7}$$

式中，ε_f 是试样的断裂强度；C_o 是应力波在试样内的传播速度，$C_o=\sqrt{E_o/\rho}$，E_o 和 ρ 分别代表试样的杨氏模量和密度，将 $E_o=96$GPa，$\rho=6.502$g/cm^3 代入 $\sqrt{E_o/\rho}$，得到 $C_o=3849.3$m/s；α 代表应力波在试样内来回反射的次数（无量纲），其数值完全依赖于入射脉冲的形状。

为了得到准确的临界应变率，首先必须估算出试样达到轴向应力平衡所需的最短时间。试样达到轴向应力平衡所需时间可以理解为试样两端面的应力差达到很小时所需的时间。基于一维应力波原理和试样特性，轴向应力平衡时间可以认为是阶跃应力波沿着试样轴向在试样中来回反射，当试样两端面的应力差小于 5%时所需的时间（阶跃应力与平均应力相差不超过 5%），α 则是试样达到轴向应力平衡时阶跃应力在试样内的最少反射次数[33]。结合李英雷关于 A95 陶瓷的计算结果[37]，选取 $\alpha=8$。非晶合金试样长度 $L_o=6.0$mm，动态压缩断裂强度 ε_f 约为 1.2%，将以上数据代入式（2-7）中，得到应变率极限约为 1000s^{-1}。图 2-20 中试样的应变率约为 560s^{-1}，远远低于 1000s^{-1} 的应变率极限，说明图 2-20 中的真应力-真应变曲线是正确的。基于以上分析结果，该非晶合金在应变率超过 1000s^{-1} 的动态压缩试验条件下所测得的断裂强度均是不准确的，这一分析结果也与图 2-21 保持一致。

（2）弥散效应要求引起的应变率极限

根据 Follansbee 等[38]和 Davies[30]的分析，在 SHPB 的试验中，通过贴在波导杆表面上的应变片测量试验数据时，一个明显的纵向位移波动必然会引起试样应力和应变数值出现差错。几何原因造成的弥散效应大小受波导杆中应力波的主要组成部分，即基频成分的影响，因此对应力波进行分析时，可以用基频谐波代替应力波。一般可以取基频谐波的周期 T 作为应力波的持续时间。根据 Davies 的分析结果，认为当波导杆中传播的应力波波长大于波导杆半径 10 倍时，即 $\Lambda/R\geqslant 10$，沿波导杆半径方向的位移和应力差在 5%以内[30]，其中 R 是波导杆半径，Λ 是组成应力脉冲中基频谐波的波长。

考虑波导杆的横向惯性运动，波导杆中应力波的传播速度可以表示如下[39]：

$$\frac{C_w}{C}=1-\nu^2\pi^2\left(\frac{R}{\Lambda}\right)^2 \tag{2-8}$$

式中，C_w 是谐波波速；C 是一维应力波速；ν 是波导杆的泊松比。

在 Hopkinson 压杆中，波长和周期的关系可以表示如下：

$$T=\frac{\Lambda}{C_p} \tag{2-9}$$

拟合式（2-8）和式（2-9），得到谐波周期的表达式：

$$T=\frac{\Lambda^3}{C\left(\Lambda^2-\nu^2\pi^2R^2\right)} \tag{2-10}$$

当 $\Lambda/R\geqslant 10$ 时，谐波周期 T 随谐波波长 Λ 单调增加，将 $\Lambda/R\geqslant 10$ 代入式（2-10）中，可以得到

$$T \geqslant \frac{10^3 R}{C\left(10^2 - \nu^2 \pi^2\right)} \tag{2-11}$$

将 SHPB 试验装置的相关参数 $R = 7.25\text{mm}$，$\nu = 0.3$，$C = 5000\text{m/s}$ 代入式（2-11）中，得到 $T \geqslant 14.63\mu\text{s}$。假设试样失效所需时间与入射波达到峰值所需时间一致，根据对称性原则，失效时间为 $T/2$。假定 $Zr_{38}Ti_{17}Cu_{10.5}Co_{12}Be_{22.5}$ 非晶合金的断裂强度为 1.2%，由此得到的临界应变率 $\dot{\varepsilon}_1 = 2\dfrac{1.2\%}{T_{\min}} \approx 1.64 \times 10^3\text{s}^{-1}$，该值明显大于动态试验中的应变率。据此认为本试验过程中产生的弥散效应对试验结果产生的影响可以忽略不计，试验数据是有效的。

2.2.3 应变率效应

1. 变形断裂

图 2-22 所示为非晶合金在室温轴向准静态和动态压缩试验条件下的典型真应力-真应变曲线。如图 2-22 所示，非晶合金在室温轴向准静态压缩试验条件下表现出明显的弹性-理想塑性力学行为，塑性变形率约为 0.5%，而且塑性变形区具有明显的锯齿状流变特征。Mukai 等[25]认为非晶合金在准静态压缩试验条件下所表现出来的锯齿流变塑性变形特征与试样内部大量剪切带的形成和扩展有关。在动态压缩试验条件下，该非晶合金为完全弹性变形，在断裂失效之前无任何宏观塑性。非晶合金的断裂强度均随着应变率的提高而降低，锯齿流变的幅度也相应逐渐变小，直至消失，表明该非晶合金在室温轴向压缩试验条件下的变形断裂机理严重受应变率影响。Schuh 和 Nieh[40]、Schuh 和 Lund[41]、Yang 和 Nieh[42]对非晶合金进行纳米压痕试验时，同样发现了锯齿流变特征（锯齿流变的幅度）随加载速率的提高而逐渐减小的现象。

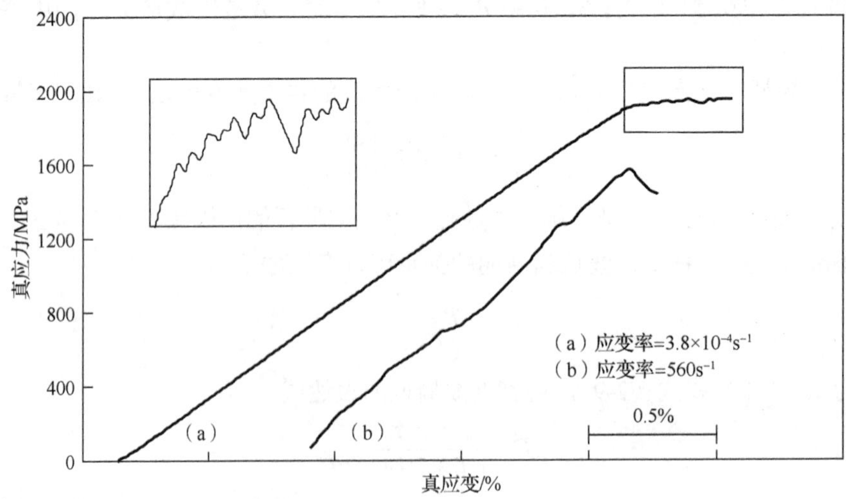

图 2-22 非晶合金在室温轴向准静态和动态压缩试验条件下的典型真应力-真应变曲线

采用 SHPB 试验装置对脆性材料进行动态压缩试验时，经常会出现波导杆对试样的重复撞击而使试样在断裂之后继续破碎成很多细小碎块的现象，因此无法正确分析试样的动态变形特征。为了避免试样碎化和保护试样的断裂面，我们在进行非晶合金动态压缩试验时附加了一个马氏体时效钢限制环，通过它来限制试样的轴向变形，但对试样的横向变形不做任何限制。

图 2-23 所示分别为侧面预抛光非晶合金试样在准静态和动态压缩试验条件下的侧面视图。从图 2-23（a）可以看到，试样在准静态压缩载荷作用下形成大量分叉、滑移和相互缠结的宏观剪切带，推测认为这些剪切带的形成和相互作用是导致图 2-22 中插图放大区域所示锯齿流变产生的直接原因。当剪切带在扩展过程中彼此相遇时，在交互点相互作用，使剪切带扩展受阻，流变应力增加；然而，当剪切带在交互点剪切通过后，应力就会随之下降。大量剪切带彼此缠结、扩展的过程延迟了该非晶合金沿单一剪切带的快速扩展断裂，导致准静态压缩应力-应变曲线上锯齿流变特征的形成。在动态压缩载荷作用下，并没有明显的宏观剪切带形成，如图 2-23（b）所示。试样在动态压缩试验条件下产生的宏观剪切带数量较准静态下明显减少，这与其在动态试验条件下的韧性低于准静态加载条件下的韧性相一致（图 2-22）。图 2-23 表明该非晶合金在准静态和动态加载试验条件下的断裂机制明显不同。Liu 等[43]同样认为，多重宏观剪切带的滑移、分叉和相互缠结是非晶合金塑性增大的主要原因。

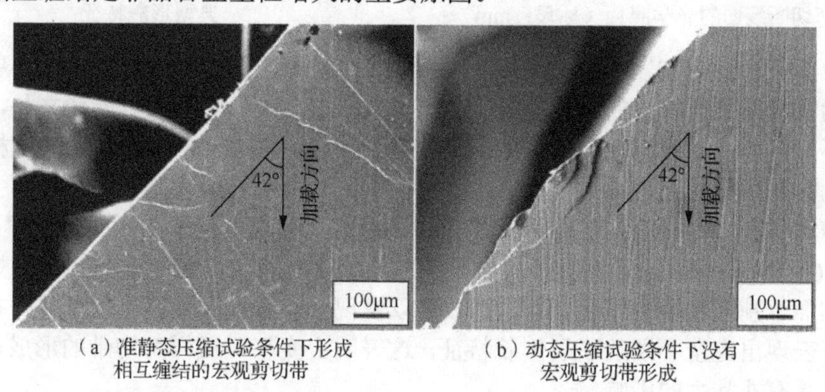

（a）准静态压缩试验条件下形成相互缠结的宏观剪切带　（b）动态压缩试验条件下没有宏观剪切带形成

图 2-23　侧面预抛光非晶合金试样在准静态和动态压缩试验条件下的侧面视图

非晶合金在准静态和动态压缩载荷作用下的剪切断裂面与轴向夹角均为 42°，如图 2-23 所示。这一结果与 Liu 等[27]报道的 Nd 基非晶合金动态压缩剪切断裂角度相一致，与 Mukai 等[25]报道的 Pd 基非晶合金在准静态压缩试验条件下的断裂角度也一致，目前的研究结果表明非晶合金的剪切断裂面倾斜角度与应变率基本没有直接关系。没有沿最大切应力方向发生剪切断裂表明该非晶合金的屈服遵循 Mohr-Coulomb 准则，而不是 von Mises 准则。

图 2-24 所示分别为非晶合金在轴向准静态和动态压缩试验条件下剪切断裂面的光学照片。与在准静态压缩载荷作用下形成光滑的剪切断裂面不同［图 2-24（a）］，在动态压缩载荷作用下的剪切断裂面非常复杂和粗糙［图 2-24（b）］。

为了能够更加准确地分析非晶合金在不同应变率轴向压缩试验条件下所表现的负应变率效应，我们对试样在不同加载条件下形成的剪切断裂面进行了详细的微观形貌分析。图 2-25 所示为准静态压缩试验条件下试样剪切断面的典型形貌特征，发现其主要由沿剪切方向扩展的脉状花样和河流状花样（拉长的脉状花样）组成。其他具有不同化学成分的非晶合金在准静态压缩试验条件下表现出类似的微观断裂形貌特征[21,44,45]。然而，该非晶合金在动态压缩载荷作用下的断裂形貌完全不同于其在准静态压缩载荷作用下的断裂形貌特征，具体如图 2-26 所示。

（a）准静态压缩试验　（b）动态压缩试验

图 2-24　非晶合金在轴向准静态和动态压缩试验条件下剪切断裂面的光学照片（标尺：mm）

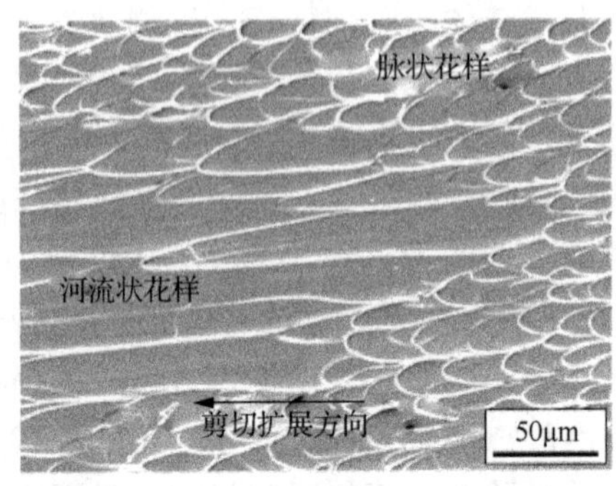

图 2-25　准静态压缩试验条件下试样剪切断面的典型形貌特征

图 2-26 所示为动态压缩试验条件下试样剪切断面的典型形貌特征。试样剪切面上最明显的特征是条纹明显的脉状花样，如图 2-26（a）和（b）所示。除此之外，还有很多完全不同于准静态压缩载荷作用下的断裂形貌特征。图 2-26（a）所示为试样剪切面上观察到的典型剪切台阶结构，图 2-26（b）和（c）所示分别为在剪切断裂面上观察到的微小剪切带和大量微裂纹。此外，在剪切断裂面上还观察到了明显的合金熔化特征，如图 2-26（d）所示，这表明绝热剪切导致的温度升高有可能超过非晶合金的熔点，从而使剪切面个别区域合金熔化。通过比较可以发现，该非晶合金在动态和准静态压缩试验条件下表现出完全不同的断裂形貌特征，这表明应变率对试样剪切带的形成、扩展及断裂行为具有非常大的影响。

2. 应变率的影响

与晶态合金内固有缺陷的类型、数量等能够对合金力学性能产生很大的影响一样，非晶合金内局部微观结构的尺度、数量和演变方式同样会对其力学行为产生决定性的影响[46]。已有证据表明，组成非晶合金的原子结构并非完全无序排列，个别局部区域会出现多原子的短程有序排列、化学有序及在无序排列的内在团簇边界处析出具有纳米尺度的团簇组织[47,48]。Bakai 等 [48]采用场致离子显微镜分析 CoSi 非晶合金时发现，该合金在保持非晶态的同时析出了具有几个纳米尺度的团簇结构。Löffler 和 Johnson[49]及 Miller 等[50]分别在 Zr 基和 Pd 基非晶合金中发现了团簇析出现象。非晶合金的化学成分、熔炼过程[51]及冷却条件等都会对化学有序原子组成和相对应的体积分数产生极大的影响，甚至同种合金由于熔炼过程和冷却条件等的不同，其原子结构组成会有很大的不同。具有纳米尺度团簇结构的出现会对非晶合金内自由体积的数量和分布产生很大的影响，而自由体积是影响非晶合金变形行为非常重要的因素之一，即使是微小的自由体积波动也会引起非晶合金流变行为的极大变化[52,53]。此外，如果合金内部微小剪切带在扩展过程中遇到与它尺度相当的团簇结构的局部波动，剪切带就会受阻、偏转，或者分叉，进而影响非晶合金的力学行为。除此之外，Sergueeva 等[54]认为在相同外加载荷作用下，非晶合金的尺寸和几何形状同样会对其力学行为产生影响。Conner 等[55]发现在弯曲试验条件下 Vitreloy 106 非晶合金试样的厚度会对剪切带的扩展方式产生非常明显的影响。

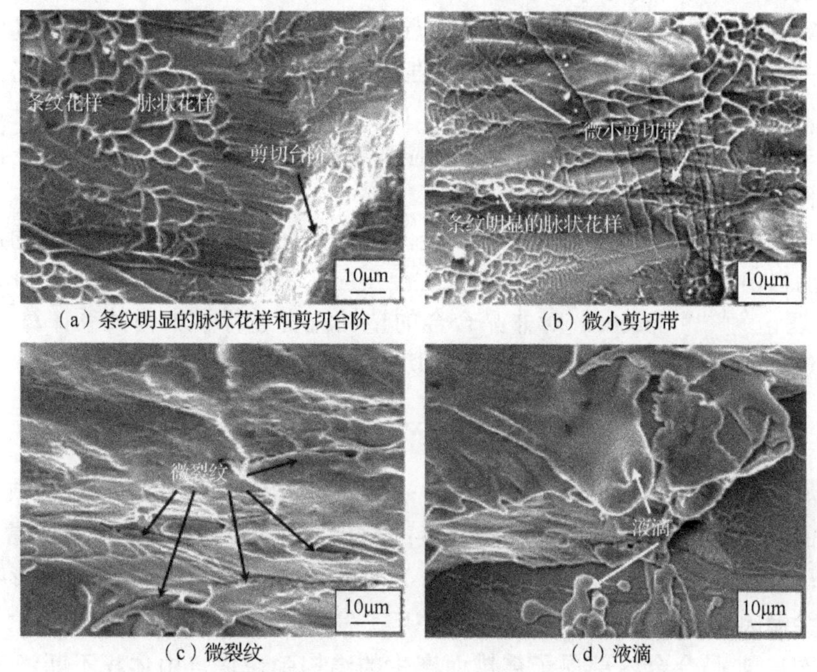

（a）条纹明显的脉状花样和剪切台阶　（b）微小剪切带

（c）微裂纹　（d）液滴

图 2-26 动态压缩试验条件下试样剪切断面的典型形貌特征

如图 2-23 所示的低倍扫描照片，试样在准静态压缩试验条件下形成的宏观剪切带密度明显比在动态压缩试验条件下多。然而，从试样剪切面的高倍扫描照片可以看到，试样在动态压缩试验下的剪切断裂面存在明显的微小剪切带［图 2-26（b）］和微裂纹［图 2-26（c）］，而试样在准静态压缩试验条件下形成的剪切断裂面则没有类似特征（图 2-25）。关于非晶合金在准静态和动态压缩载荷作用下剪切带形成和扩展方面的研究已有很多报道[24,25,56]。Mukai 等[25]通过微观分析发现，$Pd_{40}Ni_{40}P_{20}$ 非晶合金在动态压缩载荷作用下（应变率>$5\times10^2 s^{-1}$）形成的剪切断裂面上出现了大量的微小剪切带，而在准静态压缩试验条件下则没有类似特征。Jiao 等[56]通过宏观分析发现，$Zr_{57}Ti_5Cu_{20}Ni_8Al_{10}$ 非晶合金在准静态压缩试验条件下会形成大量的宏观剪切带，并且表现出一定的塑性变形行为，而在动态压缩载荷作用下（应变率约为 $10^3 s^{-1}$），试样沿单一剪切带快速断裂，没有多重剪切带出现。这里关于 $Zr_{38}Ti_{17}Cu_{10.5}Co_{12}Be_{22.5}$ 非晶合金在准静态和动态压缩试验条件下的宏观、微观观察结果均与上述文献所述结果一致。与此同时，已有研究结果表明非晶合金在变形的早期阶段，自由体积局部聚合形成孔洞，进而对剪切带的形成产生重要影响[10]。据此推断，非晶合金在准静态和动态压缩试验条件下的剪切带形成、扩展及密度的不同很有可能与应变率对非晶合金自由体积的影响有关。

Spaepen[10]详细描述了非晶合金内自由体积在外加载荷作用下形成和湮灭的作用过程，以及这一过程与试样宏观变形的关系。在外加高应力载荷和低温（如室温）条件下，自由体积形成数量多于湮灭数量，因此自由体积逐渐聚集形成剪切带，非晶合金产生宏观不均匀变形。Donovan 和 Stobbs[57]研究薄带非晶合金变形时，通过电子散射数据推测出非晶合金试样的剪切带内有微小孔洞。Li 等[58,59]在 $Zr_{57}Ti_5Cu_{20}Ni_8Al_{10}$ 非晶合金剪切带内同样观察到了大量集中的纳米级孔洞。上述科研工作者均认为，剪切带内孔洞的形成是剪切带内大量自由体积聚集形核长大的结果[57-59]。据此推断，剪切带形核必然与局部区域自由体积的增加和聚集速率有关。基于此，我们尝试在他人研究的基础上，通过进一步研究非晶合金内自由体积产生速率与应变率的关系来定性分析非晶合金在不同应变率载荷作用下剪切带的形核和扩展情况。

依据自由体积理论[10,52,60-62]，非晶合金内剪切带的形成主要与自由体积的形成和聚集有关，而自由体积的形成和湮灭过程又主要受应变率的影响。根据 Turnbull-Cohen 的自由体积理论[63,64]，Spaepen 对非晶合金的塑性流变进行了本构关系计算[10]。根据 Spaepen 的理论模型，Liu 等[65]推导出的剪切应变率公式如下：

$$\dot{\gamma} = \frac{\dot{\tau}}{G} + 2f\exp\left[-\frac{\alpha}{\xi}\right]\exp\left[-\frac{\Delta G^{\mathrm{m}}}{k_{\mathrm{B}}T}\right]\sinh\left(\frac{\tau\Omega}{2k_{\mathrm{B}}T}\right) \tag{2-12}$$

式中，$\dot{\gamma}$ 是剪切应变率；$\dot{\tau}$ 是外加剪切应力；G 是剪切模量；f 是原子振动频率；α 是结构单元的几何系数；ξ 是自由体积密集度；ΔG^{m} 是激活能；k_{B} 是玻尔兹曼常量；T 是绝对温度；Ω 是原子体积。通过研究式（2-12）发现，自由体积密集度 ξ 是影响非晶合金变形的关键因素。非晶合金在外加载荷作用下发生变形，自由体积在应力作用下不断增加。另外，非晶合金内部原子重排而产生的结构弛豫使自由体积不断湮灭。依据 Spaepen 的理论[10]，外加应力促使非晶合金内不断形成新的自由体积，而原子跃迁导致了自由体积的湮灭，则自由体积的净增量可以按照如下公式计算：

$$\frac{\partial \xi}{\partial t} = f\exp\left[-\frac{\alpha}{\xi}\right]\exp\left[-\frac{\Delta G^{\mathrm{m}}}{kT}\right]\left\{\frac{2\alpha kT}{S\xi V^{*}}\left[\cosh\left(\frac{\tau\Omega}{2kT}\right)-1\right]-\frac{1}{n}\right\} \tag{2-13}$$

式中，$S = 2(1+\nu)/3(1-\nu)$；V^{*} 是自由体积；n 是一个自由体积湮灭所需的原子跃迁次数。通过拟合式（2-12）和式（2-13），Liu 等[65]计算得出自由体积的净增量随应变率的增大而逐渐增加。Dai 等[14]基于自由体积理论采用线性不稳定模拟方法解释非晶合金剪切带的形成机制时，同样发现自由体积的净形核率随着应变率的增大而增加，如图 2-27 所示。根据上述分析，可以通过应变率对非晶合金自由体积净形核率的影响来分析应变率对剪切带形核和扩展的影响规律。

Mukai 等[25]在研究 $Pd_{40}Ni_{40}P_{20}$ 非晶合金在准静态压缩试验条件下的变形断裂行为时，发现锯齿流变特征在低于屈服强度的某一应力水平时已经开始出现，而这一应力水平刚好与该试样在动态压缩试验条件下的断裂强度相当。图 2-28 所示分别为非晶合金在准静态和动态压缩载荷作用下的断裂过程示意图。根据上述关于自由体积、应变率和剪切带三者的关系描述，结合图 2-28 所示断裂过程示意图，分析非晶合金表现出负应变率效应的原因如下：由于自由体积的净形核率随着应变率的提高而逐渐增加，因此在准静态压缩试验条件下，非晶合金内自由体积的形成量相对较少，这些自由体积在外加载荷作用下不断聚集并在局部剪切区域形成孔洞，如图 2-28（a）所示。伴随着外加载荷的继续加载，剪切带在孔洞处形核并沿着较大应力方向扩展、长大，最终形成宏观剪切带。当外加应力驱动变形过程和剪切带扩展释放能量过程相当时，外加载荷与剪切带扩展达到动态平衡，在准静态压缩真应力-真应变曲线上表现为理想塑性变形(图 2-22)，在此过程中，大量宏观剪切带的相互作用导致锯齿流变现象的产生。然而，在动态压缩试验条件下，如图 2-28（b）所示，高应变率将会导致非晶合金试样内更多自由体积的形成，大量的自由体积在较大应力区域聚集并形成孔洞，进而在孔洞处诱发更多的剪切带形核，导致大量微小剪切带和微裂纹的形成［图 2-26（b）和（c)]，致使动态压缩试样在较低应力水平和发生较小变形量的情况下即发生断裂，因此抑制锯齿流变特征的出现。

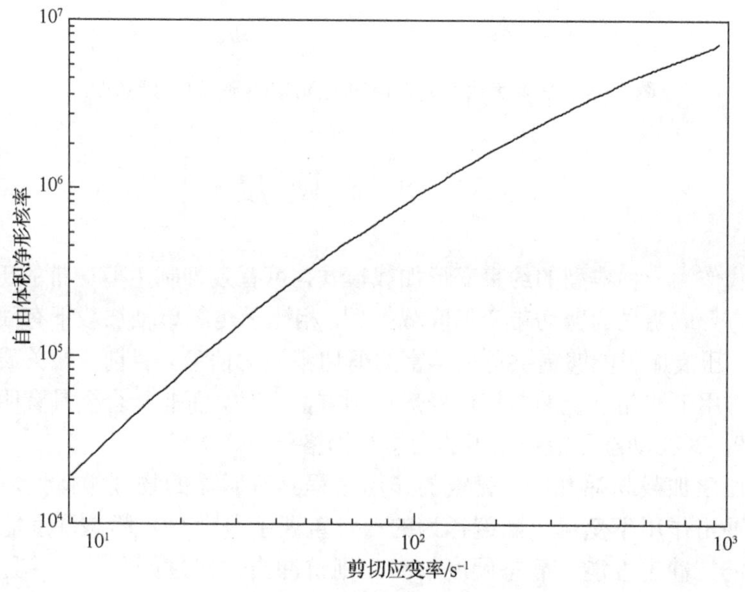

图 2-27 自由体积净形核率与剪切应变率的关系

与图 2-25 所示准静态压缩试样剪切断裂形貌相比，试样在动态压缩载荷作用下的断裂形貌要复杂得多，除了微小剪切带和微裂纹之外，还观察到了明显的液滴，如图 2-26（d）所示。Hufnagel 等[19]采用高速照相机拍摄 $Zr_{57}Ti_5Cu_{20}Ni_8Al_{10}$ 非晶合金在动态压缩试验条件下的断裂过程时，发现了明显的绝热剪切现象，这些观察结果表明非晶合金在动态压缩载荷作用下发生剪切断裂的绝热程度要明显比在准静态压缩试验条件下得高，这也是导致该非晶合金表现出负应变率效应的原因之一。然而，到目前为止，关于局部升温对应变率相关非晶合金剪切带的影响仍然不是很清楚，需要科研工作者继续进行大量的研究工作。

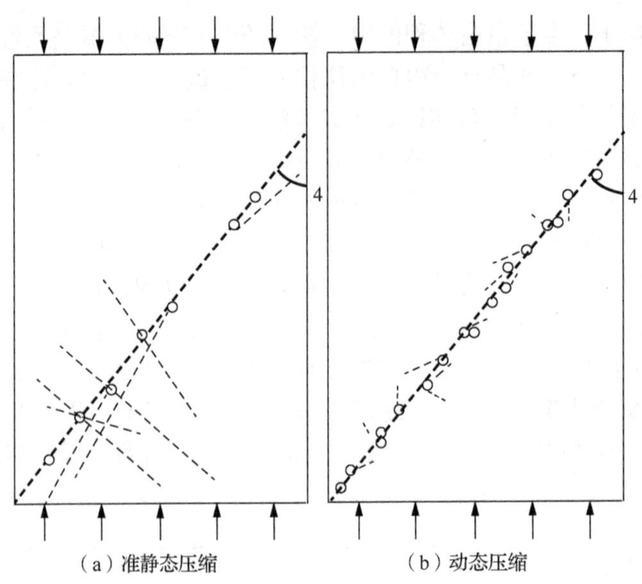

图 2-28　Zr 基大块非晶合金的轴向压缩断裂过程示意图

2.3　动 态 硬 度

压痕加载作为一种典型的约束变形加载模式，可有效抑制主剪切带的迅速扩展，进而在压痕下方形成明显的剪切带变形区域[66-70]。相比于传统单轴加载下有限几条剪切带的快速扩展，压痕加载能够提供更加丰富的剪切带演化信息。目前，相关研究主要集中在静态压痕作用下非晶合金的剪切带变形机制方面[71-74]，而非晶合金具有明显的应变率效应[20,24,27,70]，其在动态压痕作用下的力学行为格外引人关注。

此外，压痕加载与弹丸撞击靶板的作用过程具有明显的物理相似性，是模拟研究材料在高速冲击作用下变形、断裂行为的一种重要手段[75-79]。静态硬度能在一定程度上表征材料的抗冲击性能，静态硬度越高，则抗冲击性能越好[80,81]。并且，材料在静态压痕与弹丸加载下的变形和断裂特征也具有一定的相似性[82]。然而，弹丸加载下的变形行为比静态压痕更剧烈。因此，利用静态压痕加载来评估材料的抗冲击性能具有一定的局限性。

传统陶瓷材料的动态硬度明显高于静态硬度，且动态压痕诱导的失效行为比静态压痕更剧烈[81-84]。而针对非晶合金在动态压痕下的响应特征研究相对较少。Klecka 和 Subhash[85]报道的 ZrHf 基非晶合金的动态硬度明显低于静态硬度，而动态压痕诱导的塑性变形比静态压痕更为剧烈。基于此，本节通过对比研究 Ti 基非晶合金在静态和动态加载下的压痕变形行为，揭示该非晶合金的剪切变形机制。

2.3.1　测试方法

采用北京理工大学冲击环境材料技术国家级重点实验室的动态硬度测试系统对 Ti

基非晶合金进行动态硬度测试。动态硬度测试系统是基于改进的 SHPB 装置，根据单次应力脉冲加载原理建立的一套新型测试系统[31,86]，其示意图如图 2-29 所示。其主要由撞击杆、入射杆及刚性支架 3 部分组成。其中，入射杆的一端连接有动量陷阱装置，其由法兰、套筒和质量作用块 3 部分组成，另一端连接维氏压头。压电载荷传感器固定在刚性支架上，用来记录压痕载荷。试样的一端与压电载荷传感器连接，另一端紧邻维氏压头尖端。

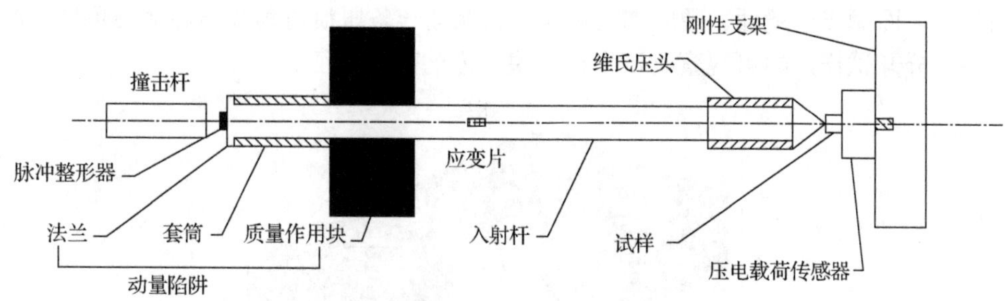

图 2-29 动态硬度测试装置示意图

撞击杆撞击法兰产生压缩波并同时向入射杆和套筒传播时，沿套筒传播的压缩脉冲在套筒和质量作用块界面反射成压缩脉冲，并沿套筒传播到法兰端面，在其自由端反射为拉伸脉冲向维氏压头方向传播。由于撞击杆与套筒具有相同的声阻抗和长度，因此套筒中向左传播的压缩脉冲和撞击杆左自由端反射的拉伸脉冲同时达到法兰，拉伸脉冲紧随压缩脉冲向维氏压头方向传播。沿入射杆传播的压缩脉冲在维氏压头自由端反射成拉伸脉冲，向左传播到法兰与套筒界面时被套筒和质量作用块吸收。此后入射杆右行波只有拉伸脉冲，确保试样仅受单次压缩脉冲加载，如图 2-30 所示。动态硬度加载产生一个压痕约 200μs 的作用时间，使加载的平均应变率介于 10^3～$10^4 s^{-1}$[87]。加载载荷介于 30～60kg。动态硬度可由式（2-14）计算得到：

$$H_d = 2(P_{max}/9.8)(\sin\alpha/2)d^2 = 0.1892P_{max}/d^2 \tag{2-14}$$

式中，P_{max} 是峰值载荷；d 是压痕对角线长度。

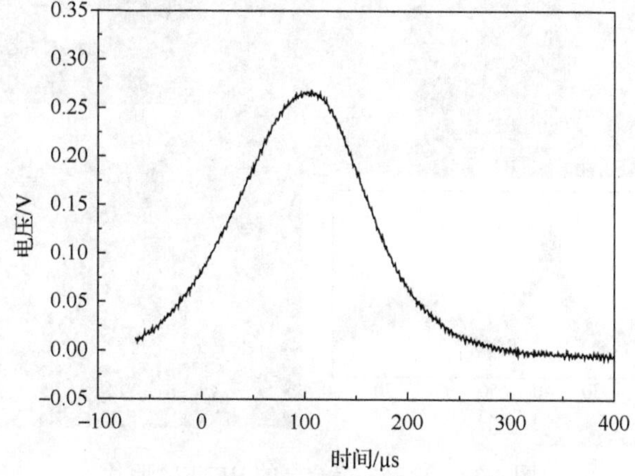

图 2-30 动态硬度的载荷信号变化曲线

撞击杆与发射枪管内壁的摩擦作用使撞击杆的发射速度产生波动，因此载荷很难精确控制，导致动态硬度相对比较离散。为此，每个动态载荷对应的硬度值都一一列出。试样尺寸为5mm（直径）×5mm（高）的圆柱体。试样表面经过机械研磨抛光至镜面，以满足测试要求。

采用界面结合技术[70]观察压痕下方的变形特征，试样的制备过程如图 2-31 所示。试样沿中心切成两块，分别抛光至镜面，然后将两块试样沿抛光面靠紧，并用夹具固定，随后将上表面抛光至镜面。硬度加载试验时，保证一条压痕对角线与界面线重合，加载完成后，分开试样，即可观察到试样在压痕下方的变形特征。

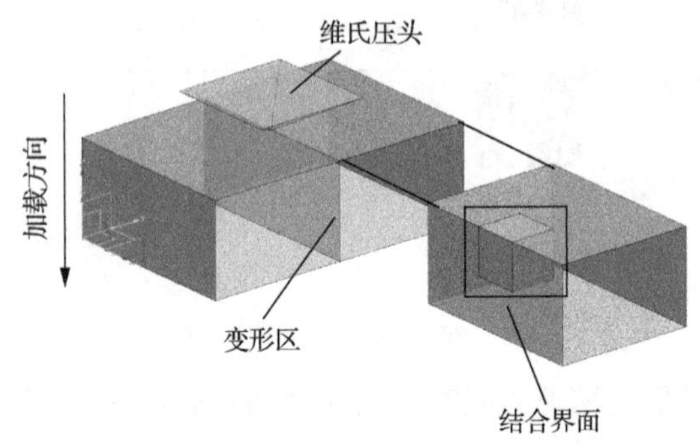

图 2-31　界面结合观察示意图

2.3.2　组织演化

图 2-32 所示为 Ti 基非晶合金的 XRD 图谱与 HRTEM 照片。Ti 基非晶合金的 XRD 图谱上只有一个典型的漫散射峰，无其他晶体衍射峰出现。HRTEM 照片中没有观察到晶格条纹，原子呈无序排列，且相对应的选区电子衍射（selected area electron diffraction，SAED）照片为典型的晕环特征，证明该非晶合金为完全非晶态结构。

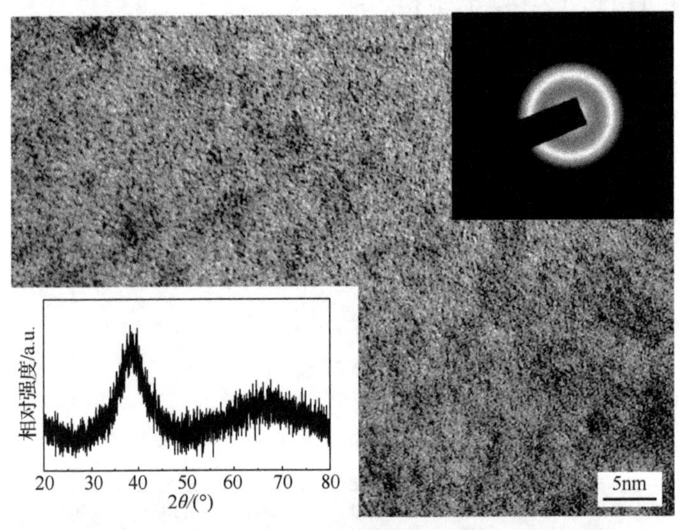

图 2-32　Ti 基非晶合金的 HRTEM 照片

插图为 XRD 图谱和对应 SAED

图 2-33 所示为 Ti 基非晶合金的静态和动态硬度测试结果。Ti 基非晶合金的静态硬度波动较小，其在 50kg 载荷作用下的静态硬度为（469.2±4.6）HV。然而，动态硬度比较离散，在 47.5～56kg 的载荷范围内，其硬度介于 476.8～556.9HV，平均硬度为（516.7±29.9）HV，明显高于静态硬度。

为了解释 Ti 基非晶合金静态硬度与动态硬度的差异，利用透射电子显微镜（transmission electron microscope，TEM）技术分析两种加载条件下压痕变形区域的微观结构特征。TEM 样品的制备过程如图 2-34 所示。首先利用低速金刚石线切割仪在变形区切割出长×宽×高为 2mm×2mm×1mm 的方形薄片，并确保压痕处于薄片上表面的中心位置。压痕深度约为 0.1mm，因而沿着加载方向将薄片从上表面向下表面机械减薄约 0.1mm，以去掉压痕凹坑。随后沿着相反的方向将薄片进一步减薄得到 TEM 样品。TEM 样品的观察位置为中心区域，即为压痕变形区域。

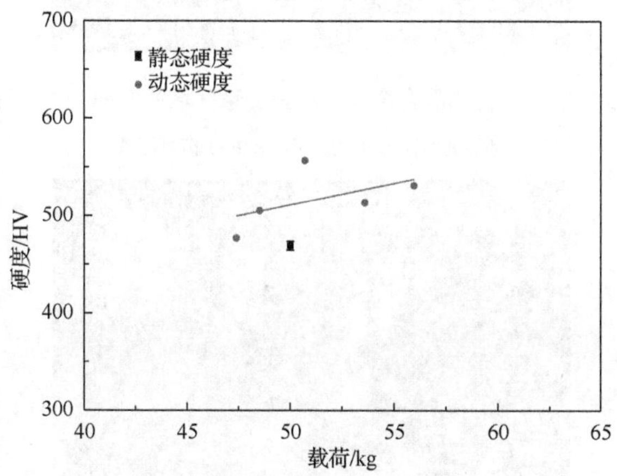

图 2-33　Ti 基非晶合金的静态与动态硬度测试结果

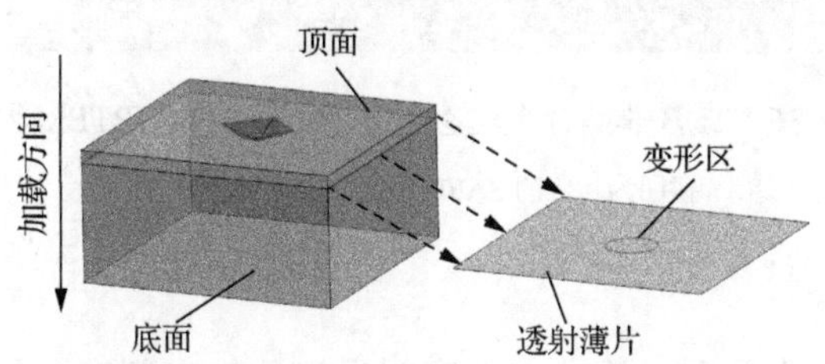

图 2-34　压痕变形区域的 TEM 样品制备示意图

图 2-35 所示为 Ti 基非晶合金静态压痕变形区域的 HRTEM 照片。静态压痕变形区的 HRTEM 照片中并未观察到晶格条纹，合金内部原子呈典型的无序排列，相应的 SAED 照片及任意选区的快速傅里叶变换（fast Fourier transform，FFT）衍射图谱均为典型的非晶晕环特征。这表明静态压痕加载后的 Ti 基非晶合金仍保持完全非晶态结构。

图 2-36 所示为 Ti 基非晶合金动态压痕变形区域的 HRTEM 照片。动态压痕变形区域的 HRTEM 照片中观察到离散分布的尺寸小于 10nm 的晶格条纹（见图 2-36 圆圈标

记），且相应的 SAED 照片及晶格条纹区域对应的 FFT 衍射图谱中，均观察到呈离散分布的衍射斑点。这表明 Ti 基非晶合金在动态压痕加载后的局部区域析出了尺寸小于 10nm 的纳米晶。

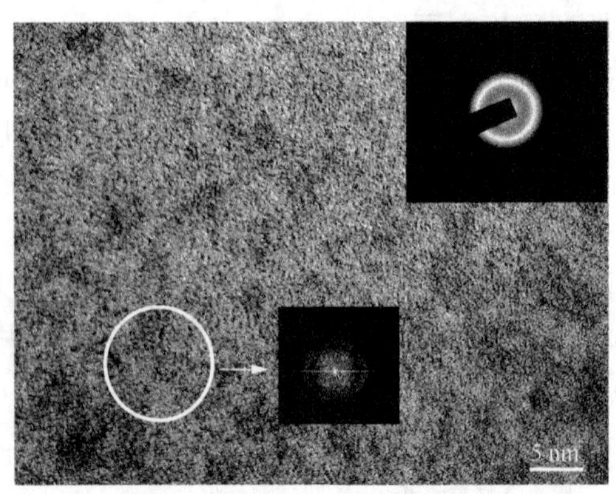

图 2-35　Ti 基非晶合金静态压痕变形区域的 HRTEM 照片

插图为相应的 SAED 照片和 FFT 衍射图谱

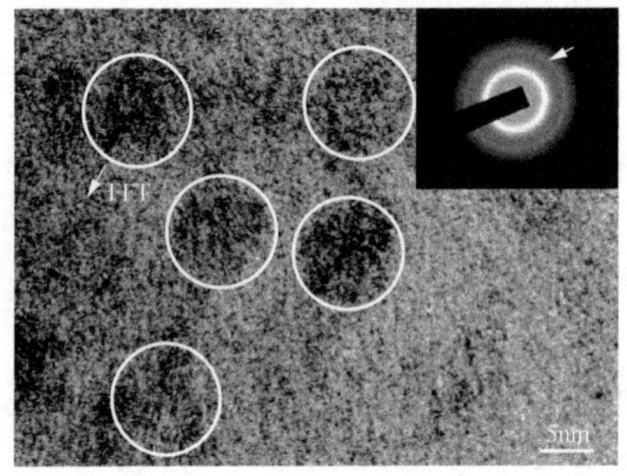

图 2-36　Ti 基非晶合金动态压痕变形区域的 HRTEM 照片

插图为相应的 SAED 照片和 FFT 衍射图谱

2.3.3　硬度

如图 2-33 所示，非晶合金的动态硬度明显高于静态硬度。虽然非晶合金不具有长程有序结构，但是在非晶合金中可能存在局部的能量障碍，如 1～2nm 的中程有序结构或者纳米尺度的相分离[88,89]，这些能量障碍将阻碍剪切带的扩展。静态压痕加载下，非晶合金中的能量障碍将有足够的时间使剪切带发生偏转或者分支。而由于动态加载下的高速能量输入，剪切带将有可能穿过非晶基体中的能量障碍，硬度增加。非晶合金中的能量障碍在动态压痕加载下表现出明显的增强作用，这有利于动态硬度的提高。

Ti 基非晶合金在动态压痕加载下析出了部分离散分布的纳米晶（图 2-36），而静态压痕加载下并未发现纳米晶（图 2-35）。非晶合金在弯曲[90]、压缩[91,92]、球磨[93]及纳米压痕加载[94,95]等条件下，也发现了类似纳米晶析出的现象。纳米晶的存在将有利于非晶合金硬度的提高[94,95]。因此，动态压痕加载诱导的纳米晶的析出也是动态硬度高于静态硬度的一个重要原因。

非晶合金内部纳米晶的形成，一方面与自由体积的聚集有关，另一方面与剪切带变形诱导产生的绝热温升有关。利用 DSC 分别估计未变形、静态压痕及动态压痕加载后试样中的自由体积。3 种试样用于 DSC 分析的试样尺寸保持一致。DSC 试样的制备过程如图 2-37 所示。DSC 试样取自压痕变形区域，利用低速金刚石线切割仪在压痕变形区中切割出长×宽×高为 0.7mm×0.7mm×0.7mm 的方块，压痕处于方块上表面的中心位置。

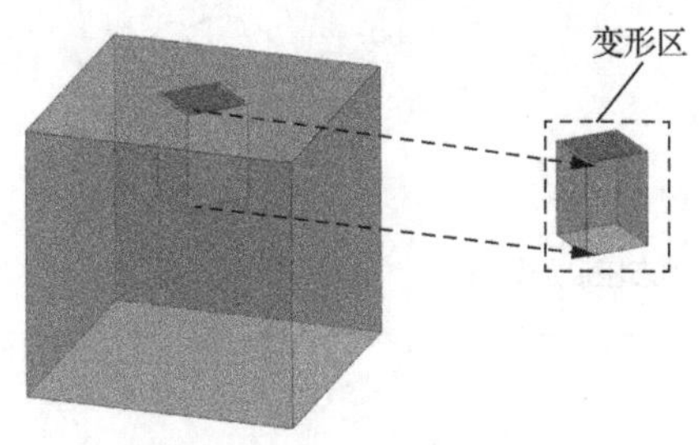

图 2-37 压痕变形区域的 DSC 样品制备示意图

图 2-38 所示为未变形、静态及动态压痕加载后 Ti 基非晶合金的 DSC 曲线。3 种试样的 DSC 曲线呈相似的变化特征，均出现明显的玻璃化转变，随后为一段较宽的过冷液相区，紧接着发生一个明显的晶化放热事件。此外，在每条 DSC 曲线的玻璃化转变温度前均可观察到一个微小的放热事件，如图 2-38 中的插图所示。这种典型的放热事件是由结构弛豫引起自由体积湮灭引起的[96]。Murali 和 Ramamurty[97]发现非晶合金中自由体积的变化与结构弛豫过程中的焓变有关，两者之间的关系为

$$\Delta H_{\mathrm{r}} = \beta \Delta V \tag{2-15}$$

式中，ΔH_{r} 是结构弛豫过程中的焓变；β 是常数；ΔV 是单位原子体积内自由体积的变化。根据式（2-15），可以从结构弛豫过程中的焓变来估计非晶合金内部自由体积的数量。如图 2-38 中插图所示，未变形、静态及动态压痕加载后非晶合金的 ΔH_{r} 分别为−10.40J/g、−7.30J/g 和−4.90J/g，表明变形后非晶合金中的自由体积数量明显减少，且动态压痕加载后 Ti 基非晶合金中的自由体积数量最少。

非晶合金的变形通常会伴随自由体积的产生，因而变形后的非晶合金中自由体积数量会明显增加[5,10,98]，而这里变形后非晶合金中自由体积数量却明显减少。这主要可能有以下 3 个原因[99]：①自由体积聚集形成纳米孔；②自由体积促进原子的扩散和重新排布，导致纳米晶形成；③两个过程同时发生。Ti 基非晶合金在静态压痕加载下并未发现纳米晶（图 2-35），而在动态压痕加载下析出了部分离散分布的纳米晶（图 2-36）。Chen 等[91]也证实了非晶合金在静态压痕加载下，其内部的自由体积将聚集形成纳米孔而不会形成纳米晶。因此，Ti 基非晶合金在静态压痕加载后，其自由体积数量的减少是由其内部的自由体积聚集形成纳米孔而导致。然而动态压痕加载下，Ti 基非晶合金内部的自由体积不仅会聚集形成纳米孔，还有可能形成纳米晶，进而导致自由体积数量显著减少。

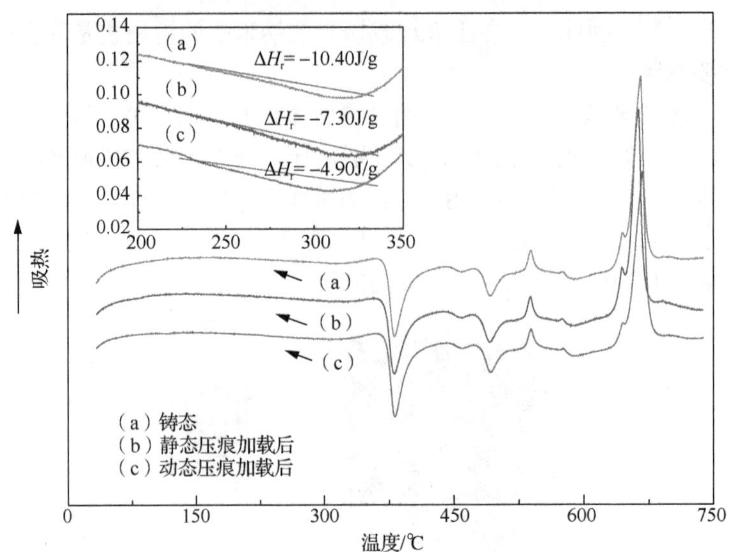

图 2-38　未变形、静态及动态压痕加载后 Ti 基非晶合金的 DSC 曲线

插图为玻璃化转变温度附近区域的放大图

非晶合金在压痕加载作用下发生高度局域化的塑性变形，导致可能发生典型的绝热过程。绝热温升与应变率密切相关，可由式（2-16）[100]表示为

$$\Delta T \propto \frac{\sigma\dot{\varepsilon}}{C_{\mathrm{p}}\rho}\Delta t \tag{2-16}$$

式中，C_{p}是热容；σ是流变应力；$\dot{\varepsilon}$是应变率；Δt是热机械转换持续时间。

从式（2-16）可以看出，绝热温升与应变率成正比。因此，动态压痕加载诱导的绝热温升明显高于静态压痕加载。Zhao 和 Li[101]采用有限元模拟方法模拟了非晶合金的剪切带形成，发现低应变率（$10^{-1}\mathrm{s}^{-1}$）加载条件下，剪切带内的绝热温升约为几十开尔文，而当应变率增加到 $10^3\mathrm{s}^{-1}$时，剪切带内的绝热温升达到 931K。Liu 等[65]估算 Zr 基非晶合金在动态压缩条件下（应变率为 $10^3\mathrm{s}^{-1}$）剪切带内的绝热温升甚至高达 2016K，这远高于非晶合金的熔点，足以诱导非晶合金发生晶化。动态压痕加载的应变率高达 $10^3\mathrm{s}^{-1}$，这会诱导 Ti 基非晶合金发生剧烈的绝热温升，进而导致纳米晶的形成。另外，变形会诱导产生过剩自由体积，这将促进非晶合金中原子的重新排列。局部的原子重新排列将有可能导致短程有序的化学成分及拓扑结构发生变化，从而诱导非晶合金中析出纳米晶。动态压痕加载（应变率为 $10^3\mathrm{s}^{-1}$）比静态压痕加载（应变率为 $10^{-5}\mathrm{s}^{-1}$）具有更高的应变率，容易产生更多的过剩自由体积，进而显著增加纳米晶的形成概率。动态压痕加载比静态压痕加载诱发更为剧烈的绝热温升及原子重新排列，因而动态压痕加载后的非晶合金中容易析出纳米晶。

综合以上分析结果，非晶合金内部能量障碍的增强作用及纳米晶的析出作用共同导致了 Ti 基非晶合金的动态硬度高于静态硬度。

2.3.4　剪切带演化

图 2-39 所示为 Ti 基非晶合金的压痕表面变形区域 SEM 照片。如图 2-39（a）与（b）所示，静态与动态压痕边缘均出现明显的相互平行的半圆形滑移台阶，即为剪切带。

静态压痕区域的高倍放大图像［图 2-39（c）］表明静态压痕区域没有明显的变形特征，而动态压痕区域观察到细小的半圆形剪切带［图 2-39（d）椭圆］。这些结果表明动态压痕加载下非晶合金的塑性变形行为比静态压痕加载下更为剧烈。

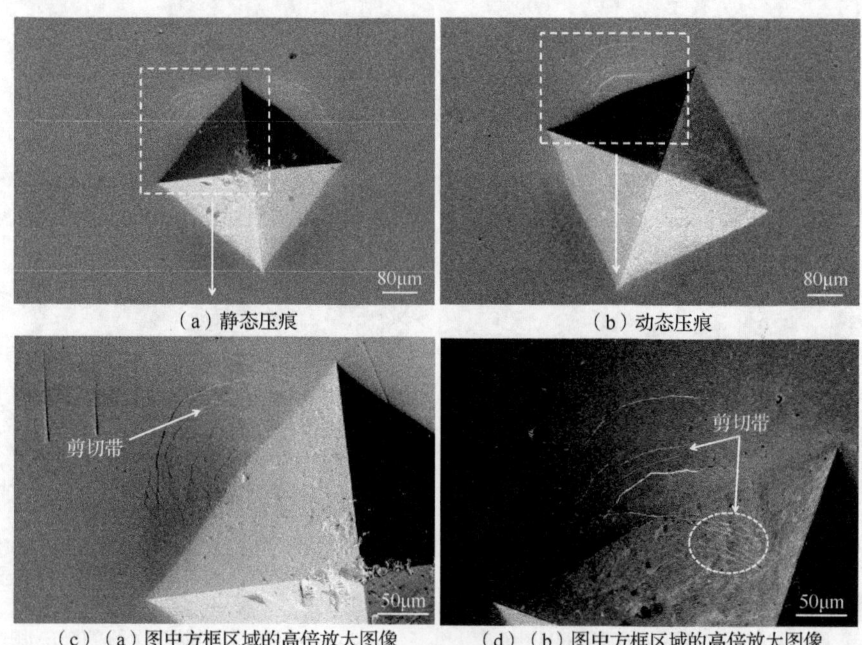

（a）静态压痕　（b）动态压痕

（c）（a）图中方框区域的高倍放大图像　（d）（b）图中方框区域的高倍放大图像

图 2-39　Ti 基非晶合金的压痕表面变形区域 SEM 照片

图 2-40 所示为 Ti 基非晶合金压痕下方变形区域形貌。如图 2-40（a）与（b）所示，压痕下方形成了典型的包含大量剪切带的半圆形变形区域。高倍原子力显微镜（atomic force microscope，AFM）观察发现，两种典型的剪切带相互交叉分布于整个变形区域，如图 2-40（c）和（d）所示。其中，光滑的呈半圆形态的剪切带定义为半圆形剪切带，而发源于压痕尖端呈放射状扩展的剪切带定义为放射形剪切带。半圆形剪切带数量较多，几乎分布在整个塑性变形区域，而放射形剪切带数量较少。静态压痕下方的变形区域比较光滑［图 2-40（a）］，而动态压痕下方的变形区域出现明显的突起［图 2-40（b）中白色箭头］。并且，动态压痕下方变形区域的连续剪切带数量［图 2-40（d）］明显多于静态压痕的情况［图 2-40（c）］。对图 2-40（b）中区域 I 的高倍 AFM 观察发现，大量连续的半圆形剪切带与放射形剪切带相互交割，导致形成明显的剪切偏移［图 2-40（e）中白色箭头］。图 2-40（e）从 1 点到 2 点的线扫描曲线显示剪切偏移高度存在明显的波动，如图 2-40（f）所示，表明动态压痕加载下非晶合金发生了剧烈的不均匀塑性变形。

Ti 基非晶合金在压痕下方的剪切带特征与剪应力分布密切相关。在维氏压痕加载条件下，Ti 基非晶合金将受到法向压力与切向压力的共同作用。图 2-41 所示为 Ti 基非晶合金分别在法向压力和切向压力加载下的剪应力分布。如图 2-41（a）所示，当受到法向压力作用时，压痕下方的主剪应力轮廓线类似圆形。而当受到切向压力作用时，压痕下方的主剪应力轮廓线类似放射形，如图 2-41（b）所示。由于剪切带沿着最大主剪应力的方向传播，因此压痕下方形成半圆形剪切带和放射形剪切带。

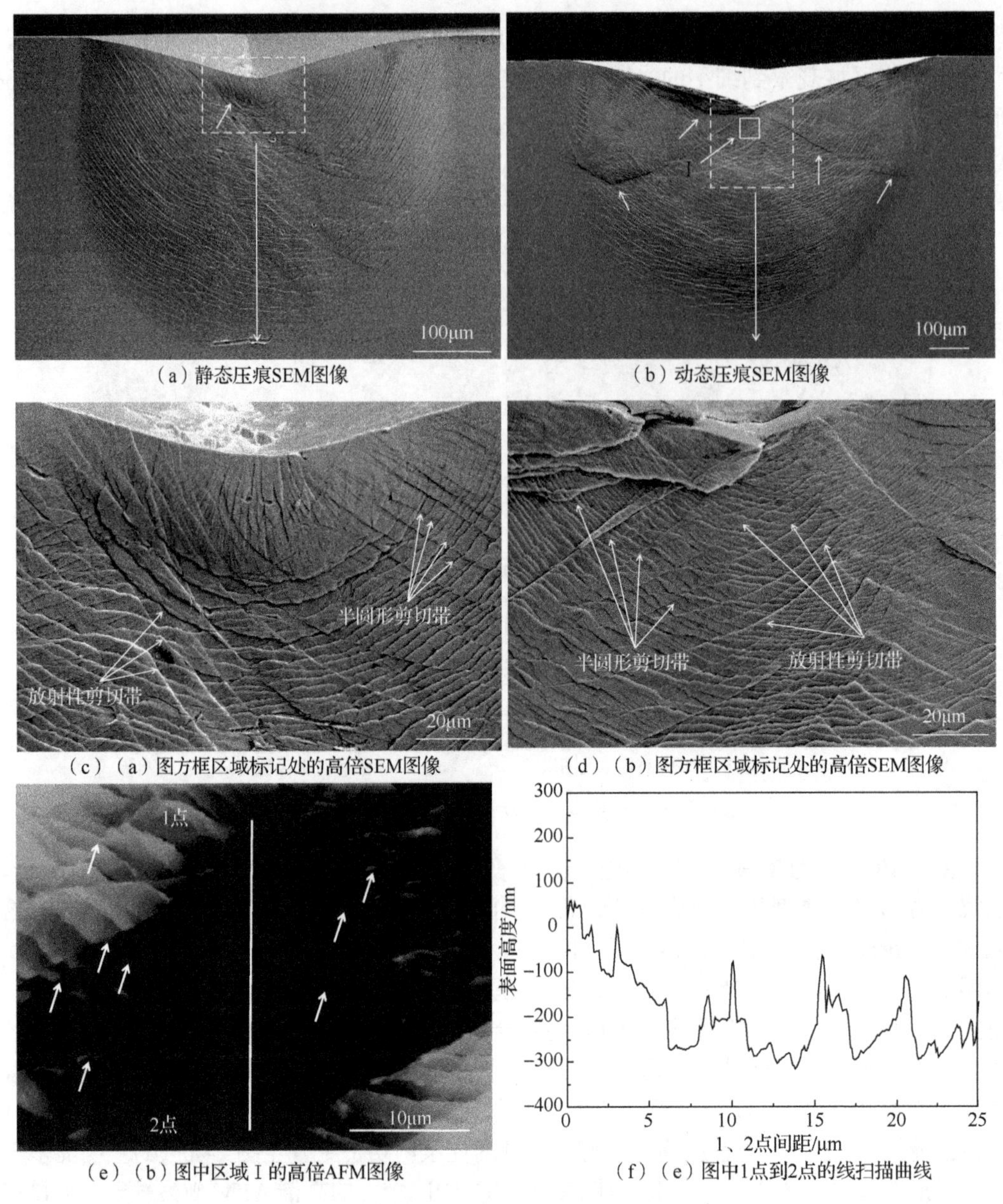

（a）静态压痕SEM图像　（b）动态压痕SEM图像

（c）（a）图方框区域标记处的高倍SEM图像　（d）（b）图方框区域标记处的高倍SEM图像

（e）（b）图中区域Ⅰ的高倍AFM图像　（f）（e）图中1点到2点的线扫描曲线

图 2-40　Ti 基非晶合金压痕下方变形区域形貌

如图 2-40 所示，静态与动态压痕下方形成的剪切带具有明显不同的特征。根据图 2-41 所示的剪切带分布情况，统计出静态与动态压痕下方半圆形剪切带间距随距离压痕尖端距离的变化曲线，如图 2-42 所示。静态与动态压痕加载下，均表现为剪切带间距随着离压痕尖端距离的增加而明显增大。所不同的是离压痕尖端距离相同的区域，动态压痕下的剪切带间距比静态压痕得小。与低应变率加载相比，高应变率加载不仅诱导产生更多的自由体积，而且增加自由体积的合并速率[14,15,102]。自由体积的产生会引起原子膨胀，进而促使周围原子的重新分布，这有利于剪切带的形成。并且，自由体积的合并容易形成剪切带核心，这也有利于剪切带的形成[15]。因此，动态压痕加载比静态压痕加载诱导形成更多的剪切带。动态压痕加载下大量剪切带连续均匀分布，导致剪切带间距增加速率较为缓慢，因而动态压痕加载的剪切带间距小于静态压痕。

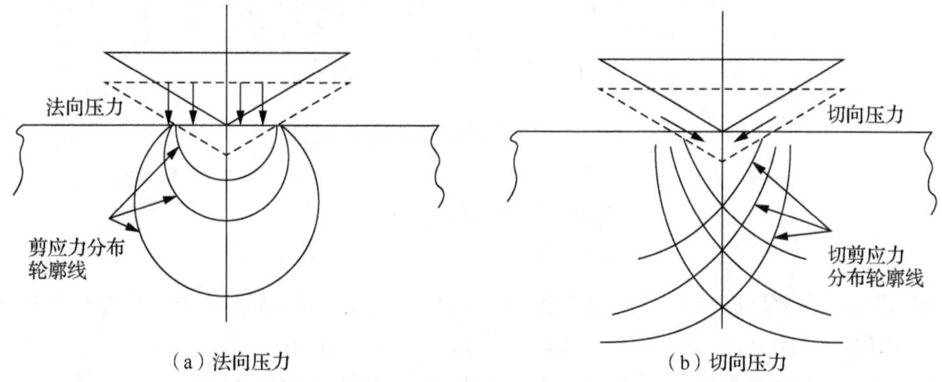

（a）法向压力　　（b）切向压力

图 2-41　Ti 基非晶合金分别在法向压力和切向压力作用下的剪应力分布轮廓线

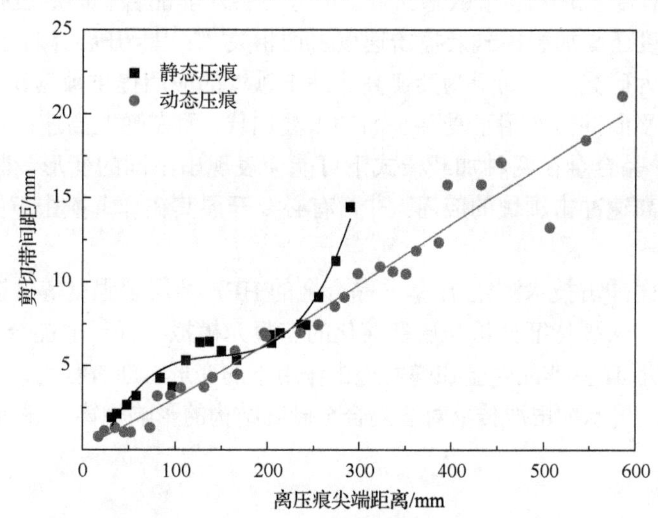

图 2-42　静态与动态压痕下方的半圆形剪切带间距随离压痕尖端距离的变化曲线

静态与动态压痕下方的剪切带特征示意图如图 2-43 所示。Ti 基非晶合金在静态与动态压痕加载下均受到法向压力与切向压力的共同作用。法向压力诱导半圆形剪切带的形成，而切向压力诱导放射性剪切带的形成，因而静态与动态压痕下方均出现半圆形剪切带与放射形剪切带耦合存在的情况。然而，静态与动态压痕下方的剪切带还具有明显不同的特征。静态压痕加载时，剪切带有足够的时间萌生和长大，导致形成连续的剪切带，如图 2-43（a）所示。而动态压痕加载时，大量的剪切带快速萌生以累积高速率的能量输入，导致形成大量连续的剪切带，如图 2-43（b）所示。在压头压入的早期阶段，靠近压痕尖端的区域比远离压痕尖端区域受到更高的应变率加载，因此靠近压痕尖端区域与远离压痕尖端区域相比容易形成更多连续的剪切带。

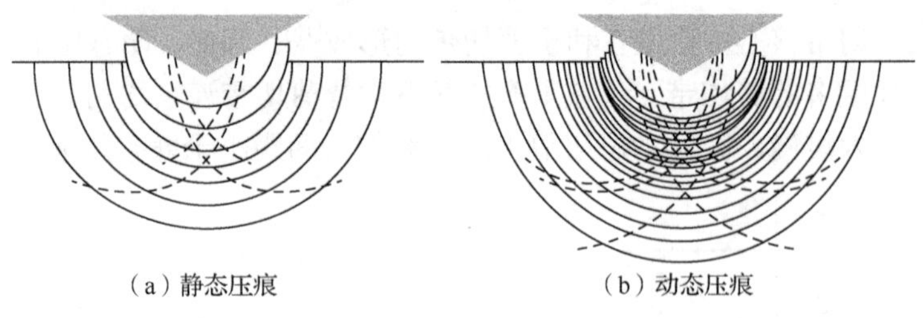
（a）静态压痕　　（b）动态压痕

图 2-43　压痕下方的剪切带特征示意图

2.4　平面冲击

平面冲击技术是研究非晶合金高速冲击响应行为的一种重要手段。目前，利用平面冲击技术获得了非晶合金的于戈尼奥弹性极限（Hugoniot elastic limit，HEL）、层裂强度等关键冲击力学性能参数[103-113]。非晶合金的 HEL 远高于传统的晶态合金[110]，并且非晶合金的 HEL 对合金成分非常敏感。合金成分也会对非晶合金的层裂强度产生重要影响，并且层裂强度还与加载模式及撞击速度密切相关[108,111]。开展针对 Ti 基非晶合金平面冲击的响应行为研究，有助于为其在高速冲击领域的应用提供数据积累。

非晶合金在平面冲击作用下受到平面冲击波加载，而在弹丸高速撞击作用下受到球面波加载[112]。非晶合金在两种加载模式下可能会表现出不同的变形、断裂行为。为了拓宽非晶合金在高速冲击领域的应用，非常有必要开展其在弹丸撞击下的变形、断裂行为研究。

本节利用平面冲击技术测定 Ti 基非晶合金的 HEL 及层裂强度等关键冲击力学性能参数。结合变形、断裂特征分析与层裂演化的有限元模拟，揭示非晶合金的层裂机理。在此基础上，研究 Ti 基非晶合金在弹丸撞击作用下的变形、断裂行为，并结合损伤试样的力学性能分析，揭示冲击波传播对非晶合金微观结构的影响规律，评估其抗冲击性能。

2.4.1　研究方法

1. 测试方法

采用北京理工大学的ϕ57mm 一级轻气炮进行 Ti 基非晶合金的平面冲击试验，该炮配有电探针法测量冲击速度系统及双灵敏度干涉仪（velocity interferometer system for any reflector，VISAR）测试系统等观测手段。轻气炮是以小分子量、高声速、小比热容的气体（如氢气、氮气）作为工作介质驱动弹丸的一种动态加载装置，其主体部分由高压气室、发射管和靶室组成图 2-44 所示的平面冲击原理示意图。高压气体驱动飞片撞击靶板而产生右行压缩波，其到达靶板后自由面时反射形成左行卸载波。撞击时，通过放置在靶板前沿的电子探针测试飞片的冲击速度。撞击过程中，放置在靶板后面的 VISAR 测试系统可记录靶板后自由面粒子速度的变化历史。根据后自由面粒子速度的变化曲线即可计算出靶板在飞片冲击载荷作用下的相关动态力学参数，如 HEL、层裂强度和塑性波波速等。根据平面冲击试验的设计原则[114]，确定飞片为ϕ53mm×2mm 的紫铜圆片，靶板为 30mm×30mm×5mm 的块体 Ti 基非晶合金。图 2-45 为飞片与靶板的实物图。为保证飞片在发射炮管中始终保持平面运动，将飞片嵌于塑料弹托中。靶板嵌入有机玻璃靶环的中心位置。

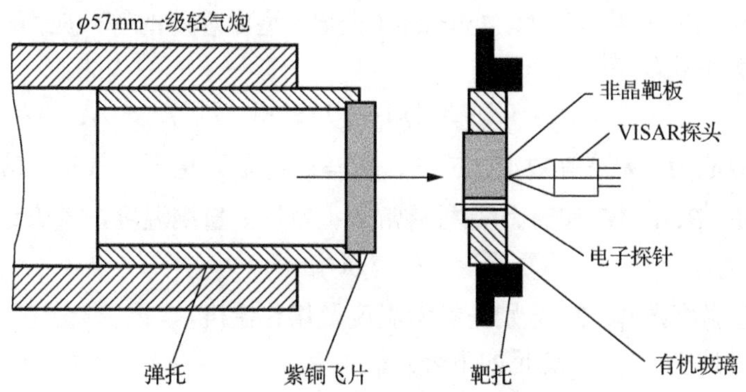

图 2-44 平面冲击的原理示意图

（a）飞片 （b）靶板

图 2-45 紫铜飞片和 Ti 基非晶合金靶板的实物图

2. 有限元模拟技术

采用 ANSYS LS-DYNA 软件对 Ti 基非晶合金层裂行为进行有限元模拟。有限元模拟中模型尺寸与试样实际尺寸相同，以消除尺寸因素产生的误差。飞片冲击试验中，飞片需要弹托支撑，靶板需要有机玻璃靶环固定，但是弹托和靶环对飞片和非晶合金的作用力可忽略，因而在建立模型时忽略了弹托和靶环的影响，建立的三维几何模型如图 2-46 所示。飞片和靶板的初始距离设定为 0.5mm。对三维实体模型采用 8 节点 Solid 164 动态显式单元。飞片和靶板划分的单元数分别为 36000 和 45030。靶板采用六面体网格映射划分，飞片采用四面体自由网格划分。为避免边界处应力波反射对求解域产生波动，飞片和靶板设置为无反射边界。飞片和靶板之间为自动面-面接触。飞片撞击速度为 384m/s。

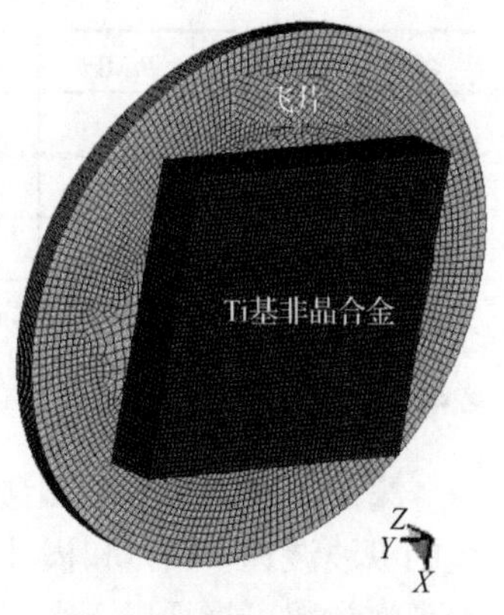

图 2-46 紫铜飞片和 Ti 基非晶合金靶板的三维几何模型

研究侧重分析平面冲击过程中靶板的 von Mises 应力分布，以期在宏观尺度上阐述层裂演化。因此，非晶合金靶板的本构行为简化为理想线弹性行为。应变失效作为飞片冲击加载下非晶合金的失效判据。采用 Johnson-Cook 屈服模型结合 Grüneisen 状态方程来表征紫铜飞片的冲击力学行为。Johnson-Cook 模型中涉及的等效应力与塑性应变、应变率及温度的关系式如下[115]：

$$\sigma_{\mathrm{y}}=(A+B\varepsilon^{n})(1+C\ln\dot{\varepsilon}^{*})(1-T^{*m}) \tag{2-17}$$

式中，σ_{y}是等效应力；ε是等效塑性应变，$\dot{\varepsilon}^{*}=\dot{\varepsilon}/\dot{\varepsilon}_0$是无量纲等效塑性应变率（$\dot{\varepsilon}_0$一般取为 1.0$\mathrm{s}^{-1}$）；$A$、$B$、$n$、$C$和$m$均是材料常数；$T^{*}$是无量纲温度，其表达式如下：

$$T^{*}=(T-T_{\mathrm{r}})(T_{\mathrm{m}}-T_{\mathrm{r}}) \tag{2-18}$$

式中，T是试验温度；T_{r}、T_{m}分别是参考温度及熔化温度。

材料的失效应变（ε^{f}）满足如下公式：

$$\varepsilon^{f}=[D_1+D_2\exp D_3\sigma^{*}][1+D_4\ln\dot{\varepsilon}^{*}][1+D_5T^{*}] \tag{2-19}$$

式中，D_1、D_2、D_3、D_4、D_5均是材料常数；σ^{*}是压力和等效应力的比值，当损伤系数D的值达到 1 时，材料失效，即

$$D=\sum\Delta\varepsilon/\varepsilon^{f} \tag{2-20}$$

式中，$\Delta\varepsilon$为一个加载循环对应的等效塑性应变增量。

Grüneisen 状态方程为[114,116]

$$P_0=P_{\mathrm{H}}+\frac{\gamma}{C_{\mathrm{V}}}(E_0-E_{\mathrm{H}}) \tag{2-21}$$

式中，P_0、E_0是材料的静水压力和比内能；P_{H}、E_{H}分别是 Hugoniot 曲线为参考曲线时的静水压力和比内能；γ是 Grüneisen 常数；C_{V}是定容比热容。

紫铜飞片的 Johnson-Cook 模型和 Grüneisen 状态方程参数[115,116]如表 2-2 所示。

表 2-2　紫铜飞片的 Johnson-Cook 模型和 Grüneisen 状态方程参数

名称	A/MPa	B/MPa	n	C	m	D_1	D_2	D_3	D_4
参数值	90	292	0.31	0.025	1.09	0.54	4.89	−3.03	0.014
名称	D_5	ρ/(g/cm^3)	G/GPa	C_0/(m/s)	T_{r}/K	T_{m}/K	C_{V}/[J/(kg · K)]	λ	γ
参数值	1.12	8.391	50.96	3241	298	1356	383	1.50	1.96

注：ρ为密度；G为剪切模量；C_0为样品内声速；λ为常数。

2.4.2　力学行为

采用阿基米德原理测量 Ti 基非晶合金的密度（ρ）。利用超声测量仪测量该非晶合金的纵波波速（C_{l}）和横波波速（C_{t}）。根据密度和超声测试结果，Ti 基非晶合金的其他弹性常数可根据以下公式进行计算[113]：

$$K=\rho C_{\mathrm{b}}^2=\rho\left(C_{\mathrm{l}}^2-\frac{4}{3}C_{\mathrm{t}}^2\right) \tag{2-22}$$

$$G=\rho C_{\mathrm{t}}^2 \tag{2-23}$$

$$E = \frac{9KG}{3K+G} \tag{2-24}$$

$$\nu = \frac{3K-2G}{6K+2G} \tag{2-25}$$

式中，C_b是体积波速；K是体积模量。

表 2-3 为 Ti 基非晶合金的密度和相关弹性常数。

表 2-3 Ti 基非晶合金的密度和相关弹性常数

名称	ρ/(g/cm^3)	E/GPa	G/GPa	ν	C_l/(m/s)	C_t/(m/s)
参数值	5.49	85.02	31.49	0.35	4985	2395

利用一级轻气炮驱动紫铜飞片以不同速度撞击 Ti 基非晶合金靶板，具体的试验参数如表 2-4 所示。

表 2-4 平面冲击试验参数

编号	飞片厚度/mm	靶板厚度/mm	撞击速度/(m/s)	冲击应力/GPa
1	2	4.9	154	2.16
2	2	4.9	242	3.43
3	2	4.9	347	5.19
4	2	4.9	384	5.72
5	2	4.9	561	8.35

图 2-47 为 Ti 基非晶合金在不同撞击速度下的自由面粒子速度历程曲线。如图 2-47（a）所示，当撞击速度为 154m/s 和 242m/s 时，自由面粒子速度历程曲线为明显的单波结构，表明发生了弹性响应；而在撞击速度超过 347m/s 时，自由面粒子速度历程曲线为典型的双波结构，表明发生了弹塑性响应。双波结构具体表现为，开始一个陡峭上升的先驱弹性波，达到幅值 HEL 后轻微下降。随后，出现一个陡峭上升的塑性波，达到最大值后逐渐形成稳定平台。层裂破坏可通过靶板的自由面粒子速度历程曲线进行判断。以 Ti 基非晶合金在撞击速度为 561m/s 时的自由面粒子速度历程曲线［图 2-47（b）］为例，当压缩波到达试样的后自由面时，粒子速度达到最大值（v_{max}），紧接着急剧降低到最小值（v_{min}）。若 v_{min} 为 0，则不发生层裂；若 v_{min} 不为 0，则发生层裂现象。因此，本节中当撞击速度超过 242m/s 时，非晶合金发生层裂。

Ti 基非晶合金的 HEL 可根据自由面粒子速度历程曲线，由式（2-26）进行计算[117]：

$$\mathrm{HEL}=\rho C_l v_{\mathrm{HEL}} \tag{2-26}$$

式中，v_{HEL}是弹性冲击波后粒子速度。

层裂强度可由式（2-27）进行计算[117]：

$$\sigma_{\mathrm{spall}} = \frac{1}{2}\rho C_l (v_{\max} - v_{\min}) \tag{2-27}$$

应变率可由式（2-28）进行计算：

$$\dot{\varepsilon}=\frac{v_{max}-v_{min}}{2C_b(t_s-t_0)} \quad (2\text{-}28)$$

式中，$\dot{\varepsilon}$是应变率；t_s是层裂对应时间；t_0是塑性波后对应的时间。

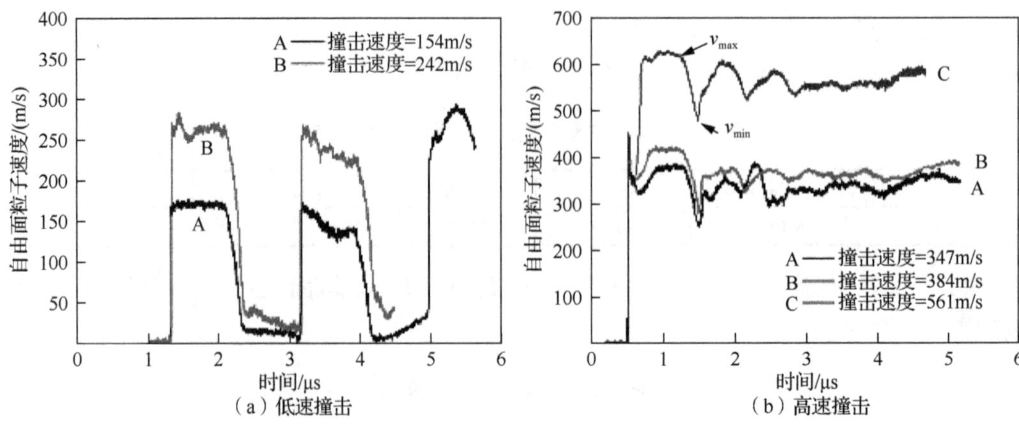

（a）低速撞击　　（b）高速撞击

图 2-47　Ti 基非晶合金在不同撞击速度下的自由面粒子速度历程曲线

表 2-5 所示为 Ti 基非晶合金的平面冲击试验结果。Ti 基非晶合金的 HEL 和层裂强度随撞击速度的变化规律如图 2-48 所示。随着撞击速度的提高，HEL 明显增加，平均值达到（5.34±0.26）GPa。层裂强度也随撞击速度提高而增加，平均值为（3.61±0.26）GPa。

表 2-5　Ti 基非晶合金的平面冲击试验结果

编号	v_{HEL} /(m/s)	$\dot{\varepsilon}$ /10^4 s^{-1}	HEL/GPa	σ_{spall} /GPa
1	—	0.95	—	—
2	—	1.42	—	—
3	185.67	3.05	5.08	3.33
4	195.56	3.47	5.35	3.65
5	213.85	3.76	5.60	3.84

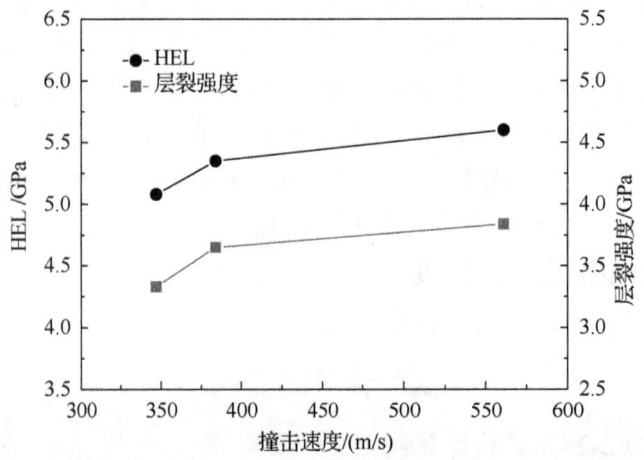

图 2-48　Ti 基非晶合金的 HEL 和层裂强度随撞击速度的变化规律

图2-49所示为Ti基非晶合金在不同撞击速度加载后的宏观断裂形貌。如图2-49(a)所示，当飞片撞击速度为242m/s时，非晶合金剪切断裂为几个较大的碎块，碎块厚度与原始非晶合金厚度接近［图2-49（a）插图］，表明非晶合金并未发生层裂。而当飞片撞击速度增加到347m/s及以上时，如图2-49（b）和（c）所示，非晶合金破碎严重而形成较多小碎块，部分碎块厚度介于2.5～3mm［图2-49（b）和（c）插图］，表明非晶合金发生了层裂。如图2-49（d）所示，当飞片撞击速度继续增加到561m/s时，非晶合金破碎严重难以回收，部分回收的非晶合金厚度甚至小于2mm［图2-49（d）插图］，这表明非晶合金局部区域发生了二次层裂。

飞片撞击非晶合金靶板后，压缩波分别向飞片和靶板中传播，压缩波经过的材料处于压应力状态。当左行的压缩波达到飞片的自由面后，将反射为右行稀疏波，促使靶板中粒子运动速度减慢。然而，当右行的压缩波传播到靶板自由面后，将反射成左行稀疏波，促使靶板中粒子运动速度加快。当这两列稀疏波相遇时，靶板内部将受到拉应力的作用。当拉应力超过靶板的层裂强度时，靶板就会发生层裂破坏，并在层裂的位置处形成新的自由面。剩余的应力脉冲会在新的自由面上发射，如果应力脉冲的幅值足够大，靶板将可能发生二次层裂[图2-49（d）]。

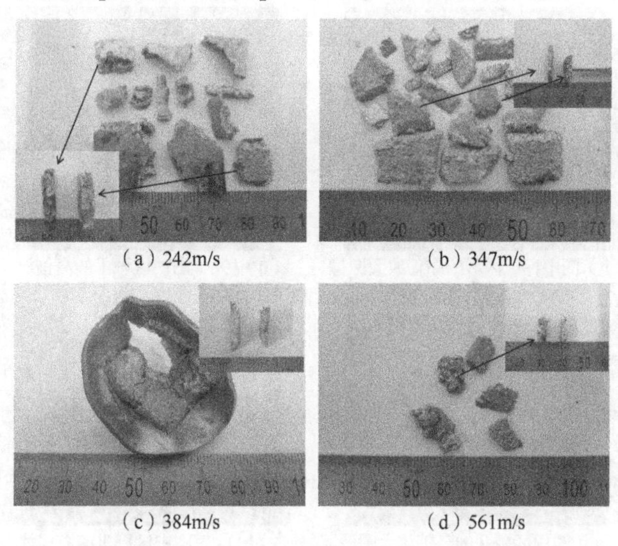

（a）242m/s （b）347m/s （c）384m/s （d）561m/s

图2-49 Ti基非晶合金在不同撞击速度加载后的宏观断裂形貌

图2-50所示为Ti基非晶合金在384m/s撞击速度加载后的层裂形貌。平面冲击产生压缩波沿撞击方向在试样中传播，在非晶合金后表面反射成为拉伸波，导致在非晶合金的边缘处产生拉伸应力。当拉应力超过非晶合金的动态拉伸强度时，裂纹就会在试样边缘处萌生并向试样内部传播，导致非晶合金发生层裂，形成典型的碎片，在宏观上表现为典型的脆性破坏，如图2-50（a）所示。高倍放大观察中发现，如图2-50（b）所示，层裂破坏表面由大量的杯锥体组成，呈波浪式的圆锥形状。如图2-50（c）所示，杯锥状结构表面呈现两种明显不同的破坏区域，分别记为区域Ⅰ与区域Ⅱ。如图2-50（d）所示，区域Ⅰ中出现大量的河流状花样呈放射状传播，并相互交叉在河流状花样边界处

形成典型的脊状线结构。如图 2-50（e）所示，区域Ⅱ中出现大量的脉状花样，脉状花样的边界处形成波浪形的花样［图 2-50（e）中波浪线标记］。在准静态单轴拉伸后的 Zr 基非晶合金中观察到这种波浪状的花样特征，是由局部裂纹与软化区域界面的 Kelvin-Helmholtz 流体不稳定流动而引起的[118]。对图 2-50（e）中区域Ⅲ的高倍放大观察中发现，如图 2-50（f）所示，脉状花样中存在明显的微孔洞［图 2-50（f）中的箭头所指］。并且，非晶合金的破坏表面出现大量的熔化颗粒，表明平面冲击过程中发生了剧烈的绝热温升。这些典型的破坏特征，包括脉状花样、微孔洞及局部熔化颗粒，表明该非晶合金在微观尺度上表现出韧性失效的特征。

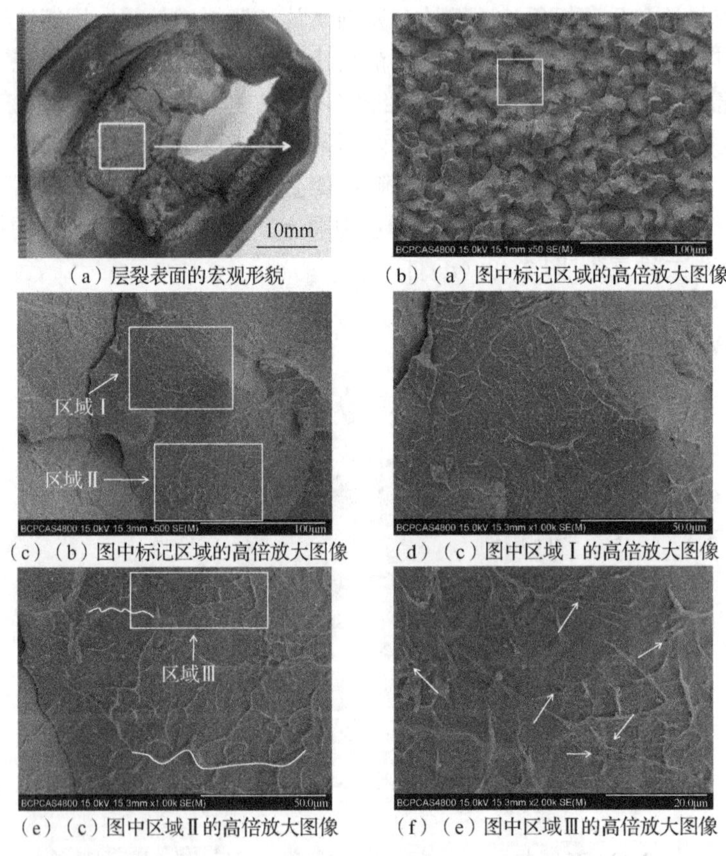

（a）层裂表面的宏观形貌　（b）（a）图中标记区域的高倍放大图像

（c）（b）图中标记区域的高倍放大图像　（d）（c）图中区域Ⅰ的高倍放大图像

（e）（c）图中区域Ⅱ的高倍放大图像　（f）（e）图中区域Ⅲ的高倍放大图像

图 2-50　Ti 基非晶合金在 384m/s 撞击速度加载后的层裂形貌

图 2-51 所示为 Ti 基非晶合金在 561m/s 撞击速度加载后的层裂形貌。如图 2-51（a）所示，非晶合金断面非常粗糙，局部区域出现明显的几条不规则的宏观裂纹，呈典型的脆性断裂特征。对图 2-51（a）中标记区域的高倍放大观察中，如图 2-51（b）所示，发现断面形貌较为复杂，呈脉状花样、河流状花样、光滑区域、韧窝花样及局部区域的纳米微孔［图 2-51（b）箭头所指］等多种形貌特征，这表明非晶合金在微观尺度上也表现出了韧性失效的特征。Ti 基非晶合金在 384m/s 和 561m/s 撞击速度加载后的层裂破坏特征并无显著差别，均表现为宏观尺度上呈典型的脆性断裂，而在微观尺度上局部区域呈韧性失效的特征。不同之处在于 561m/s 撞击加载下的变形行为比 384m/s 撞击更剧烈。

（a）层裂表面的宏观形貌

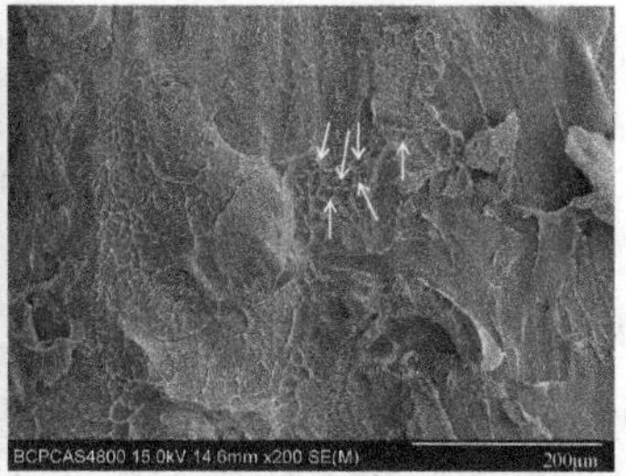

（b）（a）图中标记区域的高倍放大图像

图 2-51 Ti 基非晶合金在 561m/s 撞击速度加载后的层裂形貌

2.4.3 失效机制

1. 力学性能

非晶合金的 HEL 与平面冲击过程中非晶合金内部自由体积的变化密切相关。外加载荷作用下自由体积的变化可由式（2-29）表示为[13]

$$V_i = V_0\left(1-\frac{\sigma_m}{E}\right) \tag{2-29}$$

式中，V_i是有效自由体积；V_0是试样中的初始自由体积；σ_m是施加应力（压缩时为正）。

如表 2-4 所示，随着撞击速度的提高，冲击应力明显增加。根据式（2-29），撞击速度越高则有效自由体积越少。有效自由体积的减少，降低了自由体积聚集的概率。自由体积的局部聚集可作为剪切带的形核点[103]，因此高撞击速度时非晶合金内部的剪切带形核点明显比低撞击速度的少，这将导致非晶合金在高撞击速度时具有较高的动态屈服强度。利用 von Mises 应力屈服判据，动态屈服强度可由式（2-30）表示为[119]

$$Y_d = \frac{1-2\nu}{1-\nu}\mathrm{HEL} \tag{2-30}$$

式中，Y_d是材料的动态屈服强度；ν为泊松比。

根据式（2-30），HEL 与动态屈服强度成正比例。因此，随着撞击速度的增加，动态屈服强度增加，进而 HEL 也随着增加。

平面冲击过程中，当试样中的拉应力超过试样层裂强度时，材料发生层裂。如表 2-5 所示，随着撞击速度增加，应变率明显增大。非晶合金内部存在部分能量障碍，如尺度为 1～2nm 的中程有序结构或者纳米尺度区域的相分离[89,90]。低应变加载（约 $10^{-4}s^{-1}$）允许这些能量障碍有足够的时间促使非晶合金中的剪切带发生偏转或者分支[28,90]。然而，当应变率足够高时，高速的能量输入促使非晶合金中的剪切带可能会直接穿过能量障碍，这将需要消耗更多的能量。随着撞击速度的增加，应变率明显增加，因而剪切带越过能量障碍的趋势明显增加，导致层裂强度随着冲击速度的增加而明显提高。

2. 层裂行为

如图 2-50（a）所示，非晶合金的层裂演化可以认为是微裂纹的萌生和演化。在宏观尺度下，平面冲击产生的拉应力超过非晶合金的层裂强度时就会诱导产生微裂纹，微裂纹的聚集与扩展最终导致层裂破坏。在微观尺度下，自由体积是非晶合金内部最本质的缺陷，自由体积的演化过程决定了裂纹的萌生与扩展，也最终导致了层裂破坏。为此，下面从宏观与微观两个尺度来定性阐述非晶合金的层裂行为。

（1）宏观尺度

为了详细讨论微裂纹的演化行为，采用有限单元法（finite element method，FEM）模拟非晶合金在平面冲击下的应力分布。图 2-52（彩图见书末）所示为平面冲击下 Ti 基非晶合金截面（Y—Z 平面）在不同时刻的 von Mises 应力分布。如图 2-52（a）所示，t=0 时，非晶合金处于无应力状态。一旦非晶合金受到平面冲击，非晶合金中就会产生压缩波并沿着冲击方向传播，导致非晶合金受到压应力作用，如图 2-52（b）和（c）所示。如图 2-52（c）所示，在 t=1.0μs 时，压缩波到达非晶合金的后自由面，导致非晶合金后自由面的应力达到最大值。由于最大压应力低于非晶合金的动态压缩强度，非晶合金中并未萌生微裂纹。随后，压缩波在非晶合金后自由面反射成为拉伸波，并沿着与冲击方向相反的方向传播，导致非晶合金受到拉应力作用，如图 2-52（d）所示。靠近非晶合金后自由面的应力集中区域出现少量的微裂纹，这表明拉应力超过了非晶合金的动态拉伸强度。随着拉伸波的持续作用，大量的微裂纹萌生并沿着拉伸波的传播方向传播，如图 2-52（e）所示。随着拉伸波的继续加载，这些微裂纹不断聚集并快速传播，最终导致非晶合金在 t=15.0μs 时发生层裂，如图 2-52（f）所示。

图 2-53 所示为 Ti 基非晶合金层裂的 FEM 结果。裂纹在非晶合金边缘处萌生并沿着拉伸载荷的方向传播，导致非晶合金最终层裂为几个碎块，表现为典型的脆性失效，这与试验观察到的层裂特征［图 2-50（a)］非常相似。

（2）微观尺度

非晶合金变形的基本单元过程可以认为是原子的重新排布，可用两种机理来阐述这一过程，包括自由体积模型及 STZ 模型。自由体积模型的基本机理为自由体积在原子尺度的重新分布[10,11]，而 STZ 模型为原子尺度的剪切扭曲[57,120]。STZ 是非晶合金塑性变形的基本单元，它由一个自由体积及其周围的原子组成。STZ 的运动，有可能会导致周围原子在剪应力作用下发生分离，导致原子团簇的活化膨胀从而在变形过程中发生应变软化[121]。自由体积的产生及 STZ 的萌生会诱导原子团簇的活化膨胀，引起周围原子的重新排布，提高了自由体积聚集的机会，最终导致微孔洞的形成。微孔洞的聚集及长大最终导致微裂纹的萌生。

平面冲击下 Ti 基非晶合金内部微裂纹的产生过程示意图如图 2-54 所示。如图 2-54（a）所示，非晶合金在初始状态时，其内部的自由体积处于稳定状态。一旦非晶合金受到平面冲击，拉应力将促进自由体积的产生及 STZ 的运动，增加了自由体积聚集的机会。自由体积聚集长大到一定尺寸，就会诱导微孔洞在局部区域萌生，如图 2-54（b）所示。这些微孔洞不断聚集，最终导致微裂纹的萌生，如图 2-54（c）所示。同时，STZ 的连续运动导致了局部的软化，最终导致非晶合金断面出现典型的脉状花样，如图 2-50（e）所示。

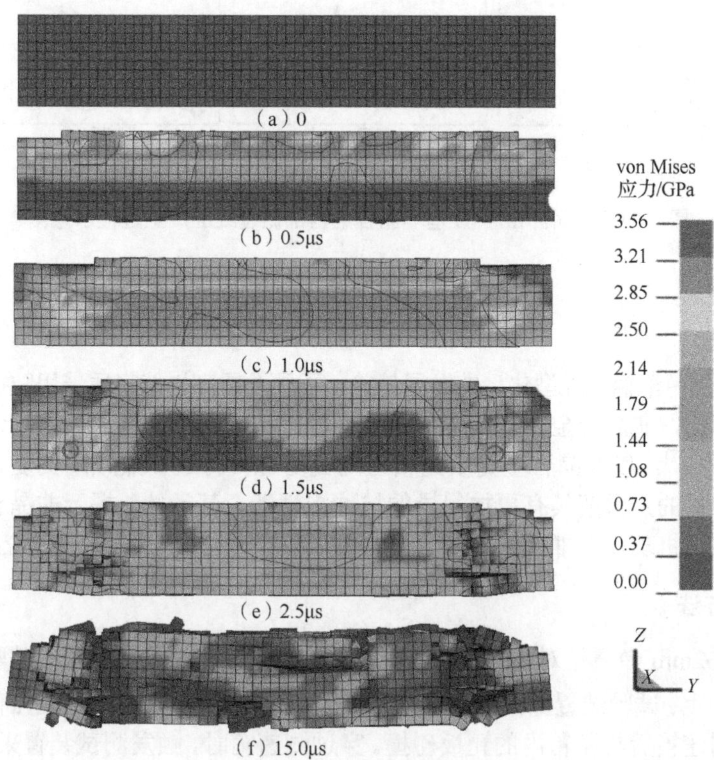

图 2-52 平面冲击下 Ti 基非晶合金截面（Y—Z 平面）在不同时刻的 von Mises 应力分布

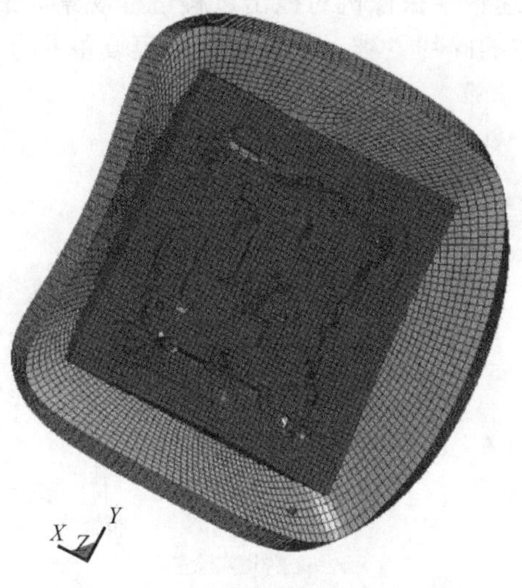

图 2-53 Ti 基非晶合金层裂的 FEM 结果

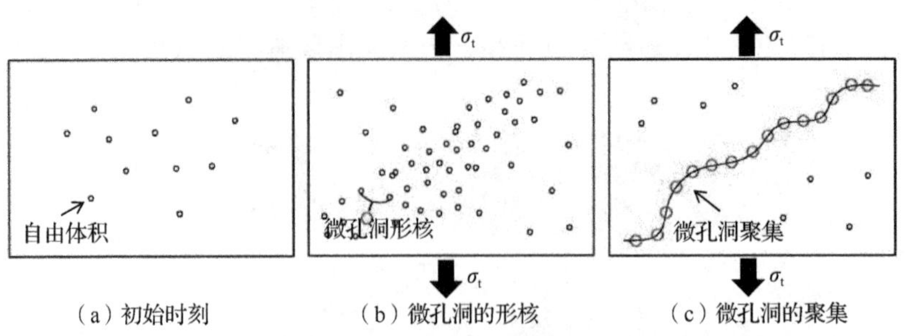

图 2-54　平面冲击下 Ti 基非晶合金内部微裂纹的产生过程示意图

2.5　高速撞击

为了满足装甲车辆“轻型化”的发展趋势，亟须发展高性能轻质装甲防护材料[122-124]。与晶态合金相比，非晶合金具有高强度、高硬度、高弹性及良好的冲击韧性等优异的综合力学性能[125-127]。以非晶合金为填充相与陶瓷复合，可达到兼顾陶瓷复合装甲强度、硬度和韧性的目的，预期具有更加优异的抗冲击性能。基于此，揭示非晶合金的抗冲击性能及弹靶作用机理，对非晶合金及其复合材料在轻质装甲防护领域的应用至关重要。

2.5.1　测试方法

采用ϕ7.62mm 弹道枪对 Ti 基、Zr 基非晶合金进行高速撞击试验，试验射击距离为 8m，0° 角入射，试验装置如图 2-55 所示[128]。枪管中的弹丸在一定膛压作用下穿过消声器装置和测速箱后与靶箱内的靶板碰撞。穿过测速箱时，触发测试装置采集速度信号，即可获得弹丸的撞击速度，撞击速度为（830±15）m/s，采用美国 Vision Research 公司制造的 Phantom V140 高速数字摄像机对撞击过程进行观察。拍摄速率为 10μs/帧。靶箱用于限制靶板失效后产生的碎片飞溅，保护数据采集设备并方便收集靶板碎片。

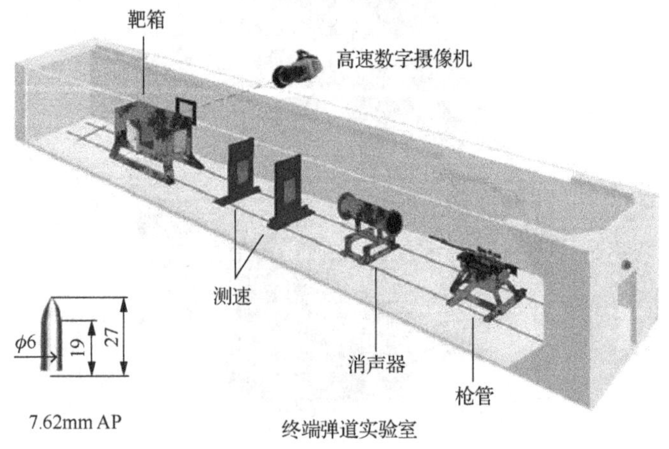

图 2-55　高速冲击试验测试系统示意图

采用残余穿深方法[129]（depth of residual penetration，DOP）评价材料的抗冲击性能。以标准弹药侵彻半无限厚金属靶板作为基准，比较两次背板穿深，计算得出待研究材料的防护系数、厚度系数、成本效益和综合防护性能等抗冲击性能指标。本节中用防护系数评价材料的抗冲击性能，防护系数由式（2-31）进行计算：

$$N = \frac{\rho_0(L_0 - L_t)}{\rho_t \delta_t} \tag{2-31}$$

式中，N是防护系数；ρ_0是均质装甲钢密度；L_0是没有靶板时的背板穿深；L_t是附加靶板时的背板穿深；ρ_t是靶板密度；δ_t是靶板厚度。

2.5.2　抗冲击性能

采用 20mm 厚均质装甲钢作为背板，考察 Ti 基非晶合金的抗冲击性能。表 2-6 所示为 Ti 基非晶合金的抗冲击性能测试结果。

表 2-6　Ti 基非晶合金的抗冲击性能测试结果

材料	密度/(g/cm^3)	撞击速度/(m/s)	厚度/mm	背板穿深/mm	防护系数
Ti 基非晶合金	5.49	815	5	15.1	0.69

注：均质装甲钢密度为 7.85g/cm^3。

图 2-56 所示为高速撞击下 Ti 基非晶合金的断口形貌。如图 2-56（a）所示，非晶合金断裂为几个较大的碎块，呈典型的脆性断裂。对碎块的高倍放大观察中发现，撞击面的断口区域破坏严重，主要呈现大面积的黏性层，黏性层表面附着明显的非晶碎粒，如图 2-56（b）所示；并且在断面边缘区域出现明显的多重剪切带，如图 2-56（c）所示。而后表面断口较为光滑，出现典型的脉状花样及放射形核心，如图 2-56（d）所示。以上现象表明，撞击面区域和后表面区域相比发生了更为剧烈的塑性变形。

（a）宏观断裂图像

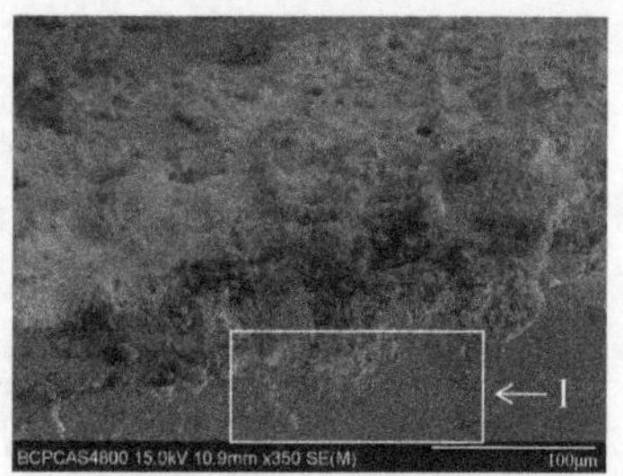

（b）（a）图中方框标记碎块的撞击面形貌

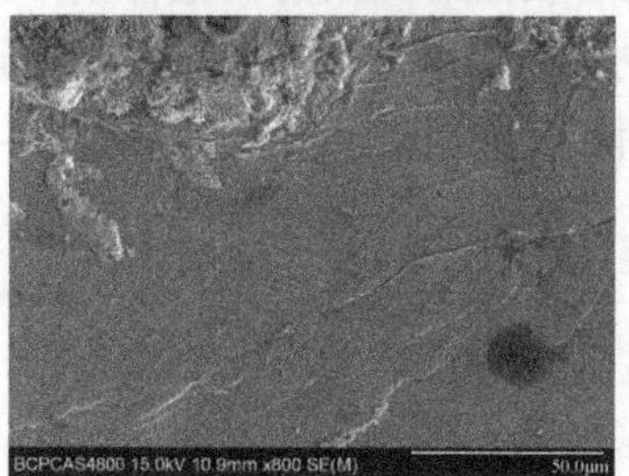

（c）（b）图中区域 I 的高倍放大图像

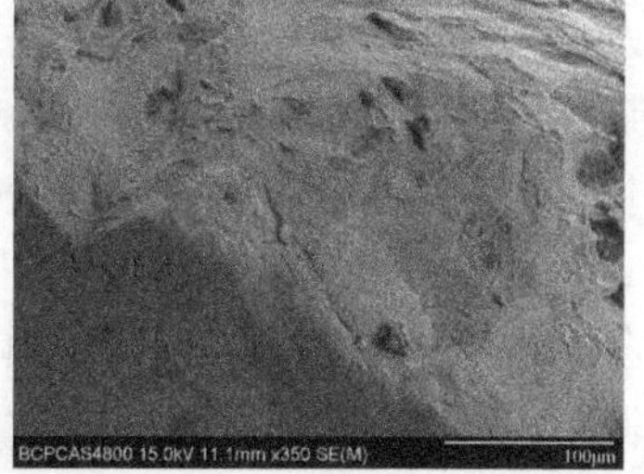

（d）（a）图中方框标记碎块的后表面形貌

图 2-56　高速撞击下 Ti 基非晶合金的断口形貌

图 2-57 所示为高速撞击下 Ti 基非晶合金的断口截面形貌。如图 2-57（a）所示，非晶合金断面非常粗糙，呈 3 个典型的破坏区域，分别记为区域Ⅰ、区域Ⅱ和区域Ⅲ。区域Ⅰ为靠近撞击面的区域，断面形态复杂，呈现大面积的黏性层、脉状花样及部分碎颗粒，如图 2-57（b）所示。区域Ⅱ为非晶合金中心区域，主要呈现河流状花样及拉长的脉状花样，如图 2-57（c）所示。区域Ⅲ靠近非晶合金后表面，呈现脉状花样及明显的放射形核心，如图 2-57（d）所示。

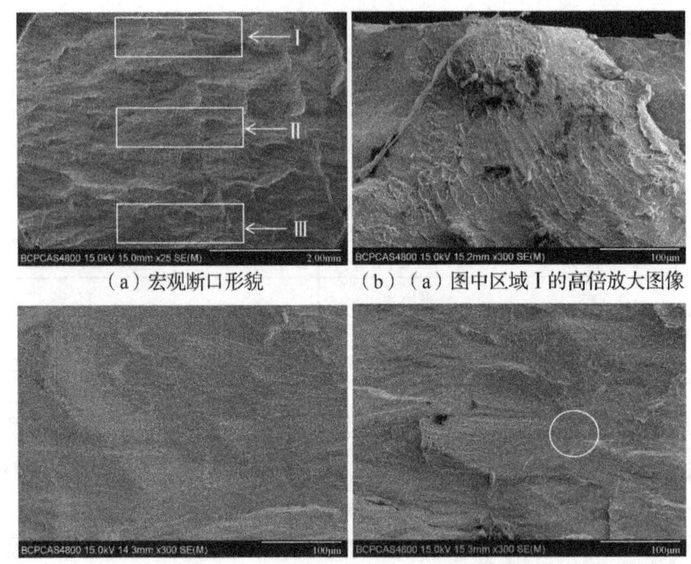

（a）宏观断口形貌　（b）（a）图中区域Ⅰ的高倍放大图像

（c）（a）图中区域Ⅱ的高倍放大图像　（d）（a）图中区域Ⅲ的高倍放大图像

图 2-57　高速撞击下 Ti 基非晶合金的断口截面形貌

图 2-58（彩图见书末）所示为 Ti 基非晶合金在高速撞击过程中的损坏示意图。如图 2-58（a）所示，弹丸撞击非晶合金时，部分动能转化为热能，引起显著的温升，并降低非晶合金的黏度，进而导致非晶合金的局部熔化，因而靠近撞击面的区域出现大面积的黏性介质层。并且高速撞击产生幅值较大的压缩波向非晶合金中传播，在靠近撞击面区域产生较大的压应力，导致出现典型的脉状花样及部分碎颗粒［图 2-57（b）］。如图 2-58（b）所示，压缩波传播到非晶合金的后表面时，反射为拉伸波，在非晶合金后表面产生拉应力。当拉应力超过非晶合金的动态拉伸强度时，裂纹就会在靠近后表面的应力集中区域萌生［图 2-58（b）红色区域标记］。随着拉伸波的持续传播，裂纹迅速长大并扩展，在非晶合金的后表面上形成碎片，如图 2-58（c）所示。因此，在靠近非晶合金后表面区域表现为拉伸断裂的特点［图 2-57（d）］。由于高速的能量输入，弹丸最终将击穿非晶合金，并在非晶合金后形成典型的碎片云，如图 2-58（d）所示。在弹丸撞击过程中，非晶合金中心区域受到压缩波与拉伸波的共同加载，导致非晶合金中心区域表现为拉伸与压缩的混合断裂特征［图 2-57（c）］。

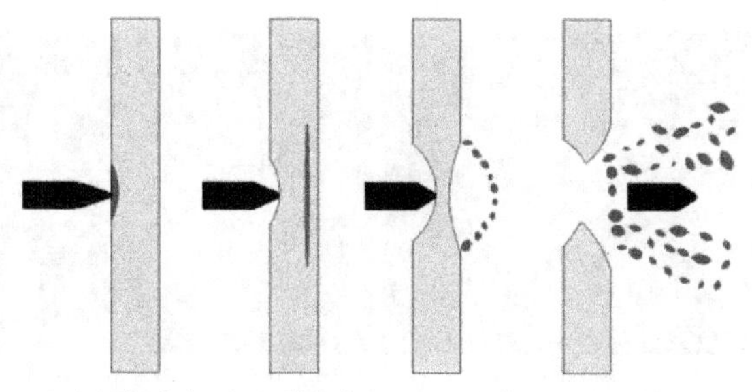

（a）局部破碎 （b）裂纹萌生 （c）层裂 （d）碎片云

图 2-58 Ti 基非晶合金在高速撞击过程中的损坏示意图

图 2-59 所示为高速撞击下 Ti 基非晶合金的典型微观断裂形貌。与动态压缩的情况相比，高速撞击作用下非晶合金的断口更加粗糙，且变形特征更加复杂。如图 2-59（a）所示，非晶合金部分区域出现了类似韧窝状的撕裂，并且部分区域非晶合金发生了明显的碎化，破碎的小颗粒附着在非晶表面。高速撞击作用下，应变率更大，载荷能量更高，促使非晶合金内部容易萌生裂纹，且裂纹一经萌生就会迅速失效，导致非晶合金断口部分区域呈现脆性断裂的特征，如具有台阶状河流花样的典型脆性断裂形貌，如图 2-59（b）所示。图 2-59（c）所示为非晶合金断口典型的脉状花样，脉状花样大小不一，且部分有明显被拉长的现象。同时还观察到部分区域出现脉状花样与脊带型脉状花样混合的形貌，如图 2-59（d）所示。脉状花样的形成与非晶合金内部分布的剪应力有关。非晶合金内部分布的剪应力大小不一且方向各异，导致脉状花样形态的差异。图 2-59（e）为非晶合金断口出现的典型的多重脊带结构，且大多相互平行，这是非晶合金软化后在拉应力作用下发生黏性流动受阻而形成的。图 2-59（f）所示为断口局部区域出现的非晶合金软化流动形成的明显的黏性层及熔滴，并且熔滴有沿受力方向被拉长的趋势，这与非晶合金在变形过程中的绝热温升有关。Liu 等[65]估算 Zr 基非晶合金在动态压缩下（应变率为 10^3s^{-1}）剪切带内的绝热温升高达 2016K。Zhao 和 Li[101]的研究发现，随着加载应变率的提高，绝热温升将更加剧烈。因此，在高速撞击作用下（应变率超过 10^4s^{-1}），绝热温升将更为明显，导致非晶断口出现大面积的黏性流动层及形成较大的熔滴。

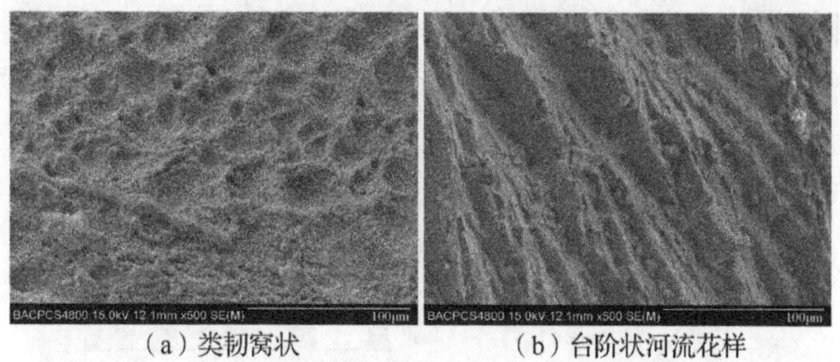

（a）类韧窝状 （b）台阶状河流花样

图 2-59 高速撞击下 Ti 基非晶合金的典型微观断裂形貌

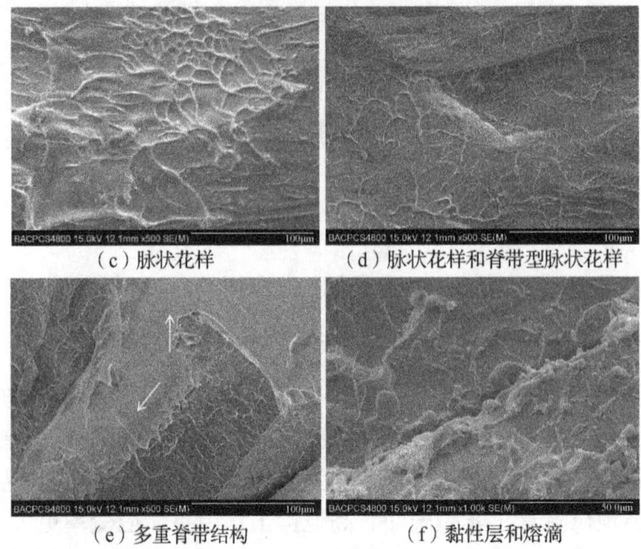

（c）脉状花样　（d）脉状花样和脊带型脉状花样

（e）多重脊带结构　（f）黏性层和熔滴

图 2-59（续）

2.5.3 损伤评估

1. 微观结构

对许多固体材料而言，冲击波的传播会诱使材料发生相变。非晶合金在高速冲击作用下的相变现象也得到了研究者的广泛关注。Yang 等 [130,131]发现 Vitreloy 1 非晶合金在冲击应力达到 18GPa 时发生了相变。Martin 等 [132]发现 $Zr_{57}Nb_5Cu_{15.4}Ni_{12.6}Al_{10}$ 非晶合金在冲击压力介于 26～67GPa 时发生相变。然而，Xi 等[133]研究发现 $Zr_{51}Ti_5Ni_{10}Cu_{25}Al_9$ 非晶合金在冲击压力介于 18～110GPa 范围内均没有相变发生，这在 Zheng 等[112]的研究中也得到了进一步的验证。这些现象表明，非晶合金是否会发生相关不仅与冲击应力有关，而且在很大程度上是由其合金成分所决定的。

图 2-60 所示为回收试样 TEM 分析和纳米压痕测试位置示意图。沿着靶孔指向试样边缘的方向，划分为 5 个区域，分别标记为 A、B、C、D 和 E。每个区域宽度为 1mm，每两个区域的间隔为 3.5mm。

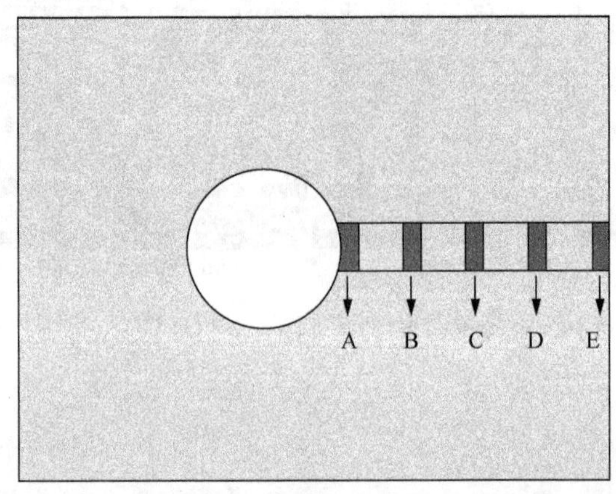

图 2-60　回收试样 TEM 分析和纳米压痕测试位置示意图

图 2-61 所示为 Ti 基非晶合金在高速撞击前后的 HRTEM 图像。Ti 基非晶合金在撞击前后，其 HRTEM 照片中均未观察到晶格条纹，原子呈无序排列，且相对应的 SAED 照片为典型的晕环特征，表明非晶合金均保持完全非晶态结构。

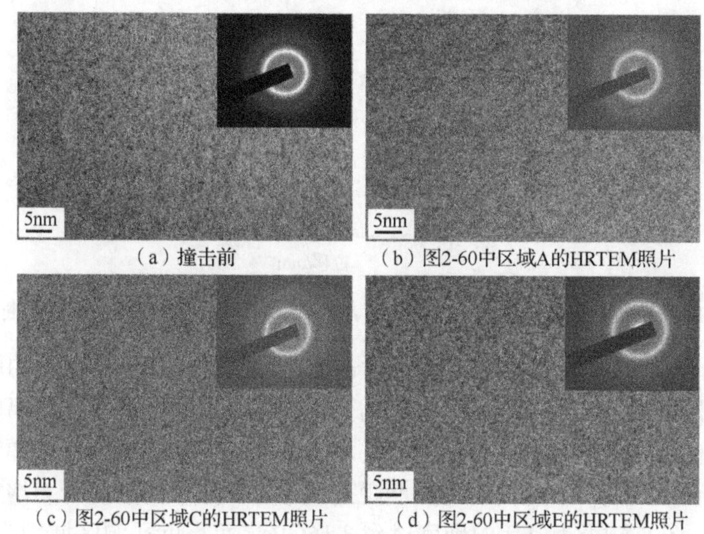

（a）撞击前 （b）图2-60中区域A的HRTEM照片

（c）图2-60中区域C的HRTEM照片 （d）图2-60中区域E的HRTEM照片

图 2-61 Ti 基非晶合金在高速撞击前后的 HRTEM 图像

插图为相应 SAED 照片

根据阻抗匹配原则，撞击过程中，Ti 基非晶合金内部的冲击应力可由式（2-32）进行计算[113]：

$$P_{\mathrm{r}}=\frac{\rho_{\mathrm{s}} C_{\mathrm{s}} \rho_{\mathrm{BMG}} C_{\mathrm{BMG}} v_{\mathrm{s}}}{\rho_{\mathrm{s}} C_{\mathrm{s}}+\rho_{\mathrm{BMG}} C_{\mathrm{BMG}}} \tag{2-32}$$

式中，P_{r}是法向冲击应力；ρ_{s}是弹丸密度；ρ_{BMG}是非晶合金密度；C_{s}是弹丸纵波波速；C_{BMG}是非晶合金纵波波速；v_{s}是弹丸撞击速度。

ρ_{s}、ρ_{BMG}、C_{s}、和 C_{BMG} 可分别取 7850kg/m^3、5490kg/m^3、5000m/s 及 4985m/s，将以上数值代入式（2-32），可计算出弹丸撞击下，Ti 非晶合金内部的冲击应力约为 13.3GPa，这远低于已报道的非晶合金发生相变的冲击应力[130-133]。

2. 力学性能

利用纳米压痕技术研究回收试样的力学性能。纳米压痕测试位置如图 2-60 所示。图 2-62 所示为 Ti 基非晶合金在高速撞击后，回收试样不同区域的载荷-位移曲线。从区域 A 到区域 E（距离弹孔距离逐渐增加），压头的最大压入深度逐渐减少，这表明回收试样的硬度与距弹孔的距离有关。非晶合金的载荷位移出现典型的锯齿事件，且随着距离破孔距离的增加，锯齿数目逐渐减少。Schuh 等[40,41]的研究发现，载荷-位移上的锯齿事件对应着剪切带的形成。因此，随着距离破孔距离的增加，非晶合金中剪切带的数量明显减少，这表明非晶合金的塑性变形能力随着距离破孔距离的增加而降低。

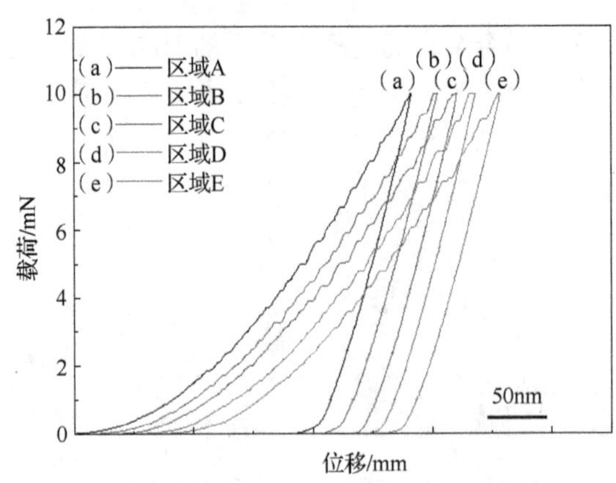

图 2-62　Ti 基非晶合金在高速撞击后，回收试样不同区域的载荷-位移曲线

图 2-63 所示为 Ti 基非晶合金在高速撞击后，回收试样中不同区域的硬度与杨氏模量（沿纵向的弹性模量）随距离孔洞位置的变化曲线。随着距离孔洞距离的增加，试样的硬度与杨氏模量（沿纵向的弹性模量）均增加。杨氏模量（沿纵向的弹性模量）反映了原子间的键合力。因此，随着距离孔洞距离的增加，原子间的键合力增加。回收试样远离孔洞区域（图 2-60 区域 E）的硬度达到 8.16GPa，而靠近孔洞区域（图 2-60 区域 A）的硬度为 7.44GPa，硬度降幅约为 8.8%。而 Zheng 等[112]报道的非晶合金远离孔洞区域相比靠近孔洞区域的硬度降幅高达 14.2%。这表明 Ti 基非晶合金在高速撞击后的损伤程度较低，其具有良好的抗冲击性能。

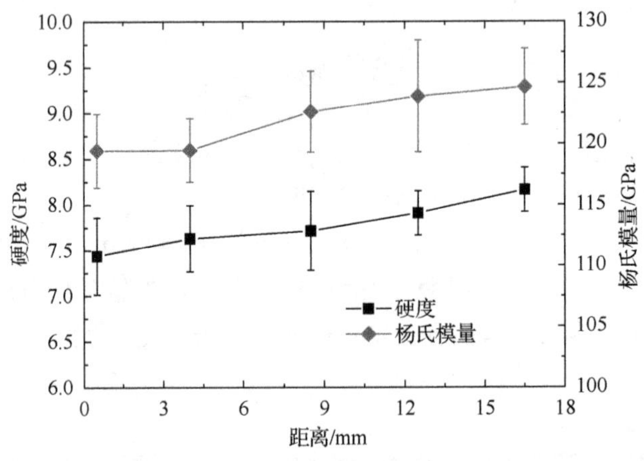

图 2-63　Ti 基非晶合金在高速撞击后，回收试样中不同区域的硬度与杨氏模量随距离孔洞位置的变化曲线

非晶合金内部不存在任何晶态缺陷，其力学性能主要依赖于合金内部的自由体积数量，因此非晶合金硬度与杨氏模量的变化是由自由体积的变化决定的。利用 DSC 技术对回收试样不同区域的自由体积数量进行分析。图 2-64 所示为 Ti 基非晶合金在高速撞击后，回收试样中区域 A、区域 C 和区域 E 的 DSC 曲线。所有的曲线呈现相似的变化特征，均出现明显的玻璃化转变，随后为一段较宽的过冷液相区，接下来发生一个典型

的晶化放热事件。在每条DSC曲线的玻璃转化温度前均可观察到一个微小的放热反应，如图 2-64 中的插图所示，这一放热过程是由结构弛豫引起的自由体湮灭导致的[97]。根据式(2-15)，可以从结构弛豫释放的热量来估计非晶合金内部自由体积的数量。区域A、区域C和区域E在结构弛豫过程中的焓值分别为−19.46J/g、−14.51J/g和−12.18J/g，表明随着距离弹孔距离的增加，试样中的自由体积数量逐渐减少。自由体积的减少，使原子之间的排列更加紧密，原子键合力更强，所以硬度和杨氏模量将增大。非晶合金内部的自由体积可以看作剪切带的形核点[103]，自由体积越多，则剪切带形核点越多。因此，靠近弹孔区域的非晶合金中在纳米压痕加载下容易产生更多的剪切带，在载荷-位移曲线上表现出更多的锯齿事件（图 2-62）。

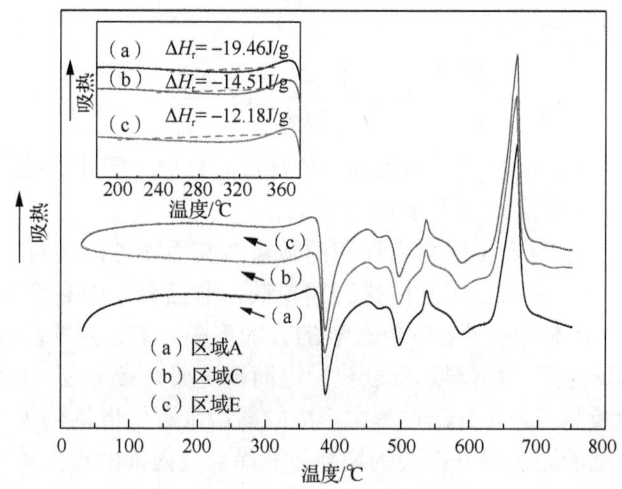

图 2-64 Ti基非晶合金在高速撞击后，回收试样中区域A、区域C和区域E的DSC曲线

插图为玻璃化转变温度附近区域的放大图

对回收试样内自由体积随距离孔洞距离增加而逐渐减少的内在机理进行分析。撞击非晶合金瞬间，在非晶合金内部产生球形冲击波。该球形冲击波不仅沿撞击方向传播，还沿着与撞击方向垂直的方向传播（从区域A向区域E)。由应力波理论[113]可知，在球坐标系（r，θ，φ）中，冲击波应力与传播距离的关系见式（2-33）与式（2-34)：

$$P_{\mathrm{r}}=\frac{A_0}{r} \tag{2-33}$$

$$P_{\theta}=P_{\varphi}=\frac{A_0(K-2G)}{\rho C_1^2 r} \tag{2-34}$$

式中，P_{r}是法向冲击应力；P_{θ}、P_{φ}分别是切向冲击应力；A_0是与冲击能相关的常数；r是距球心距离，即冲击波传播距离；C_1是材料的纵波波速。

根据式（2-33）与式（2-34)，冲击波阵面后的最大剪应力可用式（2-35）表示为[113]

$$\tau=\frac{1}{2}(P_{\mathrm{r}}-P_{\theta})=\frac{GA_0}{\rho C_1^2 r} \tag{2-35}$$

由式（2-35）可知，随着冲击波传播距离的增加，波阵面后的最大剪应力不断减小。

因此，随着距离孔洞距离的增加，试样中的自由体积逐渐减小。

基于自由体积模型[10]，非晶合金的剪切应变率是由外加应力、温度及自由体积累积等因素共同决定的，满足式（2-36）：

$$\dot{\varepsilon}=\gamma_0\exp\left(-\frac{\chi v^*}{V_f}\right)2f\exp\left(-\frac{\Delta G^m}{k_B T}\right)\sinh\left(\frac{\tau\Omega}{2k_B T}\right) \tag{2-36}$$

式中，$\dot{\varepsilon}$是应变率；γ_0是流动单元的体积分数，在低应变率加载下为1；χ是几何因子，介于0.5～1；v^*、V_f分别是原子尺寸和平均自由体积。

根据Schuh和Nieh[134]的研究结果，剪应力与硬度是密切相关的，满足式（2-37）：

$$H\approx 3\sqrt{3}\tau \tag{2-37}$$

将式（2-37）代入式（2-36），有

$$H=\frac{6\sqrt{3}k_B T}{\Omega}\operatorname{arcsinh}\left[\frac{\dot{\varepsilon}}{2f\gamma_0}\exp\left(\frac{\chi v^*}{V_f}+\frac{\Delta G^m}{k_B T}\right)\right] \tag{2-38}$$

从式（2-38）看出，硬度随着自由体积的降低而增加。因此，随着距离弹孔距离的增加，自由体积逐渐降低，进而导致硬度增加。

以上研究表明，非晶合金内自由体积的数量对其力学性能具有重要影响。自由体积数量越多，非晶合金内部原子间的排列越松散，非晶合金的黏度越低，因而其硬度越小[135]。此外，自由体积的产生还会诱导STZ的形成，STZ是非晶合金塑性变形的基本单元，STZ的运动会导致材料局部软化，进而诱发剪切带形成[57,120,121]。因而，非晶合金中自由体积数量越多，在变形过程中形成的剪切带数量也就越多，其塑性变形能力也就越好。因此，随着距离弹孔距离的增加，非晶合金内部的自由体积数量不断减少，相应的硬度和杨氏模量不断增加，而塑性变形能力不断提高。

2.6 激光冲击

激光冲击会产生超高脉冲压力，其以冲击波的形式穿过金属表面，由此产生的残余压应力可达传统机械喷丸的10倍以上。此外，激光喷丸（laser shock peening，LSP）非接触式的冲击波加载方式，能够使零件在引入深度残余压应力的同时仅发生相对较低的加工硬化，这有利于残余压应力和微观结构在高温或者高载荷条件下保持稳定。这为高速冲击下非晶合金的微结构演化研究提供了一个很好的研究手段，LSP超高的脉冲压力能够有效诱发非晶合金发生结构改变并保留其结构特征，开展相关研究将有助于我们进一步增强对非晶合金结构及其形变过程的认识。预期会在以下两个方面取得突破。

1）LSP超高脉冲压力有助于诱发形成较厚的非晶合金形变层，这不仅有利于开展脉冲加载下非晶合金基于键向有序和自由体积变化的微结构演化过程研究，还可实现形变非晶合金相关力学性能（如杨氏模量和泊松比）的准确测定，为研究微结构演化对非晶合金包括热稳定和相关力学性能的影响提供条件，并可突破针对非晶合金残余应力分布的定量描述。

2）LSP 可以实现单次脉冲的加载方式，以及脉冲参数和作用区域可精确控制的特点，有利于避免很多诸如重复引入和污染对非晶合金的影响，简化影响因素，结合针对非晶合金残余应力定量分布的突破，有助于揭示残余压应力和表面缺陷共同作用对非晶合金力学性能和损伤断裂模式的影响。

2.6.1 试验方法

LSP 即用超短脉冲的激光束代替有质弹丸，用激光诱导的冲击波来强化金属零件的表面 [136,137]，即当短脉冲、高能量密度的激光辐照金属表面时，金属表面的吸收层吸收激光能量发生爆炸性汽化，蒸汽急剧吸收激光能量并形成高温、高压的等离子体，等离子体由于受到约束层的限制而产生高强度的压力冲击波，冲击波作用于金属表面并向内部传播。由于冲击波压力高达数千兆帕，其峰值应力远超材料的 Hugoniot 弹性极限，因此表层材料发生屈服和冷塑性变形，产生密集、均匀和稳定的位错结构，并在成形区域产生残余压应力，消除工件因机械加工、热处理或硬化涂层等形成的拉应力，以提高金属零件的强度、疲劳寿命和耐磨等性能。

本节采用调 Q 掺钕玻璃激光器对非晶合金进行激光冲击强化。样品表面预置铝箔（厚度为 0.12mm）作为吸收层，吸收激光能量产生等离子体，进而等离子体爆炸形成高压冲击波，同时吸收层可防止金属表面熔化和汽化[138-142]。采用水作为约束层以提高脉冲压力和作用时间，水层厚度约为 2mm。激光波长为 1064nm，脉冲能量为 20～30J，脉宽为 30ns，光斑直径为 3mm。样品在进行 LSP 处理前，预先经过研磨、抛光，以保证表面的光洁平整。为减少冲击波在样品背面的反射，冲击强化过程中，采用环氧树脂将样品背面与不锈钢基板进行黏合。样品处理如图 2-65 所示。

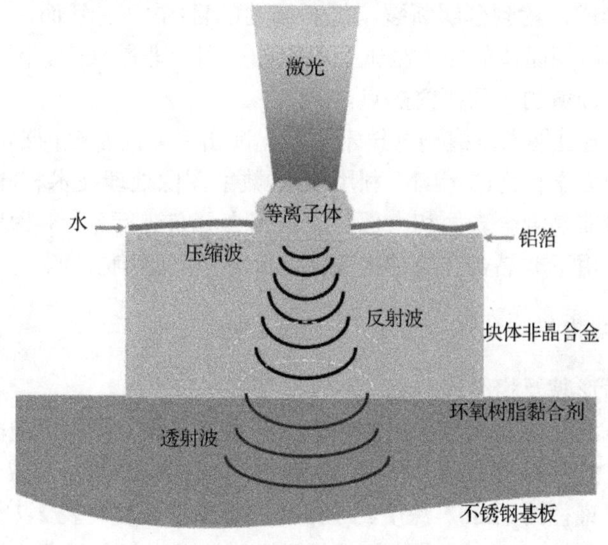

图 2-65 激光冲击强化示意图

2.6.2　微观结构及残余应力

非晶合金具有短程有序、长程无序的结构特点[143-145]，因而表现出高强度、高弹性、高冲击韧性等一系列优异的性能[146-150]。非晶合金显微组织结构均匀，无晶界、位错、杂质等缺陷，因此一旦超过弹性极限，非晶合金内部将出现剪切带快速形核及长大，最终导致样品突然断裂，几乎无宏观塑性。剪切带的形成和扩展方式导致其塑性变形区极小，这严重阻碍了对非晶合金塑性变形结构起源的研究[29,103,151-154]。通过引入多重剪切带和残余压应力，可有效提高非晶合金的塑性[155-157]。可以利用激光冲击强化工艺对非晶合金表面进行处理，引入深度的变形层，通过改变非晶合金的微观结构和残余应力场，来提高其塑性变形能力。

非晶合金内的剪切带一般认为是在 STZ 处形核而成，因而 STZ 被视为非晶合金的塑性变形结构起源[145,149,158]。在 STZ 内部，原子堆积较为松散，存在大量自由体积，导致非晶合金的软化。因而 LSP 引入多重剪切带后，势必会对冲击影响层产生软化作用，并改变其微观力学行为。纳米压痕技术是研究材料微观力学行为的有效测试手段。在低应变率纳米压痕加载过程中，非晶合金会出现明显的锯齿流变效应，分析认为这与剪切带的形核扩展有密切联系[159-163]，而随着应变率的提升，曲线逐渐平滑，锯齿现象消失，合金发生了均匀流变。Jiang 等[164]进一步证明在高应变率下，剪切带形核数量增加导致了非晶合金内均匀流变的出现。同时，已有学者指出通过提高非晶合金内的自由体积，可促进稳定均匀流变的产生，进而降低低应变率下的锯齿流变效应[165-168]。

另外，汪卫华等指出非晶合金内部的残余压应力可有效阻碍剪切带的快速扩展，促进多重剪切带的形成，达到延缓断裂、提高塑性的目的[169]。然而，由于非晶合金长程无序的结构特点，常规晶体的应力测试手段无法适用于非晶合金。因此，残余应力定量分析仍是非晶合金领域的一项研究热点。

基于此，我们通过纳米压痕测试技术对激光冲击后非晶合金内部的结构变化进行分析，探究其对微观力学行为的影响。利用双束-数字图像处理技术和同步辐射高能 X 射线衍射技术分别对非晶合金表面和内部的残余应力分布进行分析，探究在残余应力和大量微观缺陷共同作用下非晶合金的结构变化，并分析其影响机理。

1. 微观组织结构

（1）冲击表面形貌及相结构分析

分析不同冲击次数后非晶合金的三维表面形貌，获得表面压坑剖面轮廓线及其压坑直径和深度，冲击能量为 20J，脉冲时间为 30ns。如图 2-66 所示，激光冲击处理后，非晶合金表面会出现直径约 3mm、深度约 15μm 的圆锥形压坑。表 2-7 统计了不同冲击次数下的压坑深度与直径，随着冲击次数的提升，压坑深度增加明显，而压坑直径并不产生明显升高。

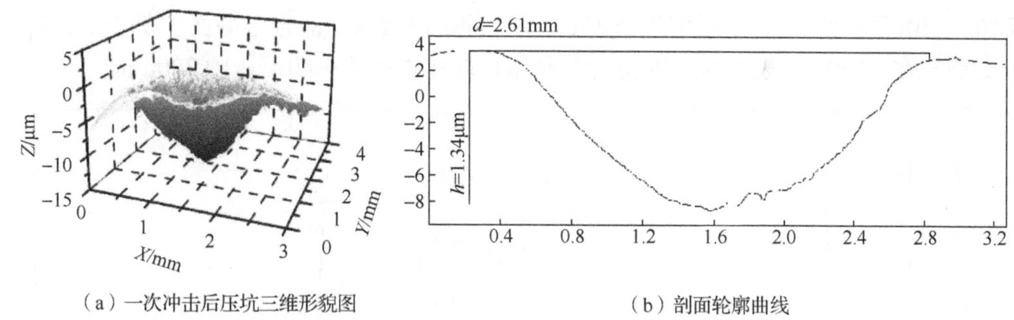

（a）一次冲击后压坑三维形貌图　　（b）剖面轮廓曲线

图 2-66 一次冲击后压坑三维形貌图和剖面轮廓曲线

d 与 *h* 分别为压坑直径和压坑深度

表 2-7 不同冲击次数下的压坑深度与压抗直径

冲击次数/次	1	2	3
压坑深度/μm	13.2 ± 2.1	19.7 ± 3.2	22.4 ± 3.5
压坑直径/mm	2.59 ± 0.12	2.64 ± 0.08	2.67 ± 0.11

非晶合金在激光冲击后，表面出现大量的微缺陷。图 2-67 为不同冲击次数下的表面显微形貌。缺陷主要分为辐射状剪切带和圆弧状剪切带两种。前者的芯部为点状缺陷，这是因为冲击过程中压力分布不均匀，部分区域压力远超过材料屈服强度，所以合金表面发生冲击变形，微结构的瞬间变形导致材料局部高温进而熔化，重新凝固后形成点状缺陷。点状缺陷尺寸大多为 10～20μm，四周的剪切带向外扩展，长度多为 20～60μm，表明合金表面发生了剧烈的塑性变形。圆弧状剪切带均匀分布在冲击表面，其长度为 10～50μm。随着冲击次数的增加，表面缺陷密度明显提高。

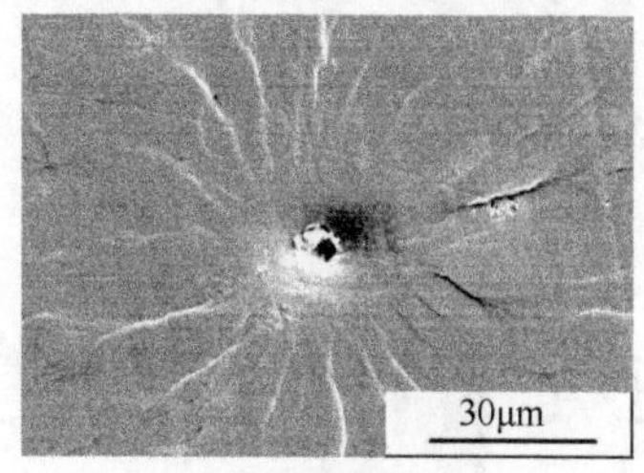

（a）辐射状剪切带

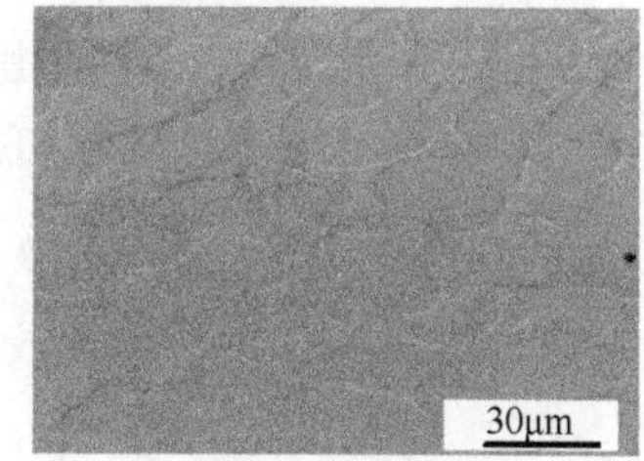

（b）圆弧状剪切带

图 2-67 不同冲击次数下的表面显微形貌

图 2-68 为不同冲击次数下非晶合金表面的同步辐射高能 X 射线衍射曲线，激光冲击后，仍为宽化的漫散射峰，无晶体峰出现，表明非晶合金在冲击后仍保持完全非晶态。

（2）硬度

图 2-69 为不同冲击次数下非晶合金截面的硬度分布。一次冲击后，影响层边缘硬度约为 420HV，说明激光冲击对非晶合金有明显的软化作用。二次冲击后，影响层边缘硬度提升至 515HV，软化效应较一次冲击明显降低。三次冲击后，非晶合金截面无软化

现象，影响层边缘具有一定的硬化现象。不同冲击次数的非晶合金截面，硬度在 300μm 处均稳定在 570HV，表明激光冲击对非晶结构软化作用的影响可达到 300μm。

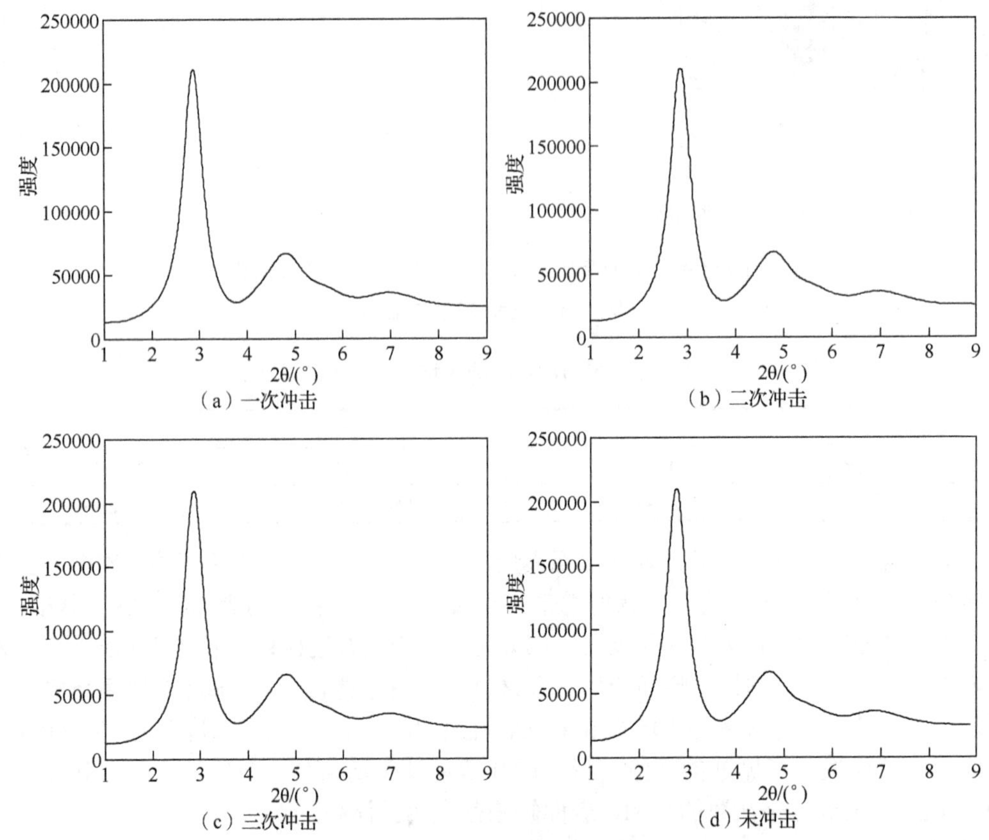

图 2-68　不同冲击次数下非晶合金表面的同步辐射高能 X 射线衍射曲线

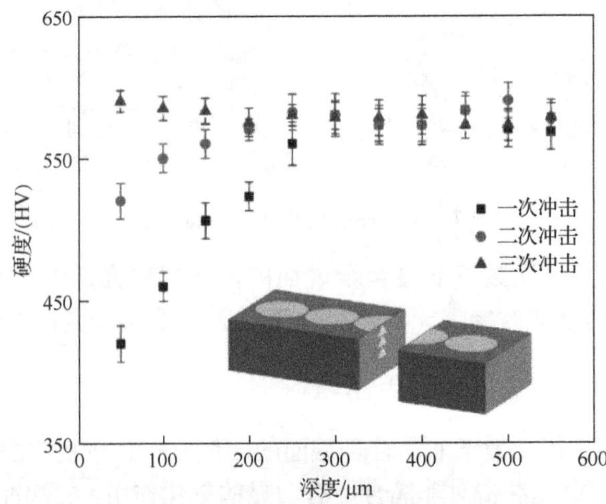

图 2-69　不同冲击次数下非晶合金截面的硬度分布

图 2-70 为非晶合金冲击表面的硬度分布。与截面硬度的软化现象不同，一次冲击后，表面硬度明显提高［图 2-70（a）］，由 565HV 提升至 595HV，表现出一定的硬化效应。图 2-70（b）为不同冲击次数下非晶合金表面最高硬度值分布，与一次冲击相比，继续冲击会导致表面硬度略有下降，约为 580HV。

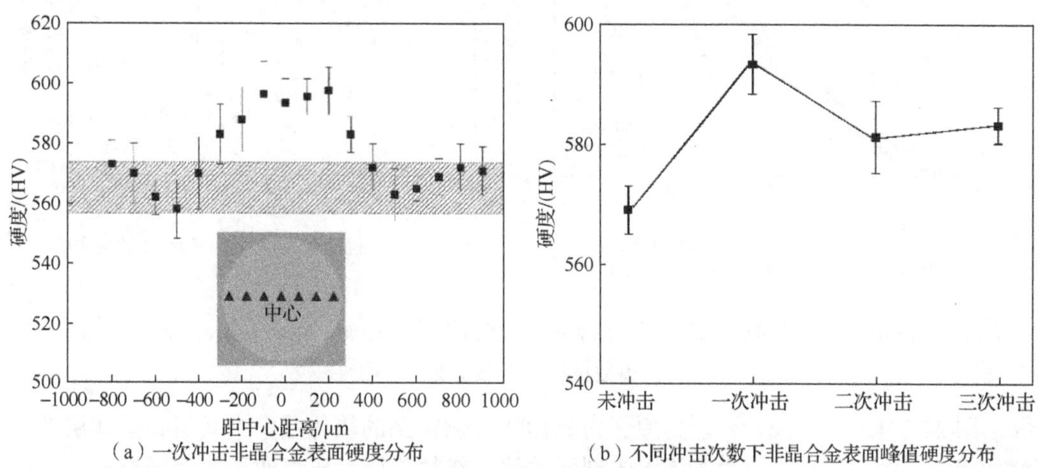

（a）一次冲击非晶合金表面硬度分布

（b）不同冲击次数下非晶合金表面峰值硬度分布

图 2-70 非晶合金冲击表面的硬度分布

阴影区域为未冲击非晶合金的硬度分布

硬度结果表明，激光冲击对非晶合金内部和表面分别产生了软化和硬化效果，并且随着冲击次数的提升，两种效果均有减弱趋势。

2. 纳米压痕

下面研究激光冲击对非晶合金力学行为的影响，采用纳米压痕技术对距离表面不同深度（d）的非晶合金进行测试，同时分析非晶合金的压痕尺寸效应，系统研究激光冲击对非晶合金微观力学行为的影响。

（1）锯齿流变

图 2-71（a）为距离冲击表面深度 d=100μm、d=200μm 和 d=500μm 处纳米压痕的载荷-位移（P-h）曲线，压痕深度（h_{final}）为 300nm。随着深度 d 的增加，最大载荷逐渐提高，表明测试位置的硬度逐步提高，与图 2-69 的结果一致。其中 d=500μm 的 P-h 曲线出现明显的锯齿流变现象，与之相比，d=100μm 的曲线锯齿较少，表明激光冲击强化工艺可有效减弱非晶合金的锯齿流变效应。

为进一步研究锯齿流变对非晶合金塑性变形的影响，统计了不同位置纳米压痕试验的锯齿数量和锯齿总长度。如图 2-71（b）所示，根据锯齿总长度的分布规律，可将非晶合金沿深度方向分为 3 个区域：软化层（d<300μm）、中间层（300μm < d < 550μm）和基体层（d > 550μm）。在软化层，随着深度 d 的增加，锯齿数量和锯齿总长度均逐渐提升；在中间层，锯齿数量稳定在 20 左右，而锯齿总长度仍随深度增加而增长；在基体层，锯齿数量和锯齿总长度均保持稳定。

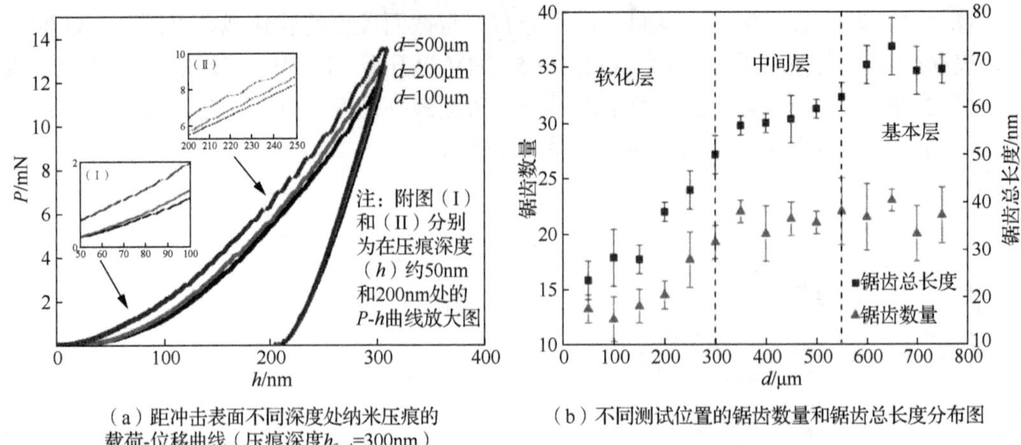

（a）距冲击表面不同深度处纳米压痕的载荷-位移曲线（压痕深度h_{final}=300nm）

（b）不同测试位置的锯齿数量和锯齿总长度分布图

图 2-71　距冲击表面不同深度处纳米压痕的载荷-位移曲线（压痕深度 h_{final}=300nm）及不同测试位置的锯齿数量和锯齿总长度分布图

图 2-72（a）～（c）分别为原子力显微镜观测得到的软化层、中间层和基体层的压痕形貌图，图 2-72（d）为各压痕的剖面曲线。在软化层，压痕四周较为平整，没有明显凸起，表明在压痕加载过程中，材料变形较为均匀；在中间层和基体层，压痕四周突起明显，有圆弧状剪切带生成，长度约为 4μm，表明随着载荷的增加，材料内部发生非均匀流变，剧烈变形位置的材料被挤出，在表面形成台阶状突起，其中基体层压痕表面突起最为明显，高度达 75nm。

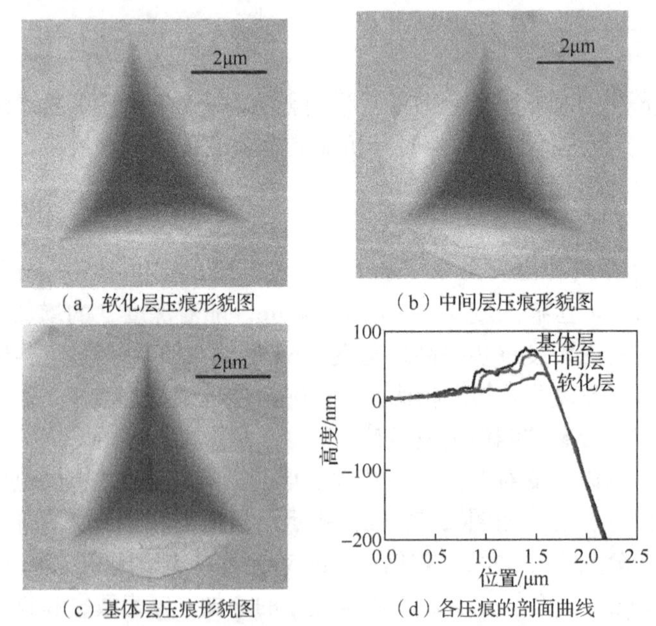

（a）软化层压痕形貌图　（b）中间层压痕形貌图

（c）基体层压痕形貌图　（d）各压痕的剖面曲线

图 2-72　软化层、中间层和基体层压痕形貌图及各压痕的剖面曲线

图 2-71（a）的附图（I）和（II）分别为 *P-h* 曲线在 50nm 和 200nm 处的放大图像，

随着压头的深入，前期密集小尺寸锯齿逐渐过渡为稀疏大尺寸。Yang 和 Nieh[42]报道的 Au 基非晶合金和 Cheng[170]等报道的 Zr 基非晶合金也出现此现象。为进一步确认锯齿在深度压痕时的尺寸变化，对冲击后合金的不同位置进行了压痕深度（h_{final}）为 1000nm 的纳米压痕测试。图 2-73（a）为软化层和基体层的 *P-h* 曲线，附图为两种压痕深度下的硬度变化。与 300nm 压痕深度的硬度值相比，1000nm 的压痕深度得到的硬度值明显降低，这种随着压痕深度提升而出现硬度值下降的现象称为压痕尺寸效应。同时与基体层相比，软化层的压痕尺寸效应较弱。图 2-73（b）统计了图 2-73（a）中两条曲线的锯齿尺寸和分布位置，随着压头深度的提高，锯齿密度明显下降，而锯齿长度逐渐提升。

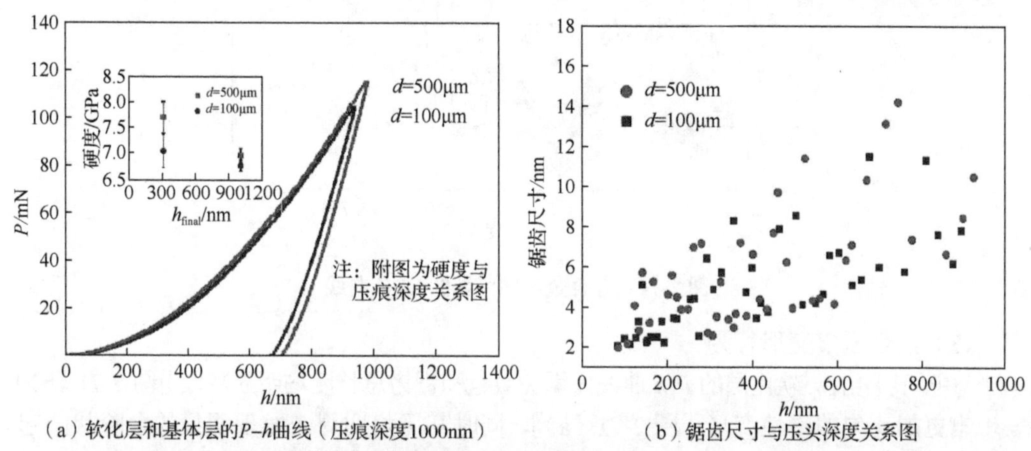

（a）软化层和基体层的*P–h*曲线（压痕深度1000nm）　（b）锯齿尺寸与压头深度关系图

图 2-73　软化层和基体层的 *P-h* 曲线（压痕深度 1000nm）和锯齿尺寸与压头深度关系图

（2）自由体积

非晶合金在塑性变形过程中部分原子排布发生剧烈改变，产生大量自由体积，进而出现 STZ[149]。升温过程中，由于非晶合金内部原子振动加剧，自由体积会逐渐湮灭，即出现结构弛豫[146,158,171,172]，在热力学上表现为有放热现象。因此，利用 DSC 技术，测量结构弛豫过程的放热焓 *H*，是量化自由体积含量的重要手段。为比较激光冲击后不同区域的自由体积变化，本试验采用 DSC 分别测量软化层、中间层和基体层的结构弛豫焓。根据硬度分布结果，基体层结构几乎没有受到激光冲击影响，将其结构弛豫焓作为对比参量 $H_{\varepsilon=0}$，软化层和中间层的弛豫焓 $H_{\varepsilon\neq0}$ 与 $H_{\varepsilon=0}$ 之间的差值 ΔH 可视为激光冲击对非晶合金产生的热力学影响。

图 2-74 为非晶合金不同区域的 DSC 曲线，附图（I）为结构弛豫时的 DSC 曲线放大图，附图（II）为取样示意图。通过对放热峰面积积分，得到软化层弛豫焓（$H_{softened}$），中间层弛豫焓（H_{middle}）和基体层弛豫焓（H_{matrix}）分别为 775.25 J/mol，567.04 J/mol 和 394.27 J/mol。Slipenyuk 和 Eckert[5]计算出 $Zr_{55}Cu_{30}Al_{10}Ni_5$ 非晶合金的 β 为（552±15）kJ/mol，Evenson 和 Busch[173]计算出 $Zr_{44}Ti_{11}Ni_{10}Cu_{10}Be_{25}$ 非晶合金的 β 为（623±20）kJ/mol。本试验中的成分（$Ti_{32.8}Zr_{30.2}Ni_{5.3}Cu_9Be_{22.7}$）与 $Zr_{44}Ti_{11}Ni_{10}Cu_{10}Be_{25}$ 更为接近，因此选择 β=600 kJ/mol 为本体系参数。根据式（2-15），得到激光冲击在软化层和中间层引入的自由体积分别占原子体积的 0.064%和 0.029%，表明冲击变形在软化层引入了更

多的自由体积。

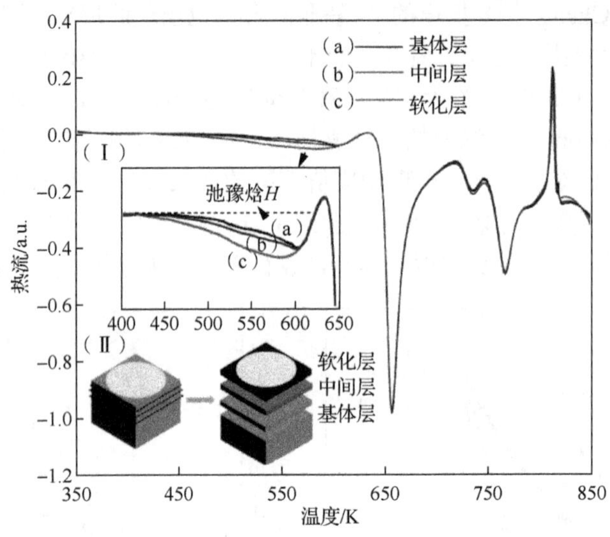

图 2-74　非合金不同区域的 DSC 曲线

（3）纳米压痕变形行为

与中间层相比，软化层的 P-h 曲线内锯齿数量和锯齿总长度均明显降低［图 2-71（b)］，表现出更加均匀的塑性变形［图 2-71（a)］，同时其压痕四周未发现明显的台阶状凸起。研究证明，锯齿流变和台阶状凸起一般由非晶合金塑性变形过程中剪切带的形核和扩展产生[174-177]。与中间层和基体层相比，软化层在压头加载过程中，新形核的剪切带数量明显降低。Zhang 等[169]在对非晶合金喷丸过程的研究中发现，对非晶合金的冲击变形可引入大量的剪切带；同时，本试验中激光冲击后非晶合金表面同样有大量剪切带分布，这表明激光冲击强化在软化层内引入了大量的剪切带，为与后期压痕变形诱发的剪切带区别，激光冲击引入的剪切带称为预置剪切带。软化层内，激光冲击引入的自由体积达到原子体积的 0.064%，这些自由体积会聚集在预置剪切带内部并降低剪切带黏度[159,170,178]，最终导致预置剪切带成为非晶合金中的弱连接区[10,177]。在压头压入过程中，合金的塑性变形主要为预置剪切带的继续扩展，因为预置剪切带互相交错[159]，其扩展过程将相互阻碍，所以材料变形更加均匀，锯齿流变效应明显降低。

中间层和基体层内的锯齿数量一致，表明在中间层没有出现明显的预置剪切带，在压头加载过程中，中间层的塑性变形主要由剪切带的形核和扩展产生。然而，中间层的锯齿总长度仍明显小于基体层，同时压痕四周的凸起仍弱于基体层压痕，这表明与基体层相比，中间层的塑性变形仍更加均匀。根据 DSC 结果，激光冲击在中间层引入的自由体积占原子体积的 0.029%，表明激光冲击仍明显改变了中间层的原子排布，使其更加松散，降低了其微结构的黏度[120]。研究表明，非晶合金内部的原子重排会在 1～10Å 的微观尺寸瞬间发生[160]，同时产生自由体积，并形成自由体积富集区[160]，自由体积的产生和聚集将会导致 STZ 的产生[179-182]。在中间层，自由体积富集区已储存了激光冲击所引入的能量，结构处于亚稳态，因此在压头加载过程中，原子团簇的剪切变形 STZ

多在自由体积富集区处诱发而成，进而诱发剪切带形核扩展。激光冲击引入的自由体积富集区分布均匀，其诱发剪切带数量较多，应力不易在特定剪切带位置集中，大量剪切带共同扩展促进微结构塑性变形，因此锯齿流变过程较为缓慢，锯齿长度降低。

非晶合金的压痕尺寸效应在Zr基、Au基及Fe基非晶合金中均有广泛报道[42,164,167,183-187]，而其内在机理仍需进一步研究。Jiang 等认为在纳米压痕加载过程中，小尺寸压痕所引入的自由体积远小于大尺寸压痕，由于自由体积具有软化非晶结构的作用，因此在力学性能上小尺寸压痕表现出更高的硬度[161,188]。然而在本试验中，在当压痕尺寸较小时，产生了更多的锯齿［图 2-70（a)］，这表明在压头初始加载时，诱发形成了更多的剪切带。

压痕引入的自由体积随着压头的深入而逐渐聚集，并最终降低合金黏度，导致硬度降低[160]。本试验中，大尺寸的压痕导致了大尺寸的锯齿流变，表明此时剪切带扩展更加剧烈，在同样的塑性变形量下，少量的剪切带数量即可满足塑性变形需求。软化层的塑性变形主要集中于预置剪切带的扩展，从而限制了新剪切带的形核，因此压头在软化层的加载引入的自由体积较少，剪切带形核量下降，其压痕尺寸效应与基体层相比不明显。

3. 残余应力

残余应力分析是非晶合金领域的一项研究热点及难点。与传统的晶体材料不同，非晶合金无特定的晶体结构，其在XRD下的测试曲线仅具有漫散射峰，无法用传统的XRD方式来测量其内部的残余应力。为测量激光冲击对非晶合金引入的残余应力，系统分析激光冲击对非晶合金结构和性能的影响，分别采用双束-数字图像处理技术和同步辐射高能 X 射线衍射技术对非晶合金表面和内部的残余应力分布进行表征。

（1）表面残余应力

基于双束系统及数字图像处理技术测量 LSP 处理非晶合金表面的残余应力分布[189]。其中，利用 SEM 对合金表面微观形貌进行观测，利用聚集离子束（focused ion beam，FIB）对样品进行离子溅射和离子辅助沉积，如图 2-75 所示。FIB 的辅助沉积功能可在样品表面均匀沉积一层散斑，利用数字图像处理技术测量散斑位置分布图。之后利用 FIB 的离子溅射，在样品表面进行刻槽，实现测量区域残余应力的释放，如图 2-76 所示。刻槽完毕后再次利用数字图像处理技术得到应力释放后的散斑位置分布图。通过分析比较应力释放前后的散斑位置分布，得到测量区域的释放变形场，进而得到样品表面的残余应力值。

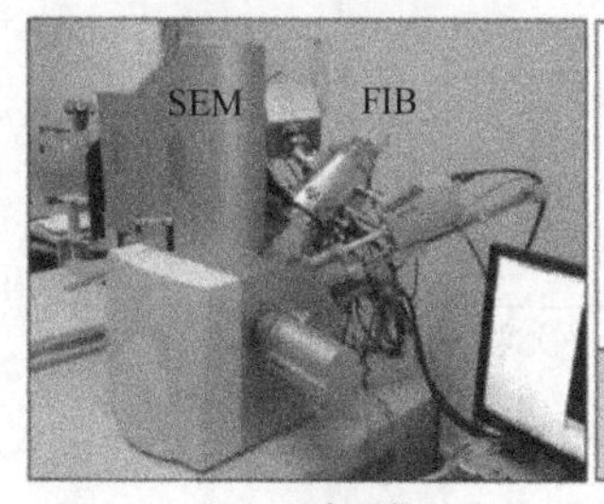

（a）双束系统

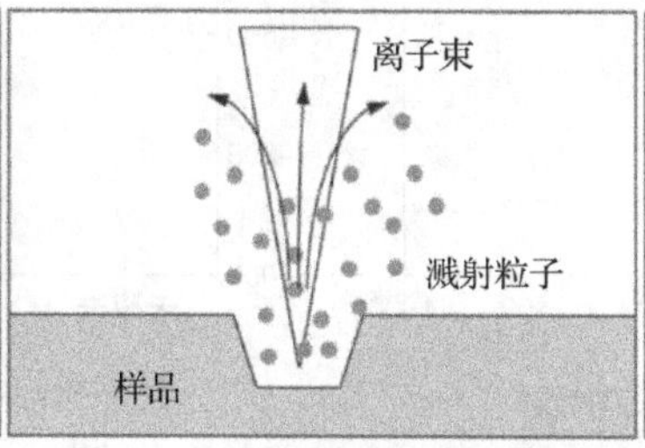

（b）离子溅射示意图

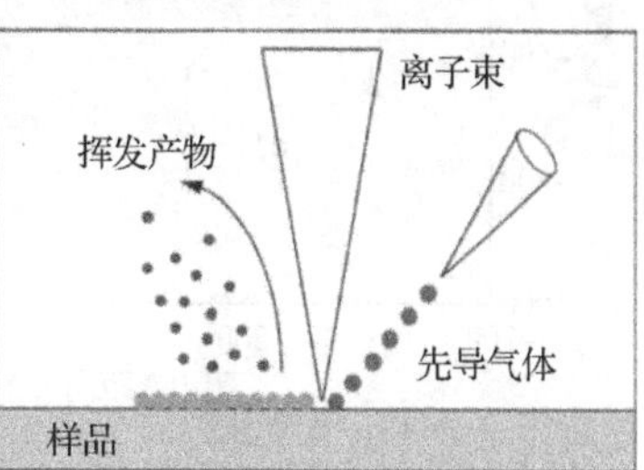

（c）离子辅助沉积示意图

图 2-75　双束系统测试非晶合金表面应力示意图

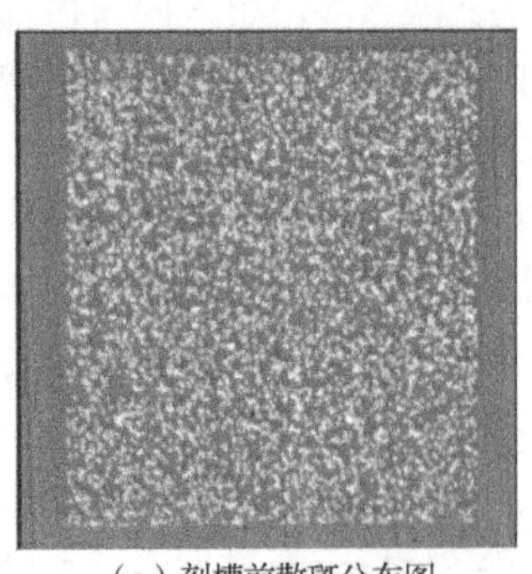

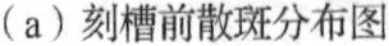

(a) 刻槽前散斑分布图

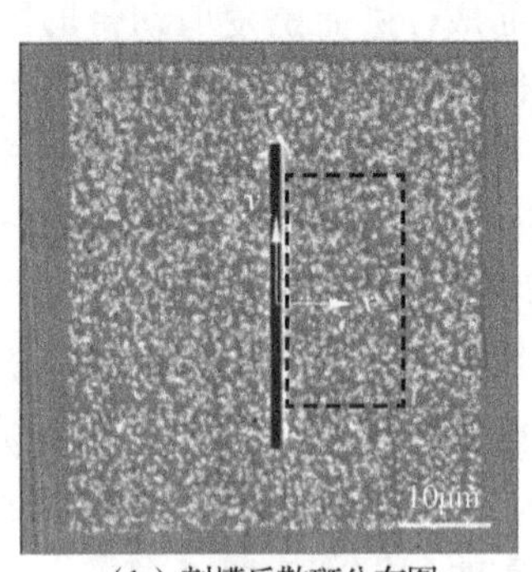

(b) 刻槽后散斑分布图

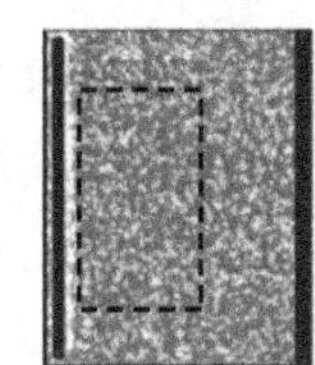

(c) 数字图像处理技术所测量的应变场区域放大图像

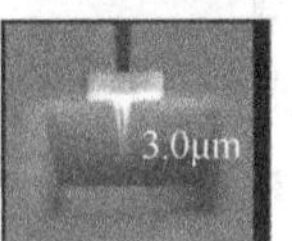

(d) 离子轰击槽痕后的截面SEM图像，刻槽深度为3μm

图 2-76　测量区域残余应力释放图

利用数字图像处理技术对散斑图像进行计算测量应力释放后的变形场，垂直切槽方向的变形场分布如图 2-77 所示。将其与理论变形场进行比较，得到此区域残余应力为−750(20)MPa（“−”表示压应力）。利用相同方法测量样品表面不同位置的残余应力，其结果如图 2-78（a）所示。可以看出，在冲击表面，压坑的中心部分残余应力较高，而在冲击边缘，残余应力迅速降低至−400(25)MPa。对不同冲击次数下的非晶合金表面进行残余应力测试，其结果如图 2-78（b）所示。随着激光冲击次数的提高，表面应力有下降趋势，在三次冲击后，表面最大应力为−620(25)MPa[189]。

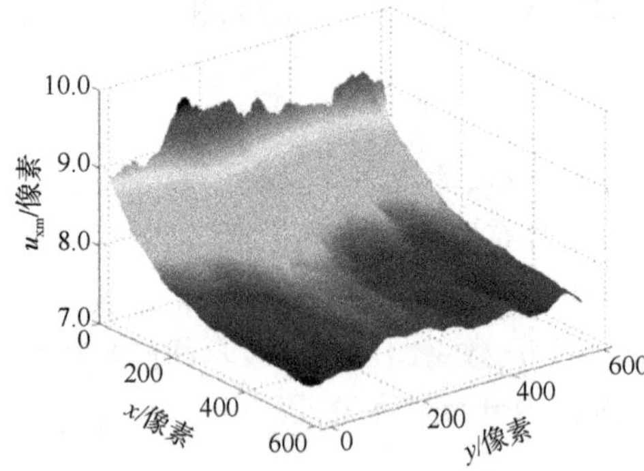

图 2-77　图 2-76（b）中黑框区域 x 方向变形场分布图

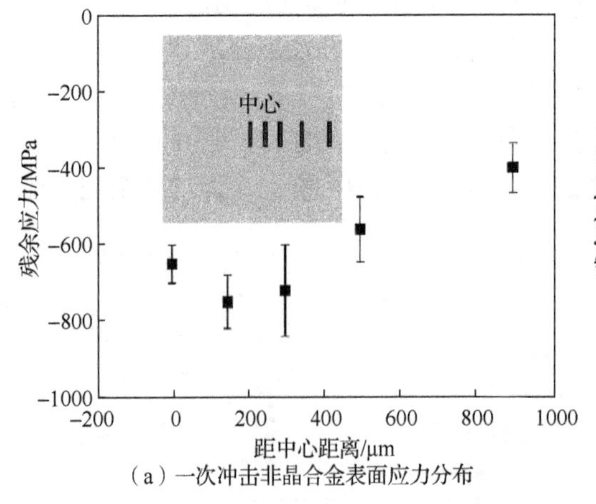

(a) 一次冲击非晶合金表面应力分布

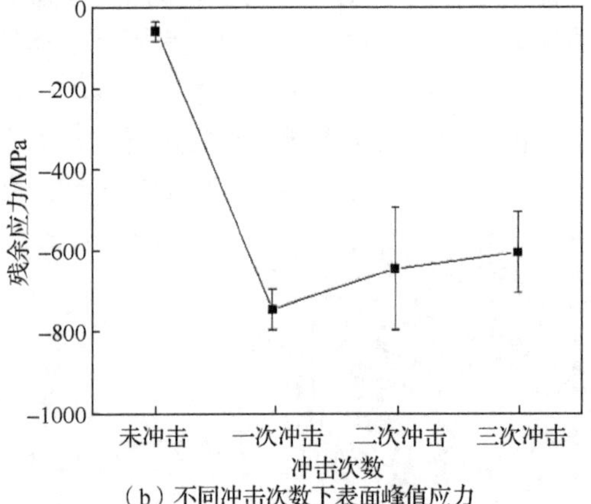

(b) 不同冲击次数下表面峰值应力

图 2-78　一次冲击非晶合金表面应力分布和不同冲击次数下表面峰值应力

（2）内部残余应力

利用高能 X 射线的高穿透特性，分析 LSP 处理后非晶合金内部的残余应力。取样及测试方法如图 2-79 所示，其中样品尺寸为 7mm×2mm×0.6mm，X 射线光斑尺寸为 0.1mm×0.1mm。测试起始点距离冲击表面 50μm，测试步长 100μm。

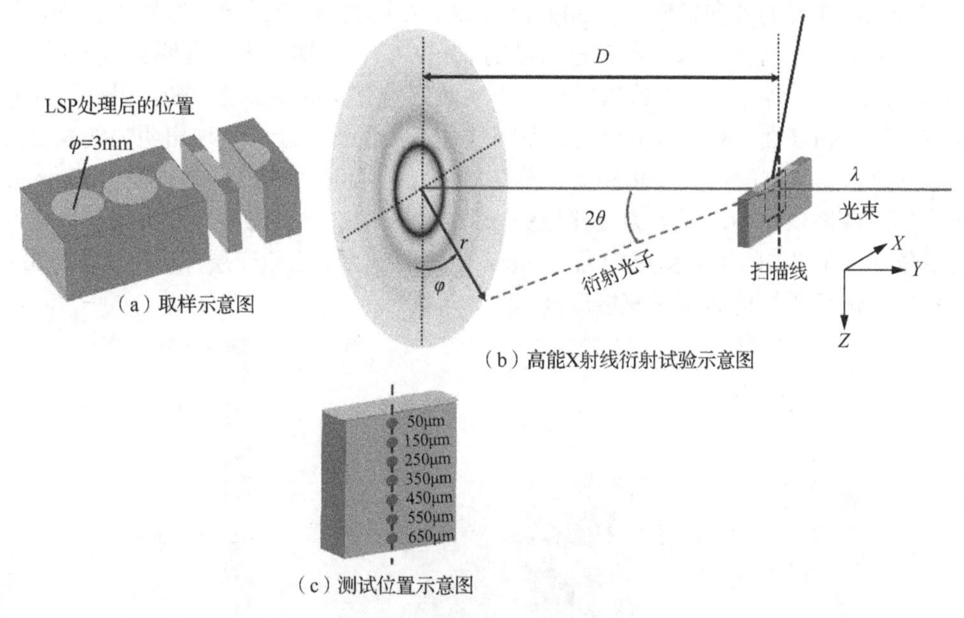

图 2-79 取样及测试方法

对于无残余应力的非晶合金，其二维衍射环为圆形，当合金内部存有残余应力时，衍射环和衍射峰位会因内部微观结构的各向异性而发生改变，通过采集、分析不同状态下合金的衍射环，可得到合金微观应变和应力变化及原子结构的变化。如图 2-80 所示，衍射环采用（r，φ）极坐标，将 φ 等分为 36 份，并计算出每个角度区域一维衍射曲线。积分公式如下[151-153]：

$$I_i\left(Q,\varphi_j\right)=\int_{\varphi_j-\pi/36}^{\varphi_j+\pi/36} I_i\left(Q,\varphi\right)\mathrm{d}\varphi \tag{2-39}$$

式中，$j=1,\cdots,36$；Q 为

$$Q=4\pi\sin\left(\theta\right)/\lambda \tag{2-40}$$

式中，λ 为 X 射线波长；$\theta=\arctan(r/D)/2$ 为布拉格衍射角。数据处理由 Fit2D 软件计算得出。各个角度 φ_j 的原子应变公式为

$$\varepsilon_i\left(\varphi_j\right)=\frac{Q_{\max}^0\left(\varphi_j\right)-Q_{\max}^i\left(\varphi_j\right)}{Q_{\max}^i\left(\varphi_j\right)} \tag{2-41}$$

式中，$Q_{\max}^0\left(\varphi_j\right)$ 是无应力状态下衍射曲线 $I\left(Q,\varphi_j\right)$ 第一峰的峰位；$Q_{\max}^i\left(\varphi_j\right)$ 是激光冲击后合金的衍射曲线 $I_i\left(Q,\varphi_j\right)$ 第一峰的峰位。

利用同步辐射高能 X 射线衍射的高穿深特点，对激光冲击非晶合金不同区域进行测试，分析合金内部的残余应变并计算其残余应力。图 2-81（a）为一次冲击非晶合金样品内部各位置在 X 方向［图 2-79（b）］的 XRD 曲线 $I_i\left(Q,X\right)$ $(i=1,2,3)$。在拉伸应变下，非晶漫散射峰峰位 Q 降低，在压缩应变下则升高[146,157,190]。随着测试区域靠近样品表面，

其 X 方向 XRD 曲线的峰位 Q 逐渐增加，表明在靠近表面处，其 X 方向残余压应变明显提高。图 2-81（b）为各位置在不同方向下的 XRD 曲线第一峰峰位分布。可以看出，峰位分布表现出明显的各向异性。以 50μm 处 XRD 曲线为例，在 φ =90° 即 X 方向，其峰位高达 2.678 Å^{-1}，远高于未冲击铸态样品的 2.669 Å^{-1}，表明此方向有明显残余压应变，而 0° 即 Z 方向，其峰位低于铸态样品，表明此方向有少量残余拉应变。另外，随着测试位置远离冲击表面，X 方向压应变逐渐降低，在 450μm 以上，表现出明显的拉应力状态。X 方向和 Z 方向的应变变化趋势如图 2-82 所示。随着冲击次数的提高，50μm 处的 X 方向压应变降低，与表面应力变化趋势一致（图 2-78），说明多次冲击将导致应变的缓慢释放。一次冲击的压应变层约为 400μm，三次冲击后，压应变层深度提升至 520μm，表明多次冲击可明显提高压应变层深度。

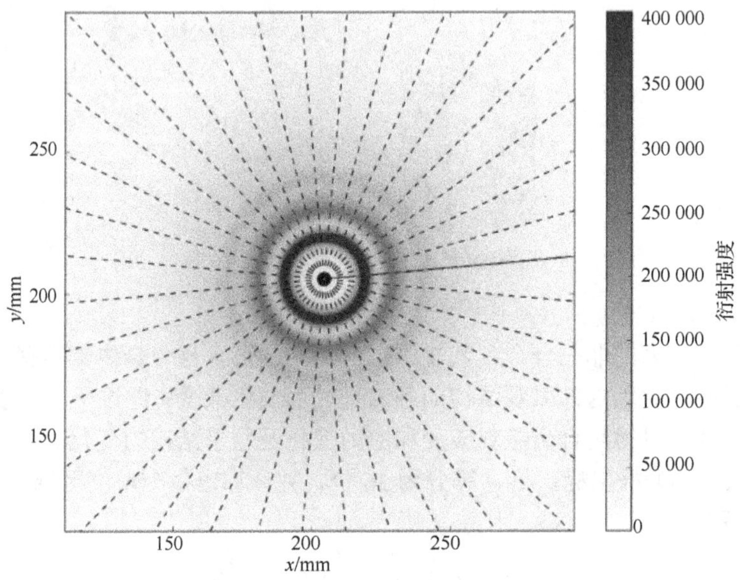

图 2-80　衍射环 36 等分图

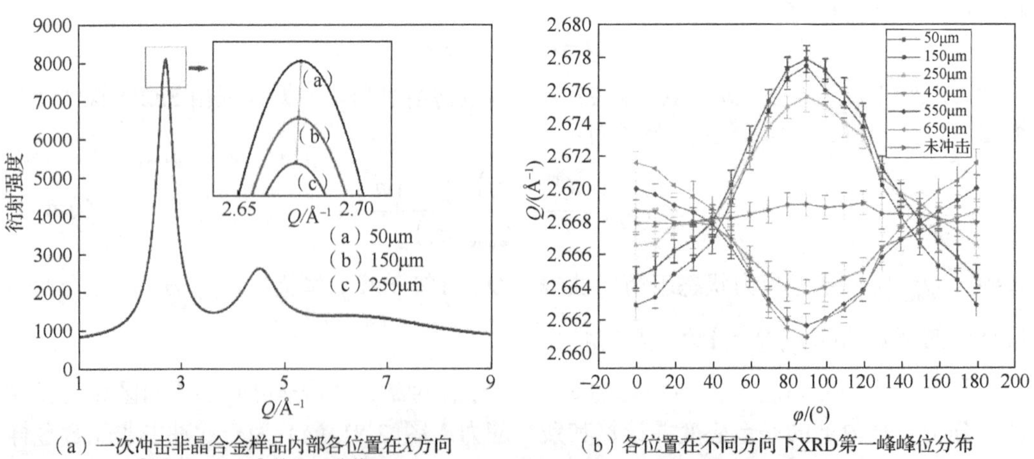

（a）一次冲击非晶合金样品内部各位置在X方向［图2-79（b）］的XRD曲线

（b）各位置在不同方向下XRD第一峰峰位分布

图 2-81　规定方向与不同方向下的 XRD 曲线图

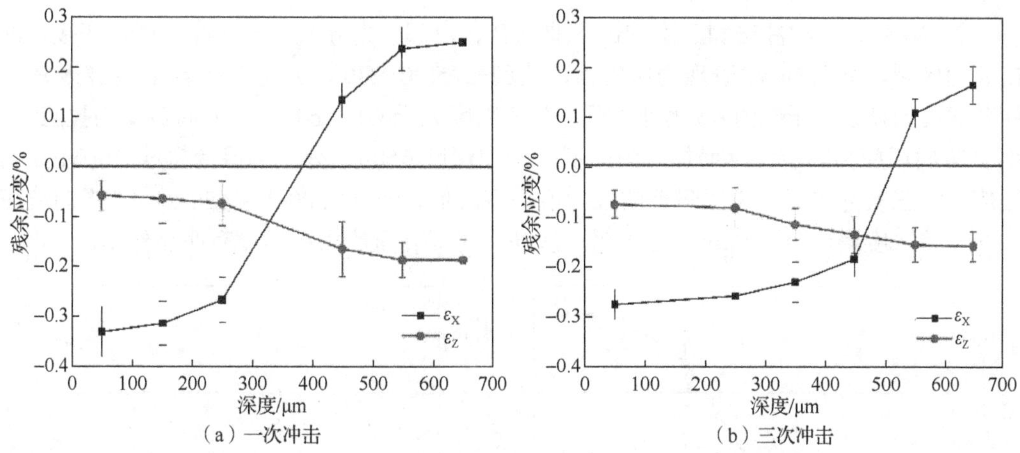

图 2-82 一次冲击和三次冲击下 X 方向和 Z 方向的残余应变分布

Greer 和 De Hosson[145,191]在对非晶合金的喷丸试验中假设处理后的非晶合金应力场为表面应力状态，即 $\sigma_X=\sigma_Y\neq 0,\sigma_Z=0$。然而，尽管有试验和有限元计算等结果表明，$\sigma_X$ 和 σ_Y 应力远高于 σ_Z，但并无直接证据指出 σ_Z 应力为 0。因此，在本试验中，激光冲击后的应力状态设定为

$$\sigma_X=\sigma_Y\neq 0,\sigma_Z\neq 0 \tag{2-42}$$

为测试材料内部应力，在取样时对样品进行了切割，因此，Y 方向应力将得到释放。测试样品的 Y 方向应力分布如图 2-83 所示，其合力为 0。因此，在此样品，可将同步辐射测试样品的应力状态设定为[192]

$$\sigma_X\neq 0,\sigma_Y=0,\sigma_Z\neq 0 \tag{2-43}$$

根据胡克定律，应力-应变关系为

$$\varepsilon_X=\frac{\sigma_X-\nu\sigma_Z}{E},\varepsilon_Z=\frac{\sigma_Z-\nu\sigma_X}{E} \tag{2-44}$$

进而得到应力计算公式：

$$\sigma_X=\frac{E}{1-\nu^2}(\nu\varepsilon_Z+\varepsilon_X),\sigma_Z=\frac{E}{1-\nu^2}(\nu\varepsilon_X+\varepsilon_Z) \tag{2-45}$$

式中，本样品 ν 为 0.25；本样品 E 为（90±3）GPa。

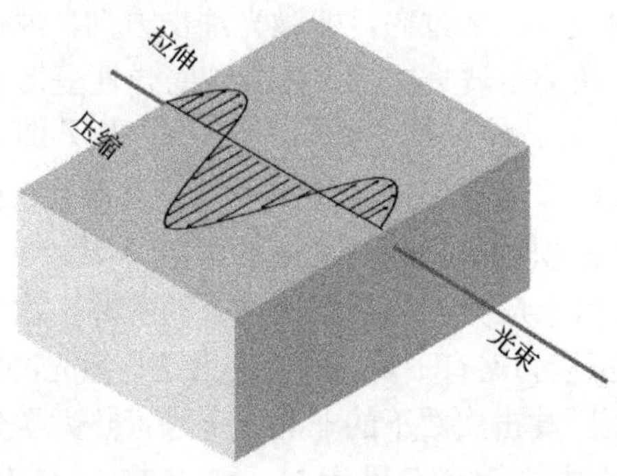

图 2-83 同步辐射测试样品在 Y 方向的应力分布示意图

图 2-84 为一次冲击和三次冲击下非晶合金内部应力分布。一次冲击后，在接近冲击表面区域，X 方向 σ_X 表现为压应力，达到−345(30)MPa，远高于 σ_Z=−185(27)MPa。随着深度的增加，压应力 σ_X 迅速下降，并在深度大于 400μm 时，X 方向转变为拉应力。而 Z 方向压应力随着深度增加逐渐降低，但在深度 650μm 处，仍保持超过−100MPa 的压应力。三次冲击后，表面附近的应力值略有降低，σ_X=−300(24)MPa，但 X 方向拉应力的起始深度增加至 500μm，这表明多次冲击对提高压应力层厚度有明显作用。

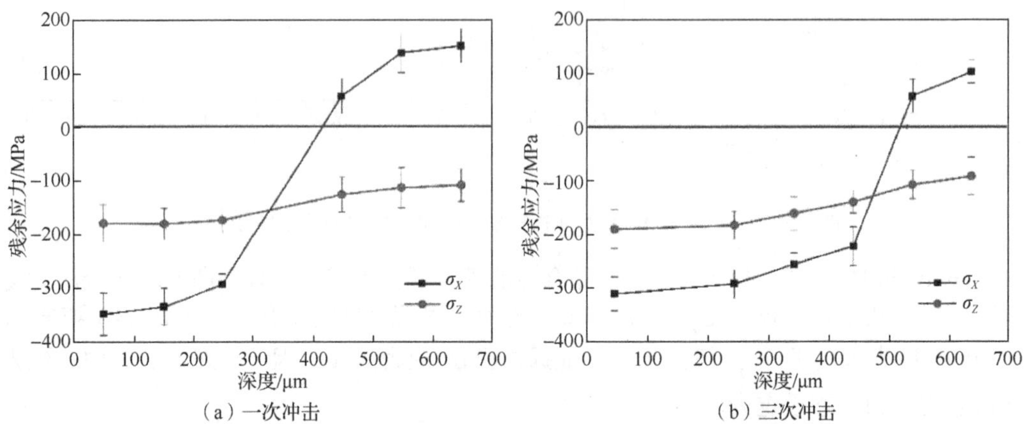

图 2-84　一次冲击和三次冲击下 X 方向和 Z 方向的残余应力分布

与同步辐射测量计算出的内部应力相比，双束法测量的表面应力明显较高。为排除不同测量方式对应力计算的影响，对冲击表面和截面影响层部分进行纳米压痕试验，并利用 AFM 观察其压痕形貌。Haag 等证明残余压应力会促进压痕四周堆积台阶的形成。如图 2-85 所示，样品截面上压痕周围的堆积台阶高度约 120nm，压痕边缘较为平整，而表面压痕的台阶堆积明显，高度超过 200nm，这进一步表明冲击后的非晶合金表面应力远高于内部应力。

在激光冲击过程中，激光诱发的等离子体的爆炸产生大量的冲击波[141,193]，非晶合金表面因此受到剧烈的冲击变形，其应变率达 10^6s^{-1} 以上，导致非晶合金发生严重的弹塑性变形。其中塑性变形最终导致冲击区域出现深度为 10～30μm 的凹坑，同时材料内部出现大量剪切带；弹性变形则导致材料内部出现大量应力，冲击波在向材料内部扩散过程中逐渐减弱并最终消失。在 Z 方向，即激光冲击方向，冲击表面为自由面，表面上的 Z 方向应力最终为 0，在冲击波衰减后，Z 方向的弹性变形容易得到释放，从而使残余的弹性变形较弱，σ_Z 较低。而平行于表面方向，即 X-Y 面，弹性应变的恢复受到四周材料的束缚，最终弹性能容易被保存在样品内部，因而残余的弹性应变和应力较高。

（3）残余应力与自由体积对非晶合金硬度的影响

表面残余应力和内部残余应力的分析均表明，随着冲击次数的提高，残余压应力并未增加，相反多次冲击后压应力略有下降，分析认为这与激光冲击对非晶合金的微观结构影响有关。利用 DSC 对不同冲击次数下的非晶合金进行热力学分析，DSC 曲线如图 2-86 所示。不同冲击次数下的结构弛豫焓分别为 $H_{\text{未冲击}}$=357.25 J/mol，$H_{\text{一次冲击}}$= 775.25 J/mol，$H_{\text{二次冲击}}$= 650.33 J/mol，$H_{\text{三次冲击}}$=580.44 J/mol。这表明随着冲击次数的提高，非晶合金内部的自由体积并未继续增加，多次冲击导致自由体积的湮灭，使自由体积降低。

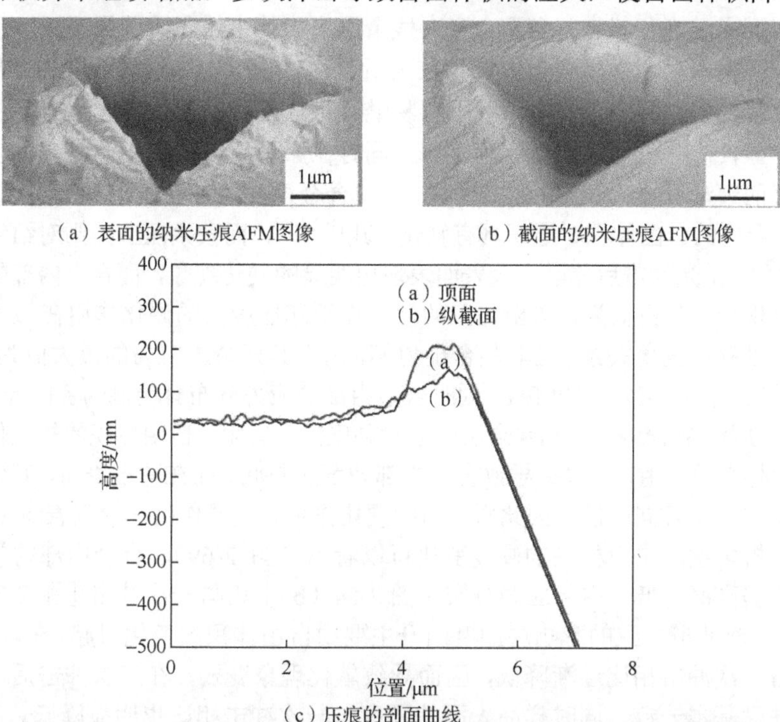

图 2-85 一次冲击非晶合金的表面和截面的纳米压痕 AFM 图像及压痕的剖面曲线

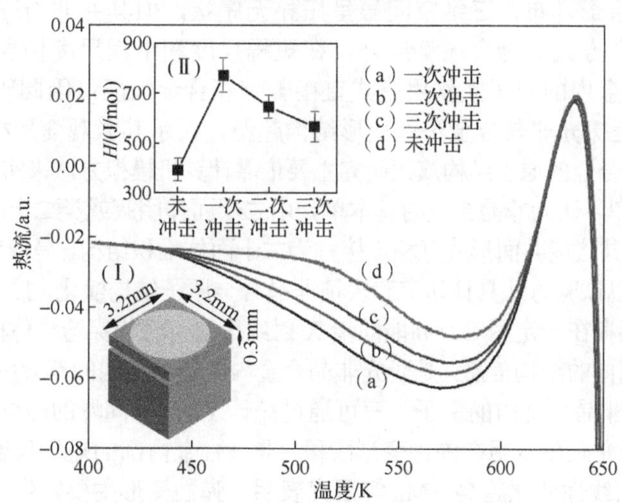

图 2-86 不同冲击次数下非晶合金的 DSC 曲线

含取样示意图（Ⅰ）及弛豫焓随冲击次数的变化（Ⅱ）

当非晶合金内含有大量自由体积时，其结构处于亚稳态，当外界提供能量时（如力、温度），将促进原子间的重排，原子间的自由体积会发生湮灭[146,158,194,195]。因此在外力作用下，自由体积的生成和湮灭同时进行。非晶合金受到激光冲击后发生剧烈塑性变形，自由体积达到了过饱和状态，由于合金内残余压应力的束缚阻碍了原子进一步重排，过量的自由体积被保存，非晶合金内部存在大量自由体积过饱和区，合金内部能量较高。在随后的重复冲击过程中，自由体积不容易继续生成，而原子重排导致的自由体积湮灭现象更加明显，使自由体积总量逐渐下降，同时在原子重排过程中，残余压应力随自由体积的湮灭而逐渐释放，最终导致多次冲击后，合金内部的残余压应力对组织下降趋势。

非晶合金内的自由体积对组织具有软化作用[192,196]，而残余压应力则对组织具有硬化作用[192,197,198]。激光冲击后非晶合金表面表现出明显的硬化现象，而合金内部的冲击影响区则有软化现象。分析认为，自由体积的软化作用和压应力的硬化作用在激光冲击影响区对结构硬度存在竞争关系。在非晶合金内部，由于其残余压应力的最大值为-345MPa，远低于表面的最大压应力-750MPa，同时合金内部的应力分布有明显的各向异性，Z方向应力较低，约为-190MPa，因此残余压应力对硬度提升有限，自由体积的软化作用对结构的力学行为起主导作用，并最终导致合金内部硬度的降低。而在冲击表面，其残余压应力较高并在X-Y面呈各向同性，因此压应力的硬化作用起主导作用，导致表面硬度提高。

通过分析多次冲击后样品的硬度变化可以看出（图 2-69），合金内部的软化效应随冲击次数的提高而降低，内部应力分布［图 2-84（b）］仍与一次冲击［图 2-84（a）］相似。这表明多次冲击导致的影响层硬度回升主要由自由体积的变化引起。在多次冲击中，自由体积与一次冲击相比逐渐降低，因而导致软化现象变弱，在三次冲击后，影响层与基体层的硬度基本一致，同时样品表面的硬度与一次冲击相比也明显降低。

2.6.3　原子结构演化

非晶合金的原子排布在三维空间虽呈拓扑无序状，但其并非与理想气体一样完全无序，其原子结合方式仍为金属键结合，在短程尺度和中程尺度仍表现出一定的排布规律[158]。非晶合金内的原子间作用模式直接影响着合金性能，因此研究非晶合金内的原子结构演化，是探究非晶合金塑性变形结构起源，揭示其微观变形机理的必要手段。

目前，对非晶合金的原子结构演化研究主要依靠计算机模拟方法来实现，如 Ma 等提出准团簇密堆模型[199]，认为非晶合金的基本单元由二十面体团簇或类二十面体团簇为主导，团簇之间以共点、共边或共面形式互相连接称为二十面体堆积结构，呈现出非晶的中程有序状态[158,200,201]。而以试验方法具体研究和表征非晶合金原子结构演化，探究其在外界能量作用下的变化规律仍存在一定困难。高能同步 X 射线衍射可轻松穿透块体样品，并保证可以获得较大倒易空间内的结构信息，是研究非晶合金内部原子结构的有效手段[157,194,196,202,203]。Poulsen 等提出，非晶合金内的原子应变可通过统计 PDF 不同峰的峰位偏移来得到[204]。根据这一理论，研究人员表明在弹性变形阶段，非晶合金内部的短程尺度和中程尺度随应力的增加均表现出线性变化趋势。Ma 等研究表明，弹性变形主要发生在非晶合金的中程尺度，自由体积同样集中在中程尺度，因此与短程尺度相比，中程尺度模量较低[205-208]。

目前，对非晶合金内部原子结构演化的试验表征仍处于探索阶段，非晶合金短程尺度和中程尺度的结构特点，特别是其在外界能量作用下的演化机理，自由体积与短程尺度、中程尺度的结构关联等仍需要进一步研究。基于此，本节以激光冲击非晶合金为研究对象，系统表征外力加载前后非晶合金内部的原子结构演化规律，并对激光冲击后的非晶合金进行高能X射线衍射原位力学行为测试，表征非晶合金在加载变形过程中其原子排布的变化规律，揭示外力对原子结构的影响机理。

1. 激光冲击对非晶合金原子结构的影响

（1）分布函数简介

目前，研究人员主要采用统计物理学中的分布函数来描述非晶合金的微观结构。研究过程中，为了简化问题，只考虑成对原子之间的相互作用，同时包含两个假设：①非晶合金内部结构为各向同性；②非晶结构是宏观均匀的。基于此，以任一原子为原点，非晶合金中原子的排布规律仅与其距离原点原子的径向长度 r 的数值大小有关，并采用原子数密度函数 $\rho(r)$来表示非晶合金的原子结构信息，其物理意义为距离原点原子 r 处单位体积内的概率密度[203]。对于液体或非晶体，由于其结构长程无序，因此当 r 足够大时，各位置发现原子的概率相等，即 $\rho(r)=\rho_0$，其中 ρ_0 为平均原子数密度。而在短程尺度和中程尺度，即原子的紧邻和次紧邻，$\rho(r)$具有清晰的峰形。进一步，将归一化后的原子密度函数定义为PDF函数 $g(r)$：

$$g(r)=\rho(r)/\rho_0 \tag{2-46}$$

图2-87（彩图见书末）为PDF函数与非晶合金内部原子排布规律示意图。目前，PDF分析是表征非晶和液态结构的最主要方法。其最主要的优点是可以从各类衍射试验的结果中利用傅里叶变换得到。在高能X射线衍射试验过程中，利用得到的XRD能量分布曲线 $I(Q)$可以计算出样品的结构因子 $S(Q)$，其计算公式为

$$S(Q)=1+\frac{I(Q)-\sum_{i=1}^{n}c_i f_i^2(Q)}{\left(\sum_{i=1}^{n}c_i f_i^2(Q)\right)^2} \tag{2-47}$$

式中，c_i 和 $f_i(Q)$ 分别是各个原子的原子浓度及散射系数。通过对结构因子 $S(Q)$进行傅里叶变换，得到约化的原子对分布函数（reduced pair distribution function）$G(r)$：

$$G(r)=4\pi r\left[\rho(r)-\rho_0\right]=\frac{2}{\pi}\int_0^{Q_{\max}}Q\left(S(Q)-1\right)\sin(rQ)\mathrm{d}Q \tag{2-48}$$

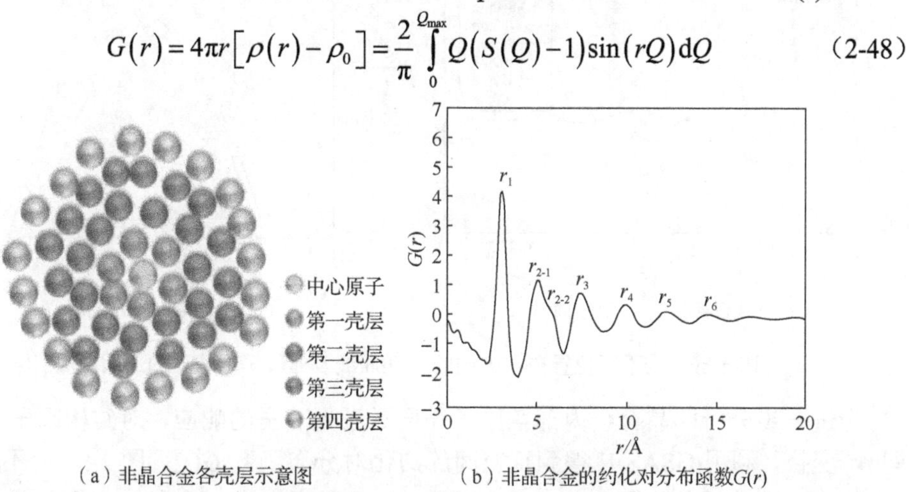

（a）非晶合金各壳层示意图　（b）非晶合金的约化对分布函数 $G(r)$

图2-87 非晶合金各壳层示意图及非晶合金的约化对分布函数 $G(r)$

$G(r)$与 PDF 函数 $g(r)$的关系为

$$g(r)=\frac{G(r)}{4\pi\rho_0 r}+1 \tag{2-49}$$

采用 GSAS-II 软件[209]对高能 X 射线得到的数据进行 PDF 数据分析。

（2）激光冲击非晶合金原子结构分析

对非晶合金进行激光冲击，能量为 30J，脉冲时间为 30ns。并对激光冲击前后的非晶合金进行 PDF 测试分析，X 射线光斑尺寸为 150μm×150μm，样品至探测器距离为 368.12mm，样品沿激光冲击方向（Z 方向）扫描测量，测量位置如图 2-88 所示。利用 GSAS-II 软件包对结果进行分析，根据式（2-47），得到结构因子 $S(Q)$。图 2-89 为不同位置 X 方向的 $S(Q)$曲线，可以看出，与图 2-81 中的 $I(Q)$曲线一致，在靠近冲击表面位置，$S(Q)$峰向高 Q 方向偏移，这表明在 X 方向材料有明显的残余压应变。根据式(2-41)对材料内部 X 和 Z 方向的原子应变进行计算，结果如图 2-90 所示。可以看出，在靠近表面位置（即 100μm 处），X 方向残余压应变达到-0.43%，而 Z 方向为残余拉应变应变值约为 0.125%。在深度 550μm 处，X 和 Z 方向的应变分别转变为压应变和拉应变，深至 1300μm，激光冲击引入的残余应变消失。与图 2-82（a）中激光能量 20J 的冲击结果相比，提高激光能量后，材料内部残余应变的各向异性更加明显，同时影响层深度明显提高。这说明冲击能量对非晶合金结构演化具有巨大作用。

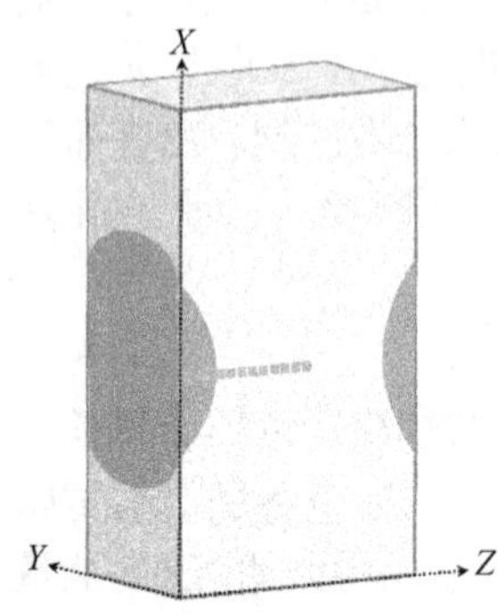

图 2-88　激光冲击非晶合金 PDF 测试位置示意图

灰色方点即为 X 射线穿过位置

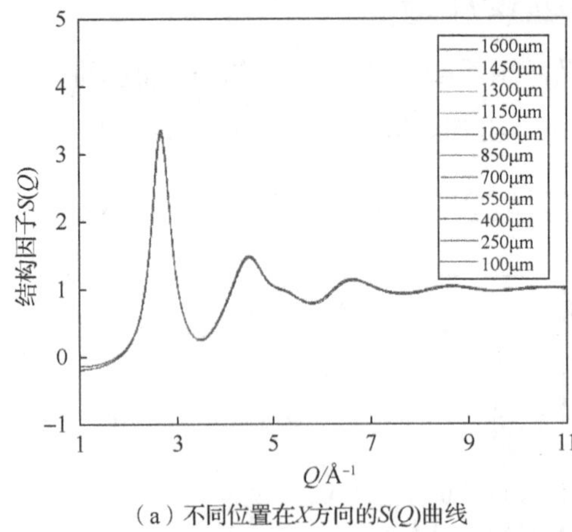

（a）不同位置在X方向的$S(Q)$曲线

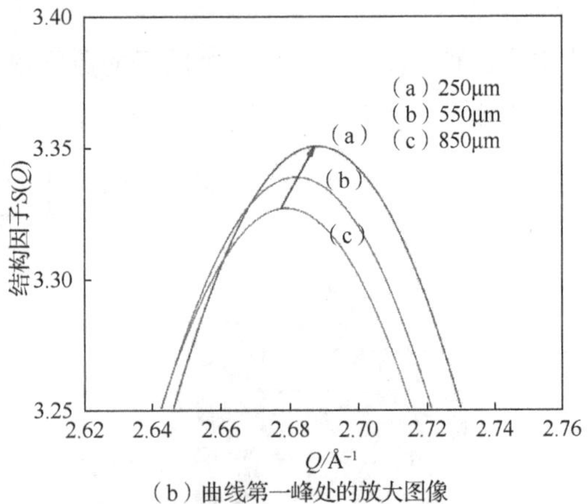

（b）曲线第一峰处的放大图像

图 2-89　为不同位置在 X 方向的 $S(Q)$曲线及曲线第一峰处的放大图像

为进一步分析非晶合金内部各原子壳层对激光冲击的响应，对结构因子 $S(Q)$进行傅里叶变换，利用 GSAS-II 得到正空间的约化对分布函数 $G(r)$。图 2-91 为不同位置 X 方向的 $G(r)$曲线，其中图 2-91（b）与（c）分别为第一壳层和第三壳层的放大图。可以看出，在靠近冲击表面位置，峰位均向低 r 方向偏移，表明合金内部各壳层均有明

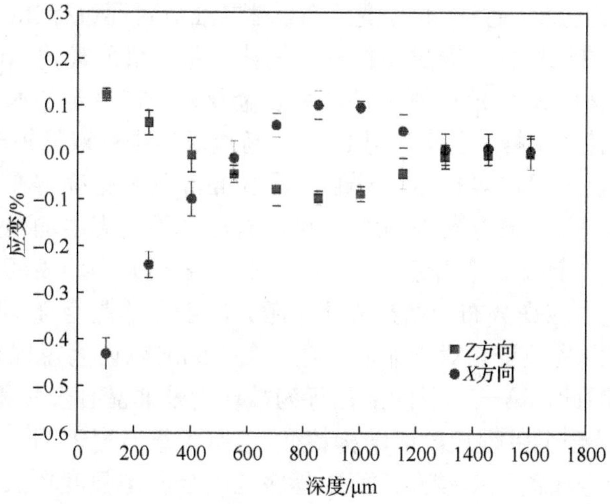

图 2-90 S(Q)第一峰位得到的 X 和 Z 方向应变分布

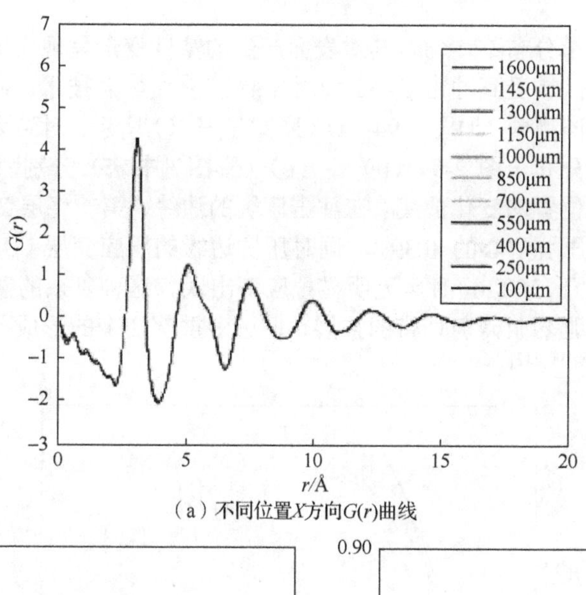

（a）不同位置X方向G(r)曲线

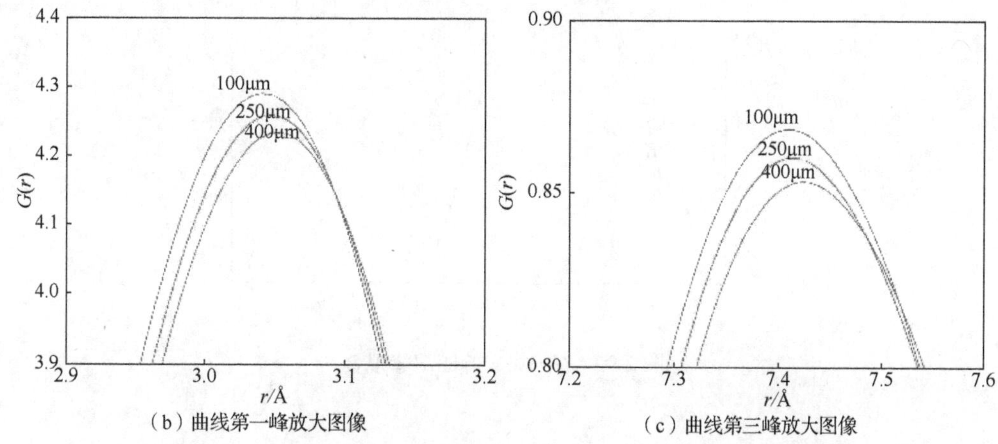

（b）曲线第一峰放大图像

（c）曲线第三峰放大图像

图 2-91 不同位置 X 方向 G(r)曲线及曲线第一峰和第三峰的放大图像

显的残余压应变。为分析各壳层的应变分布，对二维衍射环进行 36 等分并得到各个方向的 $G(r)$。对每条曲线的各个壳层峰位进行统计，并利用公式 $\varepsilon_i^j=\left(r_i^j-r_i^0\right)/r_i^0$ 来计算第 i 壳层的应变。其中 r_i^j 和 r_i^0 分别为冲击后合金及未冲击合金的峰位值。对于第二壳层，其 $G(r)$曲线具有两个峰，因此利用 Lorenz 函数对其进行双峰拟合，分别得到 r_{2-1} 和 r_{2-2} 的峰位（图 2-92）。图 2-93（a）为距表面 100μm 处各个壳层在不同方向的应变分布，其中 Z 方向为 0°，X 方向为 90°。可以看出，不同壳层的残余应变均具有明显的各向异性，同时残余应变量相近。图 2-93（b）～（f）为距表面不同位置处各壳层在 Z 方向和 X 方向的应变分布。结果表明，激光冲击在非晶合金不同壳层均引入了能量，导致原子排布发生改变。对于非晶合金，在 0.5nm 以内为短程尺度，在 0.5～2nm 为中程尺度 [158]。因此，第一壳层的演化行为被认为是非晶合金短程尺度的结构特征，而 2～6 壳层为非晶合金中程尺度的结构特征。已有大量研究表明[157,158,195,197,203,210,211]，短程序内原子间的金属键强度较高，而中程序范围金属键强度较低，而在本试验内，第一壳层的残余应变高于其他壳层（图 2-92），表明在冲击过程中，第一壳层内的原子重排更为明显。

由于激光光斑能量分布不均匀，其对表面产生的塑性变形呈现压坑状（图 2-67），因此冲击压坑的边缘区域受到冲击较小。利用高能 X 射线衍射技术，对冲击样品截面的 X 和 Z 方向均进行扫描测量，如图 2-94（a）（彩图见书末）所示。对结果进行 PDF 分析，得到不同壳层的应变分布，图 2-94（b）～（e）（彩图见书末）分别为各壳层在 X 和 Z 方向应变在不同深度位置的变化曲线。在冲击压坑的边缘，第一壳层 Z 方向的压应变约为−0.17%，明显低于压坑中心的−0.39%，同时压坑边缘的压应变层（Z 方向应力）较浅，约为 300μm。深度大于 300μm 时，无明显拉应变出现。这种复杂的残余应变分布将在样品发生塑性变形时强烈阻碍剪切带的扩展，促进多重剪切带的形成，进而有效提供非晶合金的宏观塑性[148,190,212]。

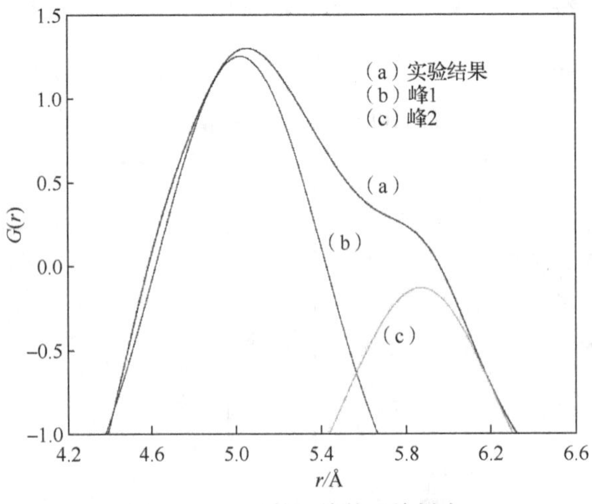

图 2-92 $G(r)$第二峰的双峰拟合

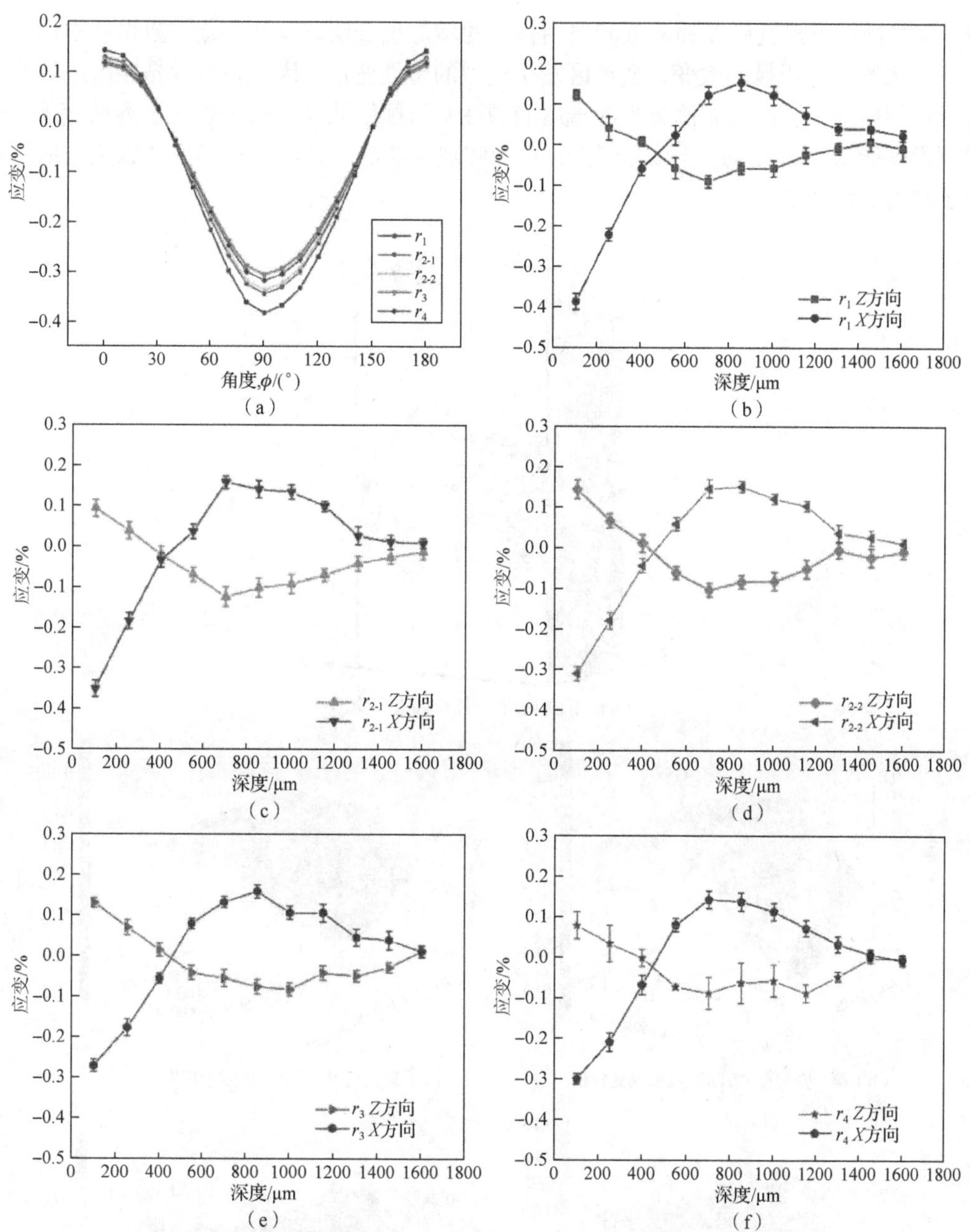

图 2-93 冲击表面深度 100μm 处各壳层不同方向的应变分布及各壳层在 X 和 Z 方向应变在不同深度位置的变化曲线

2. 原位压缩下激光冲击非晶合金原子结构演化研究

对非晶合金塑性变形后原子结构演化的研究一直是非晶领域的研究难点。这是由于非晶合金塑性流变集中在纳米尺寸的剪切带内，剪切带的快速扩展导致合金快速断裂。狭小的塑性变形区与和过短塑性变形时间均阻碍了对其内部原子结构的研究。激光冲击使非晶合金的短程尺度和中程尺度引入了大量能量，导致其内部存在明显的残余压应变。同时冲击变形区硬度的降低和自由体积的增加也表明，非晶合金在激光冲击作用后原子结构发生了明显的改变，变形区发生剧烈的塑性变形。因此，对激光冲击后的非晶合金进行压缩试验，可促使激光冲击后的塑性变形区继续在压应力作用下继续变形，同时利用高能 X 射线衍射进行原位观测，进而实现对非晶合金塑性变形区在原位压缩下的原子结构的演化研究。

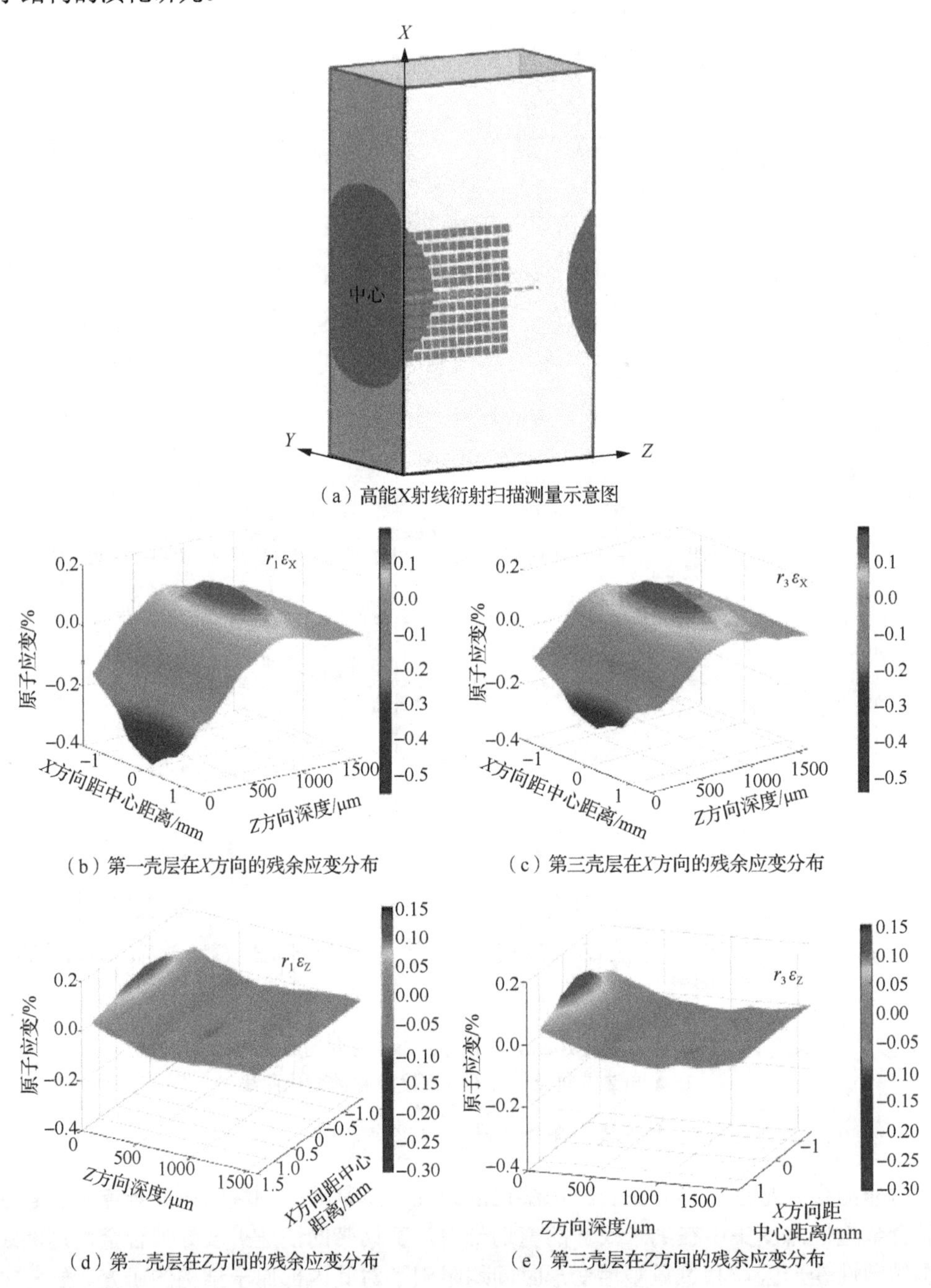

（a）高能X射线衍射扫描测量示意图

（b）第一壳层在X方向的残余应变分布　（c）第三壳层在X方向的残余应变分布

（d）第一壳层在Z方向的残余应变分布　（e）第三壳层在Z方向的残余应变分布

图 2-94　高能 X 射线衍射扫描测量示意图及不同壳层在不同方向的残余应变分布

本试验利用11-ID-C线站自制力学试验机进行原位力学性能测试，应变率为$1\times10^{-4}s^{-1}$，样品尺寸为2mm×3mm×5mm，取样及测试方法如图2-95所示。变温装置cryostream（图2-96）可改变样品温度，可实现在不同温度下的高能X射线原位力学行为测试。cryostream装置通过控制液氮流量来得到特定的低温气流，通过控制电热丝来获得特定的高温气流。本试验中样品温度分别为室温、−120℃和200℃。

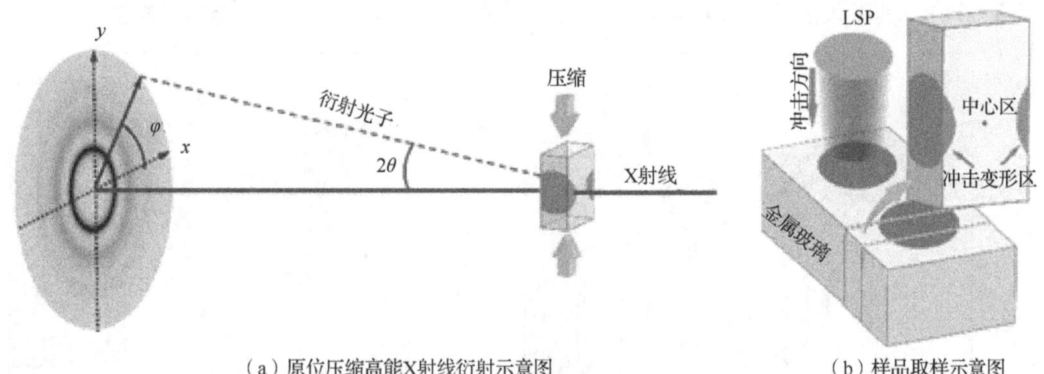

（a）原位压缩高能X射线衍射示意图　　（b）样品取样示意图

图2-95 原位压缩高能X射线衍射示意图和样品取样示意图

图2-96 变温装置cryostream示意图

（1）微观结构软化

对激光冲击处理后的非晶合金进行高能X射线衍射原位压缩试验，测试位置包括冲击变形区（距离冲击表面100μm）、中心区（距离冲击表面1500μm）及未冲击的样品，冲击变形区和中心区如图2-95所示。图2-97（a）～（c）分别为利用$S(Q)$函数得到的非晶合金冲击变形区、中心区及未冲击样品在拉伸过程中不同压力下各方向的应变分布。在0应力状态下，冲击变形区［图2-97（a)］即表现出明显的残余应变，与图2-81一致。而冲击样品的中心区和未冲击样品在无应力状态下均表现出0应变状态，表明激光冲击未样品中心区引入残余应变。在加载过程中，冲击变形区在应力低于400MPa时，应变分布曲线较为稀疏，而在应力大于400MPa后，曲线分布较为密集，这表明冲击变形区微观结构的杨氏模量在加载过程中发生了改变。与之相比，中心区及未冲击样品曲线分布均匀，表明其应力应变呈线性分布。图2-97（d）为冲击变形区、中心区及未冲击样品在加载方向和水平方向的原子应变分布。在冲击变形区，其应变分布表现出明显的双步应变变化的规律。其中，在阶段A($\sigma<400$MPa)，杨氏模量约为53GPa，而在阶

段 B(400MPa < σ <1200MPa)，杨氏模量达到 124GPa。在高于 1200MPa 时，原子应变保持稳定，这表明此时变形区内的原子结构已发生屈服。对于中心区和未冲击样品，其原子应变均呈现明显的线性规律，与以往的研究结果一致[148,157,190,194,196,202,205,212]。未冲击样品原子结构内的杨氏模量为 105GPa，而中心区内杨氏模量较低，为 89GPa。这表明，与未冲击样品相比，虽然激光冲击未在这一部分产生残余应力，但仍对结构产生了明显影响，其引入的能量使中心区产生了自由体积，降低了原子间的结合强度。

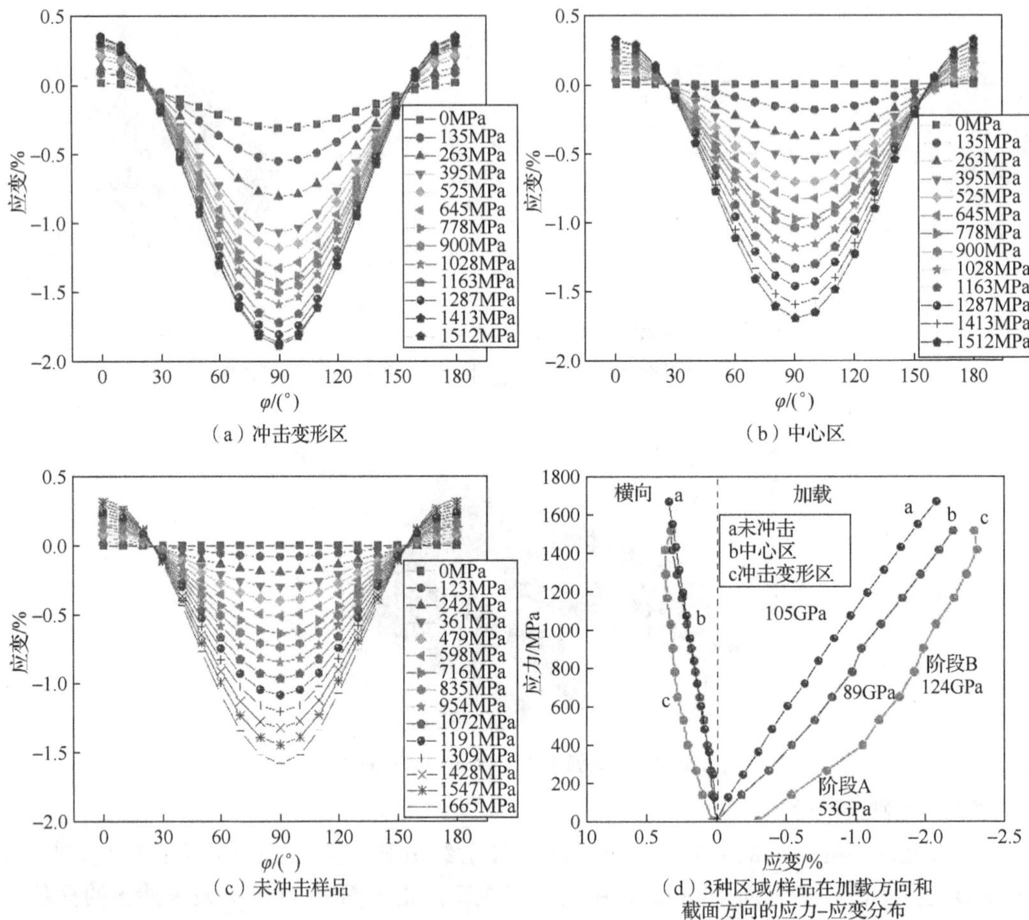

图 2-97　由 $S(Q)$第一峰峰位计算得到的激光冲击非晶合金的冲击变形区、中心区及未冲击样品各个角度在不同应力下的原子应变分布（90° 为压缩方向）及 3 种区域/样品在加载方向和截面方向的应力–应变分布

对结构因子 $S(Q)$进行傅里叶变换，得到约化对分布函数 $G(r)$，分析不同壳层在原位压缩下的结构响应。图 2-98 分别为冲击变形区，中心区和铸态样品不同壳层的应变–应力分布及杨氏模量统计图。由图 2-98（a）可以看出，冲击变形区的不同壳层均出现了明显的双步应变现象，转变应力点均在 400MPa 左右。同时在两个阶段中，第一壳层的杨氏模量均小于其他高指数壳层的杨氏模量，证明激光冲击对非晶合金短程尺度的结构影响高于中程尺度。对于中心区和未冲击样品，与 $S(Q)$计算得到的应变分布一致，各壳

层均表现出线性变化趋势。对于中心区，其第一壳层模量约为88GPa，略高于第二、三、四3个壳层，表明在这一区域，非晶合金的微观结构与未冲击样品中的规律一致，即短程序模量高于中程序。然而，与未冲击样品相比，中心区各壳层的模量均明显降低，表现出激光冲击在这一区域的软化作用。

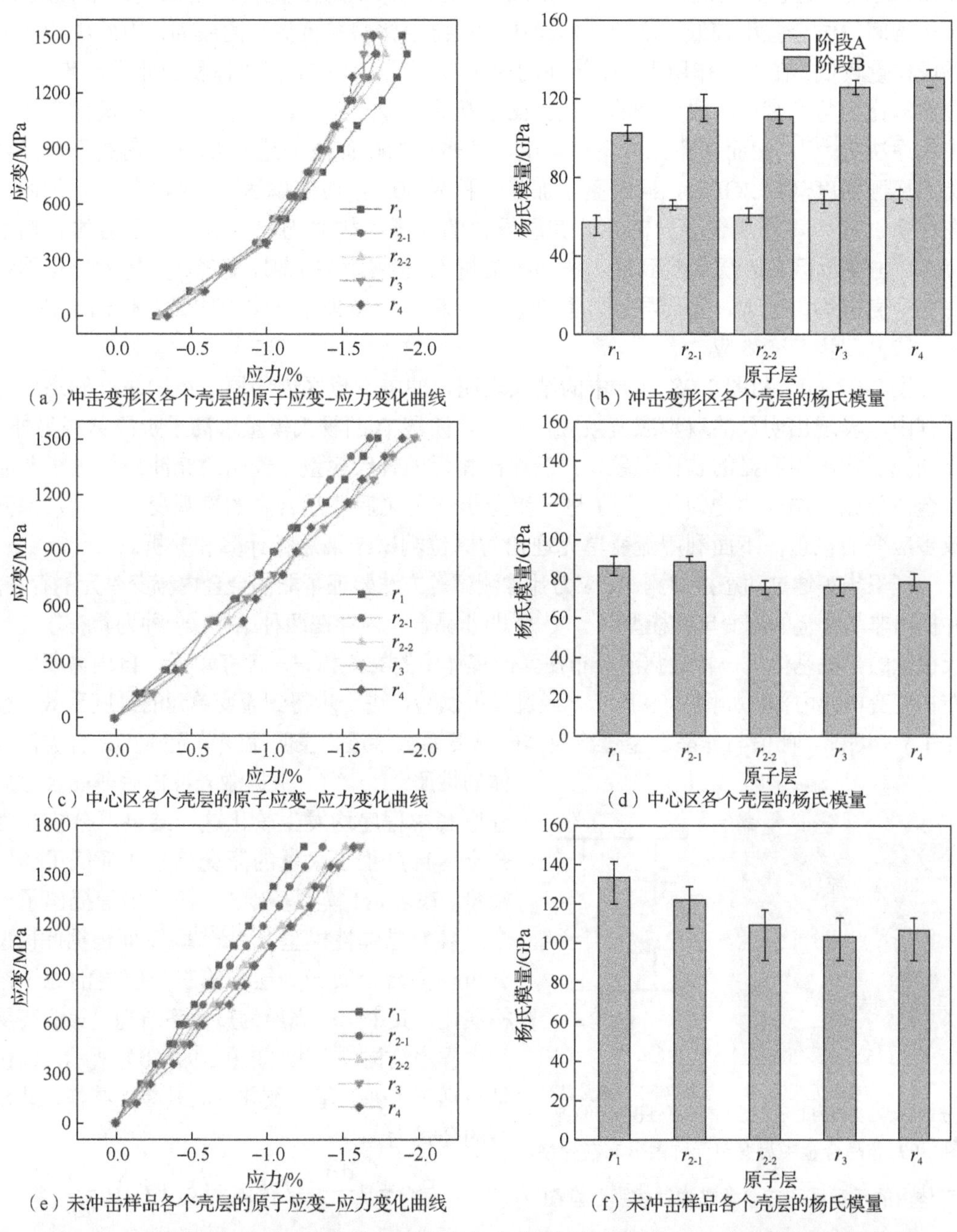

（a）冲击变形区各个壳层的原子应变-应力变化曲线　（b）冲击变形区各个壳层的杨氏模量

（c）中心区各个壳层的原子应变-应力变化曲线　（d）中心区各个壳层的杨氏模量

（e）未冲击样品各个壳层的原子应变-应力变化曲线　（f）未冲击样品各个壳层的杨氏模量

图2-98　冲击变形区、中心区及未冲击样品各个壳层的原子应变-应力变化曲线和杨氏模量

非晶合金的短程序的杨氏模量要高于中程序[148,157,190,194,196,202,205,212]。例如，Shahabi等[197]通过高能X射线衍射原位测量$Zr_{52.5}Ti_5Cu_{18}Ni_{14.5}Al_{10}$不同壳层的力学性能，表明其

第一壳层杨氏模量为 197GPa，而第三壳层为 107GPa。Huang 等[195]在对非晶合金的原位拉伸试验中，发现短程序表现出更高的杨氏模量。本试验中未冲击样品同样表现出这一规律。Ma 等[205,207]通过原位中子衍射试验表明，非晶合金内部的原子结构多呈现团簇状排布，团簇内为合金的短程尺度，其原子键强度较高，而团簇间的结合表现为中程尺度，原子键间的结合强度较低。这种结构起伏导致自由体积多聚集在团簇间，因此中程序的杨氏模量较低。在外力作用下，团簇间的原子容易发生重排，自由体积在此进一步聚集，最终演化为剪切带，导致合金的断裂。在宏观的加载过程中，非晶合金的杨氏模量多由中程序决定[205]。然而在激光冲击过程中，冲击波的峰值压力达 18GPa，远高于非晶合金的屈服强度（约 2GPa），同时整个加载过程为 30ns，应变率达到 $10^6 s^{-1}$ 以上。因此，在冲击过程中，非晶合金内部不同壳层导致的原子结构非均匀性对冲击压力的影响很小，冲击变形区各壳层均受到冲击压力影响进而发生剧烈的塑性变形。大量的自由体积在各个壳层均匀出现，进而导致非晶合金的中程序和短程序均出现明显的软化现象。

（2）双步应变效应

图 2-97（d）和图 2-98（a）中的结果表明，冲击变形区内的原子结构在准静态压缩过程中，表现出明显的双步应变效应，其中，阶段 B 的杨氏模量远高于阶段 A。另外，不同壳层均出现明显的软化现象，并表现出相近的杨氏模量，表明激光冲击促进了非晶合金内部原子结构的均匀化。为了进一步分析均匀化后非晶合金的微观变形行为及探究双步应变的机理，下面利用流变单元理论对原位测试结果进行计算和分析。

汪卫华等通过动态拉伸测试、应力弛豫测试等方法验证了非晶合金内流变单元的存在，并提出非晶合金的流变单元模型[158,213,214]，即非晶合金内存在两种结构，一种为具有较高杨氏模量的弹性基体，一种是弥散分布在弹性集体中的类液相——流变单元，自由体积则分布在流变单元内部，如图 2-99 所示。通过模拟试验，进一步得到流变单元的黏度系数一般在 1.5～4GPa，此值与非晶合金过冷液体的黏度系数接近，表明流变单元确实具有类似液体的性质[158,213,214]。根据激光冲击后非晶合金短程序和中程序均发生软化这一结果，分析认为合金内部产生了大量的流变单元并降低了杨氏模量。在 Voigt 模型基础上，汪卫华等提出了一个三参数黏弹性模型[158,213,214]，下面根据此模型分析非晶合金第一壳层和第三壳层内的原子结构演化，其中第一壳层为短程序结构，第三壳层为中程序结构[148,158]。如图 2-99（b）所示，此模型包括一个弹性基体及并联的黏弹性结构，此模型的公式为

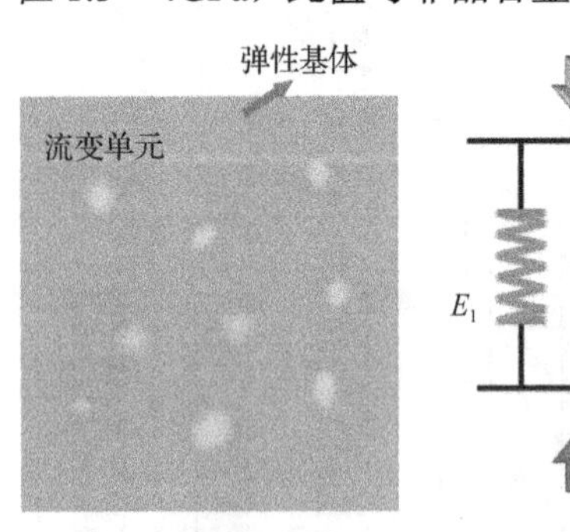

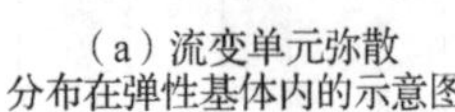

（a）流变单元弥散分布在弹性基体内的示意图

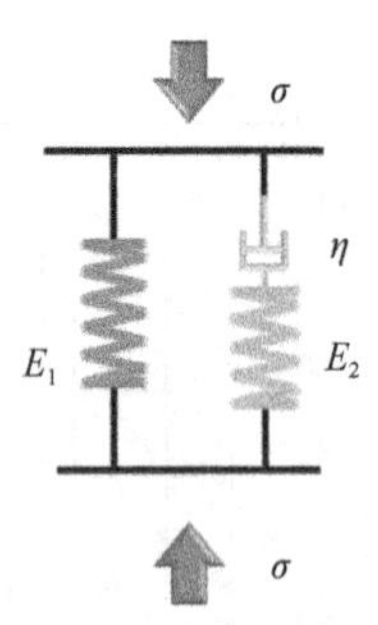

（b）三参数黏弹性模型示意图

图 2-99 非晶合金中流变单元弥散分布在弹性基体内的示意图和三参数黏弹性模型示意图

$$E_2\sigma + \eta\frac{\mathrm{d}\sigma}{\mathrm{d}t} = E_1E_2\varepsilon + \left(E_1 + E_2\right)\eta\frac{\mathrm{d}\varepsilon}{\mathrm{d}t} \tag{2-50}$$

式中，σ 是外加应力；ε 是应变；E_1、E_2 和 η 分别是弹性基体的杨氏模量、流变单元的杨氏模量及黏度系数。为了避免冲击变形区塑性变形后剪切带扩展导致的应力集中，

流变单元计算所采用的数据均在1000MPa以下[213]。图2-100为拟合后的应力-应变曲线，拟合结果能很好地和原子应变对应。表2-8为不同区域/样品第一壳层和第三壳层的拟合结果。E_1与试验结果所得的杨氏模量十分接近，表明弹性基体在压缩变形过程中起主要支撑作用。黏度系数η与过冷液体接近，证明拟合结果的正确性。

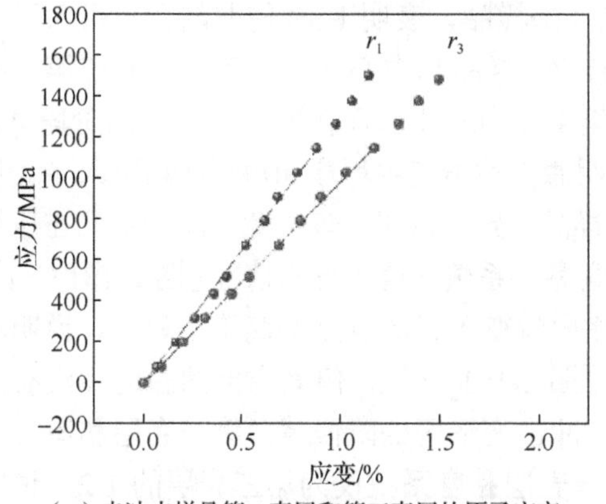

（a）未冲击样品第一壳层和第三壳层的原子应变分布以及利用式（2-50）得到的拟合结果（虚线）

（b）冲击样品的中心区第一壳层和第三壳层的原子应变分布以及利用式（2-50）得到的拟合结果（虚线）

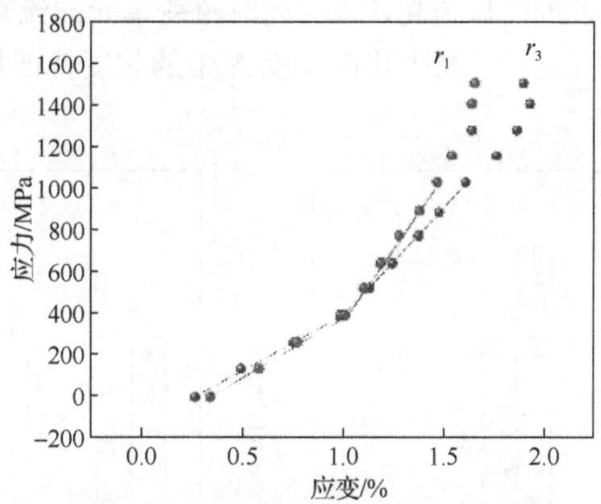

（c）冲击样品的冲击变形区第一壳层和第三壳层的原子应变分布以及利用式（2-50）得到的拟合结果（虚线）

图2-100 拟合后的应力-应变曲线

表2-8 未冲击样品、冲击样品的中心区及冲击变形区在第一壳层和第三壳层的拟合参数结果

样品		未冲击样品	中心区	冲击变形区	
				阶段A	阶段B
r_1	E/GPa	136.8(±5.1)	88.7(±2.8)	53.2(±3.5)	109.1(±4.1)
	E_1/GPa	129.7(±3.9)	80.7(±2.8)	53.9(±3.1)	103.5(±3.1)
	E_2/GPa	27.9(±1.3)	45.6(±2.5)	80.7(±2.8)	35.2(±2.7)
	η/(GPa·s)	2.22(±0.19)	2.25(±0.21)	0.44(±0.11)	1.34(±0.15)
r_3	E/GPa	103.1(±5.6)	75.6(±3.6)	58.4(±3.1)	144.2(±4.5)
	E_1/GPa	98.7(±2.9)	73.6(±2.8)	57.5(±3.5)	140.5(±4.1)
	E_2/GPa	17.1(±2.5)	56.7(±3.5)	70.8(±3.1)	47.7(±2.1)
	η/(GPa·s)	1.43(±0.16)	1.49(±0.11)	0.84(±0.12)	2.44(±0.21)

$\alpha = E_2 / E_1$ 可以用来表示非晶合金内流变单元的含量：当 α 为 0 时，非晶合金内只包含弹性基体，无流变单元，材料为理论上的纯弹性变形；当 α 趋近无穷大时，非晶合金内整体为类液态的流变结构，此时三参数黏弹性模型退化为经典 Maxwell 黏弹性模型。各区域/样品在第一壳层和第三壳层的 α 和 η 值的分布如图 2-101 所示。可以看出，冲击变形区阶段 A 和中心区的 α 值均高于未冲击样品，表明 LSP 使非晶合金引入了大量的流变单元。对比第一壳层和第三壳层，未冲击样品和中心区内的流变单元在第一壳层的含量均低于第三壳层，表明流变单元多集中在中程序。而在冲击变形区的阶段 A，大量流变单元分布在第一壳层和第三壳层，说明激光冲击使中程序和短程序均引入了大量的流变单元。在阶段 B，α 值恢复至与未冲击样品一致的水平，表明此时流变单元在压缩过程中发生结构弛豫，流变单元含量降低。观察黏度系数 η 值的分布情况［图 2-101（b）］，可以看出未冲击样品与中心区相似，其短程序内流变单元的黏度均高于中程序，说明激光冲击虽然在中心区引入了额外的流变单元［图 2-101（a）］，但其内部的黏度并没有降低，即激光冲击对中心区结构影响较小。而在冲击变形区的阶段 A，第一壳层和第三壳层的黏度系数 η 均在 1GPa・s 以下，同时第一壳层黏度系数仅为第三壳层的 1/2，说明此时短程序内大量的流变单元处于低黏度状态，其与第三壳层相比，更容易发生黏弹性变形。在阶段 B，黏度系数明显提高，表明此时流变单元的流动性降低，此时，第一壳层的黏度系数仍低于第三壳层，表明其在阶段 A 中的黏度特征具有遗传性，在高应力状态下仍保存下来。

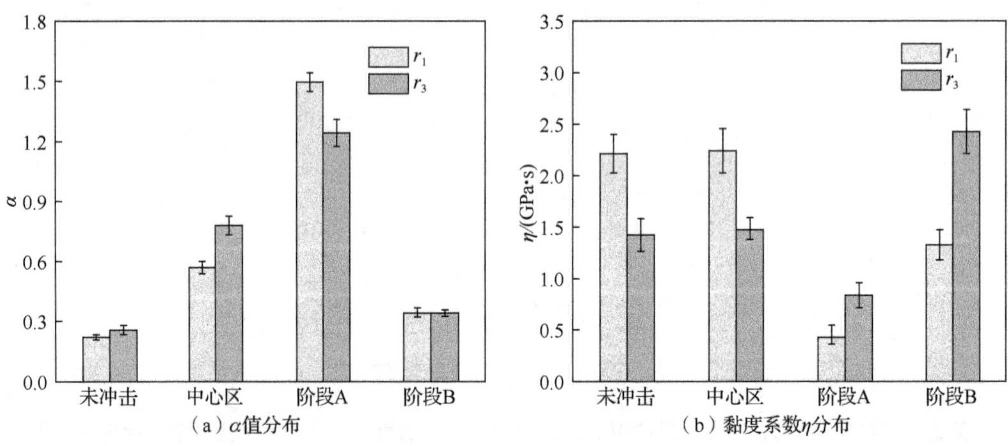

（a）α值分布　　（b）黏度系数η分布

图 2-101　冲击变形区、中心区及未冲击样品在第一壳层和第三壳层的 α 值及黏度系数 η 分布

冲击变形区内各壳层的软化及流变单元的增多均表明激光冲击使非晶合金的中程序和短程序均引入了大量的能量，大量的自由体积储存在流变单元内，促进了非晶合金微观结构的均匀性。各壳层相近的杨氏模量表明，流变单元在不同壳层相互连接渗透，如图 2-102 所示。那么流变单元是如何相互连接渗透的呢?已有研究表明[215,216]，非晶合金内的流变单元可以由外部应力引入。在激光冲击引入的高速冲击压力下，非晶合金各壳层发生了剧烈变形，不同壳层对高速冲击有相近的力学响应，不同壳层均发生了相似的原子重排，进而产生了大量流变单元。由于流变单元体积含量的提高并均匀分布

（图 2-102），不同壳层之间的流变单元开始互相连接渗透，进而局部的玻璃态结构逐渐转变为过冷液体结构[158,213]。这种转变机理与热驱动下玻璃态转变为过冷液态的机理相似。这种互相连接的流变单元结构及其内部的低黏度导致非晶合金内部的原子结构均匀化，并最终导致杨氏模量的下降。

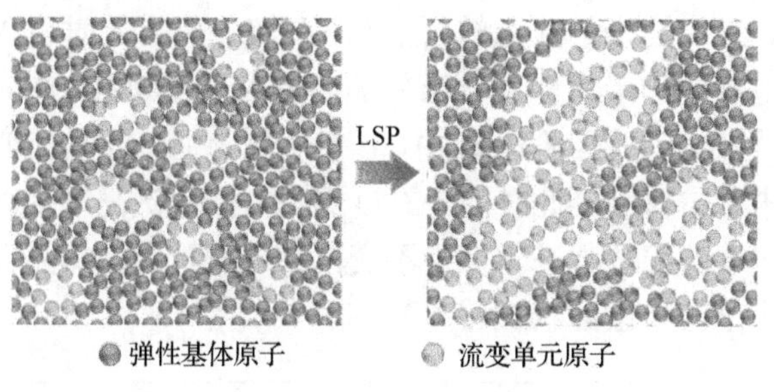

图 2-102 激光冲击引入互相连通流变单元示意图

在阶段 B，流变单元含量降低，原子结构发生再硬化现象，这表明合金的微观结构在两种阶段间发生了结构转变。流变单元内的原子为适应外加应力引起的变形，其原子重排也将受到外力影响。因此，原子排布特征的进一步分析有助于揭示在两种阶段间结构转变的内在机理。原子重排可以由原子的第一壳层配位数（first coordination number，CN）来表征[157]。CN 为以某一原子为中心最近邻壳层即第一壳层的原子个数。其可以由非晶合金金的径向分布函数（radio distribution function，RDF）的第一峰积分来获得。即

$$\mathrm{CN}=\int_{r_1}^{r_2}\mathrm{RDF}(r)\,\mathrm{d}r \tag{2-51}$$

而 RDF 函数的计算公式为

$$\mathrm{RDF}(r)=rG(r)+4\pi r^2\rho_0 \tag{2-52}$$

根据计算得到的 CN 得到配位数的变化规律 $\Delta\mathrm{CN}/\mathrm{CN}$ 。图 2-103（a）为冲击变形区和未冲击样品第一壳层不同应力下压缩方向的配位数变化（atomic pack variation，APV）规律图。可以看出，对于未冲击样品，其第一壳层的配位数呈线性变化趋势，在 1600MPa 配位数降低 3.2%。而在冲击变形区，起初始配位数即比未冲击样品低 0.9%。在阶段 A 内，其压缩方向的配位数迅速降低至 2.8%；而在随后的阶段 B 内，其配位数变化不明显，在最终的 1600MPa，配位数降低至 3.4%。

在弹性压缩过程中，由于外加应力的提升，部分原子键在压缩方向发生断裂而在横向形成新的原子键[184]。在非晶合金内，原子重排的程度一般与应力成正比，即线性的配位数变化。激光冲击使冲击变形区内产生大量互相连通的流变单元，原子键排布较为松散，自由体积增多，原子键的键能降低[213,214,217]。这些互相连通的流变单元处于较高的能量状态，其微观结构为亚稳态。从应力张量角度看，非晶材料具有两种微观应力状态：等静压分量和剪应力分量。de Hosson 等[218]指出自由体积多分布在等静压应力场，其在温度场或应力场下可以得到有效的释放，即发生结构弛豫。因此互相连通的流变单元导致大量的自由体积聚集进而形成较大的等静压应力场，这种亚稳态结构在外加应力下容易被激活进而发生结构改变。在阶段 A，外部应力通过使合金内引入能量来促使流

变单元内部能量越过能量势垒，流变单元被激活［图 2-103（a）附图］，导致原子逐渐重排至低能量状态，微观结构发生结构弛豫。图 2-103（b）为原子结构演化示意图。随着外加载荷的增加，原子排布逐渐紧密。激光冲击引入的残余能量得到有效释放，流变单元内的自由体积发生湮灭。这种现象与非晶合金在升温过程中在玻璃化转变温度前发生的结构弛豫一致。双步应变的应力转折点约为 400MPa，此时引入的弹性能代表了激活原子重排所需跨过能垒的最大能量，当外加应力大于 400MPa 时，原子已排布紧密，流变单元含量大大降低。因此在阶段 B 中，α 值明显降低，同时流变单元内的黏度也明显提高，甚至高于未冲击样品。此时由于黏度提高，原子键强度提高，原子重排所需能量过高，因此第一壳层的配位数基本保持不变。在这一阶段，非晶合金内的弹性变形主要由金属键的收缩来承担，因此杨氏模量较高。

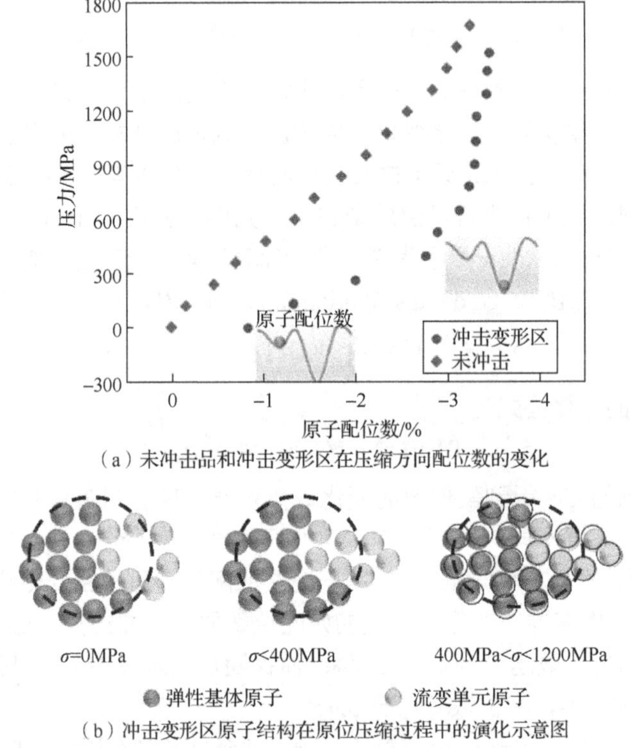

（a）未冲击品和冲击变形区在压缩方向配位数的变化

（b）冲击变形区原子结构在原位压缩过程中的演化示意图

图 2-103　未冲击品和冲击变形区在压缩方向配位数的变化及冲击变形区原子结构在原位压缩过程中的演化示意图

参 考 文 献

[1] ASHBY M F, GREER A L. Metallic glasses as structural materials [J]. Scripta materialia, 2006, 54(3): 321-326.

[2] STAEHLER J M, PREDEBON W W, PLETKA B J. Testing of high-strength ceramics with the split Hopkinson pressure bar [J]. Journal of the American ceramic society, 1993, 76(2): 536-538.

[3] ASSADI H, SCHROERS J. Crystal nucleation in deeply undercooled melts of bulk metallic glass forming systems [J]. Acta materialia, 2006, 50(1): 89-100.

[4] BEUKEL A V D, SIETSMA J. The glass transition as a free volume related kinetic phenomenon [J]. Acta metallurgica et materialia, 1990, 38(3): 383-389.

[5] SLIPENYUK A, ECKERT J. Correlation between enthalpy change and free volume reduction during structural relaxation of Zr55Cu30Al10Ni5 metallic glass [J]. Scripta materialia, 2004, 50(1): 39-44.

[6] SABOUNGI M L, BLOMQUIST R, VOLIN K J, et al. Structure of liquid equiatomic potassium lead alloy-a neutron-diffraction experiment [J]. Journal of chemical physics, 1987, 87(4): 2278-2281.

[7] HOYER W, JÖDICKE R. Short-range and medium-range order in liquid Au-Ge alloys [J]. Journal of non-crystalline solids, 1995, 192-193:102-105.

[8] HUI L. Influence of intermediate-range order on glass formation [J]. Journal of physical chemistry B, 2004, 108(17): 5438-5442.

[9] SCHENK T, SIMONET V, HOLLAND-MORITZ D, et al. Temperature dependence of the chemical short-range order in undercooled and stable Al-Fe-Co liquids [J]. Europhys letters, 2004, 65(1): 34-40.

[10] SPAEPEN F. A microscopic mechanism for steady state inhomogeneous flow in metallic glasses [J]. Acta metallurgica, 1977, 25(4): 407-415.

[11] LU J, RAVICHANDRAN G, JOHNSON W L. Deformation behavior of the Zr41.2Ti13.8Cu12.5Ni10Be22.5 bulk metallic glass over a wide range of strain-rates and temperatures [J]. Acta materialia, 2003, 51(12): 3429-3443.

[12] DEMETRIOU M D, JOHNSON W L. Modeling the transient flow of undercooled glass-forming liquids [J]. Journal of applied physics, 2004, 95(5): 2857-2865.

[13] FLORES K M, DAUSKARDT R H. Mean stress effects on flow localization and failure in a bulk metallic glass [J]. Acta materialia, 2001, 49(13): 2527-2537.

[14] DAI L H, YAN M, LIU L F, et al. Adiabatic shear banding instability in bulk metallic glasses [J]. Applied physics letters, 2005, 87(14): 141916.

[15] JIANG M Q, WANG W H, DAI L H. Prediction of shear-band thickness in metallic glasses [J]. Scripta materialia, 2009, 60(11): 1004-1007.

[16] SONG M, LI Y Q, HE Y H. Effect of strain rate on the compressive behaviour of a Zr56Al10.9Ni4.6Cu27.8Nb0.7 bulk metallic glass [J]. Philosophical magazine letters, 2010, 90(10): 763-770.

[17] CHEN H M, HUANG J C, SONG S X, et al. Flow serration and shear-band propagation in bulk metallic glasses [J]. Applied physics letters, 2009, 94(14): 141914.

[18] LI H, SUBHASH G, GAO X L, et al. Negative strain rate sensitivity and compositional dependence of fracture strength in Zr/Hf based bulk metallic glasses [J]. Scripta materialia, 2003, 49(11): 1087-1092.

[19] HUFNAGEL T C, JIAO T, LI Y, et al. Deformation and failure of $Zr_{57}Ti_5Cu_{20}Ni_8Al_{10}$ bulk metallic glass under quasi-static and dynamic compression [J]. Journal of materials research, 2002, 17(6): 1441-1445.

[20] BRUCK H A, ROSAKIS A J, JOHNSON W L. The dynamic compressive behavior of beryllium bearing bulk metallic glasses [J]. Journal of materials research, 1996, 11(2): 503-511.

[21] ZHANG Z F, ECKERT J, SCHULTZ L. Difference in compressive and tensile fracture mechanisms of $Zr_{59}Cu_{20}Al_{10}Ni_8Ti_3$ bulk metallic glass [J]. Acta materialia, 2003, 51(4): 1167-1179.

[22] MUKAI T, NIEH TG, KAWAMURA Y, et al. Dynamic response of a Pd40Ni40P20 bulk metallic glass in tension [J]. Scripta materialia, 2002, 46(1): 43-47.

[23] PEKER A, JOHNSON W L. A highly processable metallic glass-Zr41.2Ti13.8Cu12.5Ni10.0Be22.5 [J]. Applied physics letters, 1993, 63(17): 2342-2344.

[24] SUBHASH G, DOWDING R J, KECSKES L J. Characterization of uniaxial compressive response of bulk amorphous Zr-Ti-Cu-Ni-Be alloy [J]. Materials science and engineering A, 2002, 334(1-2): 33-40.

[25] MUKAI T, NIEH T G, KAWAMURA Y, et al. Effect of strain rate on compressive behavior of a $Pd_{40}Ni_{40}P_{20}$ bulk metallic glass [J]. Intermetallics, 2002, 10(11-12): 1071-1077.

[26] XUE Y F, CAI H N, WANG L, et al. Effect of loading rate on failure in Zr-based bulk metallic glass [J]. Materials science and engineering A, 2007, 473(1): 105-110.

[27] LIU L F, DAI L H, BAI Y L, et al. Strain rate-dependent compressive deformation behavior of Nd-based bulk metallic glass[J]. Intermetallics, 2005, 13(8): 827-832.

[28] ZHANG J, PARK J M, KIM D H, et al. Effect of strain rate on compressive behavior of $Ti_{45}Zr_{16}Ni_9Cu_{10}Be_{20}$ bulk metallic glass [J]. Materials science and engineering A, 2007, 449-451: 290-294.

[29] XUE Y F, WANG L, CHENG X W, et al. Correlation between strain-rate-related mechanical properties of Zr-based metallic glass and casting temperature [J]. Journal of materials research, 2012, 27(4): 701-708.

[30] DAVIES R M. A critical study of the Hopkinson pressure bar [J]. Philosophical transactions of the royal society A, 1984, 240(821): 375-457.

[31] NEMAT-NASSER S, ISAACS J B, STARRETT J E. Hopkinson techniques for dynamic recovery experiments [J]. Proceedings of the royal society of London A, 1991, 435(1894): 371-391.

[32] FOLLANSBEE P S. Metals Handbook [M]. Almere: ASM International, 1985.

[33] LI X B, LOK T S, ZHAO J, et al. Oscillation elimination in the Hopkinson bar apparatus and resultant complete dynamic stress-strain curves for rocks [J]. International journal of rock mechanics and mining sciences, 2000, 37(7): 1055-1060.

[34] RAVICHANDRAN G, SUBHASH G. Critical appraisal of limiting strain rate for compression testing of ceramics in a split Hopkinson pressure bar [J]. Journal of the American ceramic society, 1994, 77(1): 263-267.

[35] FREW D J. Dynamic response of brittle materials from penetration and split Hopkinson pressure bar experiments[D]. Arizona: Arizona State University, 2001.

[36] DAVIES E D H, HUNTER S C. The dynamic compression testing of solids by the method of the split Hopkinson pressure bar [J]. Journal of the mechanics and physics of solids, 1963, 11(3): 155-179.

[37] 李英雷. 装甲陶瓷的本构关系和抗弹机理研究[D]. 合肥：中国科学技术大学，2003.

[38] FOLLANSBEE P S, FRANTZ C. Wave Propagation in the split Hopkinson pressure bar [J]. Journal of engineering materials and technology, 1983, 105(1): 61-66.

[39] RAYLEIGH L. Theory of sound [M]. New York: Dover Publications, 1894.

[40] SCHUH C A, NIEH T G. A nanoindentation study of serrated flow in bulk metallic glasses [J]. Acta materialia, 2003, 51(1): 87-99.

[41] SCHUH C A, LUND A C, NIEH T G. New regime of homogeneous flow in the deformation map of metallic glasses: elevated temperature nanoindentation experiments and mechanistic modeling [J]. Acta materialia, 2004, 52(20): 5879-5891.

[42] YANG B, NIEH T G. Effect of the nanoindentation rate on the shear band formation in an Au-based bulk metallic glass [J]. Acta materialia, 2007, 55(1): 295-300.

[43] LIU L F, DAI L H, BAI Y L, et al. Behaviorof multiple shear bands in Zr-based bulk metallic glass [J]. Materials chemistry and physics, 2005, 93(1): 174-177.

[44] HUI X D, KOU H C, HE J P, et al. Preparation, microstructure and mechanical properties of Zr-based bulk amorphous alloys containing tungsten [J]. Intermetallics, 2002, 10(11-12): 1065-1069.

[45] KUSY M, KÜHN U, CONCUSTELL A, et al. Fracture surface morphology of compressed bulk metallic glass-matrix-composites and bulk metallic glass [J]. Intermetallics, 2006, 14(8-9): 982-986.

[46] CALVO-DAHLBORG M. Structure and embrittlement of metallic glasses [J]. Materials science and engineering A, 1997, 226-228: 833-845.

[47] HIROTSU Y. High resolution electron microscopy of medium-range order in amorphous alloys [J]. Materials science and

engineering A, 1994, 179-180: 97-101.

[48] BAKAI A S, KUL'KO V V, MIKHAILOVSKIJ I M, et al. Field-emission microscopy of amorphous CoSi alloy [J]. Journal of non-crystalline solids, 1995, 182(3): 315-320.

[49] LÖFFLER J F, JOHNSON W L. Crystallization pathways of deeply undercooled Zr-Ti-Cu-Ni-Be melts [J]. Scripta materialia, 2001, 44(8-9): 1251-1255.

[50] MILLER M K, SHEN T D, SCHWARZ R B. Atom probe tomography study of the decomposition of a bulk metallic glass[J]. Intermetallics, 2002, 10(11-12): 1047-1052.

[51] BENGUS V Z, TABACHNIKOVA E D, DUHAJ P, et al. Low temperature mechanical properties of metallic glasses connection with structure [J]. Materials science and engineering A, 1997, 226-228: 823-832.

[52] STEIF P S, SPAEPEN F, Hutchinson J W. Strain localization in amorphous metals [J]. Acta metallurgica, 1982, 30(2): 447-455.

[53] RAMAMURTY U, LEE M L, BASU J, et al. Embrittlement of a bulk metallic glass due to low-temperature annealing[J]. Scripta materialia, 2002, 47(2): 107-111.

[54] SERGUEEVA A V, MARA N A, KUNTZ J D, et al. Shear band formation and ductility in bulk metallic glass[J]. Philosophical magazine, 2005, 85(23): 2671-2687.

[55] CONNER R D, JOHNSON W L, PATON N E, et al. Shear bands and cracking of metallic glass plates in bending [J]. Journal of applied physics, 2003, 94(2): 904-911.

[56] JIAO T, FAN C, KECSKES L J, et al. Effect of loading rate on failure in bulk metallic glasses [J]. Materials research society symposium proceedings, 2003, 754: 243-248.

[57] DONOVAN P E, STOBBS W M. The structure of shear bands in metallic glasses [J]. Acta metallurgica, 1981, 29(8): 1419-1436.

[58] LI J, SPAEPEN F, HUFNAGEL T C. Nanometre-scale defects in shear bands in a metallic glass [J]. Philosophical magazine A, 2002, 82(13): 2623-2630.

[59] LI J, WANG Z L, HUFNAGEL T C. Characterization of nanometer-scale defects in metallic glasses by quantitative high-resolution transmission electron microscopy [J]. Physical review B, 2002, 65(14): 144201.

[60] ARGON A. Plastic deformation in metallic glasses [J]. Acta metallurgica, 1979, 27(1): 47-58.

[61] LANGER J S. Microstructural shear localization in plastic deformation of amorphous solids [J]. Physical review letters, 2001, 64(1): 011504.

[62] HUANG R, SUO Z, PREVOST J H, et al. Inhomogeneous deformation in metallic glasses [J]. Journal of the mechanics and physics of solids, 2002, 50(5): 1011-1027.

[63] COHEN M H, TURNBULL D. Molecular transport in liquids and glasses [J]. Journal of chemical physics, 1959, 31(5): 1164-1169.

[64] TURNBULL D, COHEN M H. Free-volume model of the amorphous phases: glass transition [J]. Journal of chemical physics, 1961, 34(1): 120-125.

[65] LIU L F, DAI L H, BAI Y L, et al. Initiation and propagation of shear bands in Zr-based bulk metallic glass under quasi-static and dynamic shear loadings [J]. Journal of non-crystalline solids, 2005, 351(40-42): 3259-3270.

[66] KERYVIN V. Indentation of bulk metallic glasses: relationships between shear bands observed around the prints and hardness[J]. Acta materialia, 2007, 55(8): 2565-2578.

[67] JANA S, RAMAMURTY U, CHATTOPADHYAY K, et al. Subsurface deformation during Vickers indentation of bulk metallic glasses [J]. Materials science and engineering A, 2004, 375-377(s1): 1191-1195.

[68] ZHANG H W, JING X N, SUBHASH G, et al. Investigation of shear band evolution in amorphous alloys beneath a Vickers indentation [J]. Acta materialia, 2005, 53(14): 3849-3859.

[69] JANA S, BHOWMICK R, KAWAMURA Y, et al. Deformation morphology underneath the Vickers indent in a Zr-based bulk metallic glass [J]. Intermetallics, 2004, 12(10-11): 1097-1102.

[70] XIE S, GEORGE E P. Hardness and shear band evolution in bulk metallic glasses after plastic deformation and annealing [J]. Acta materialia, 2008, 56(18): 5202-5213.

[71] GREER A L, CHENG Y Q, MA E. Shear bands in metallic glasses [J]. Materials science and engineering: R: reports, 2013, 74(4): 71-132.

[72] ASKARI-PAYKANI M, NILI-AHMADABADI M, SEIFFODINI A. On the subsurface deformation of two different Fe-based bulk metallic glasses indented by Vickers micro hardness [J]. Intermetallics, 2014, 46: 118-125.

[73] RAMAMURTY U, JANA S, KAWAMURA Y, et al. Hardness and plastic deformation in a bulk metallic glass [J]. Acta materialia, 2005, 53(3): 705-717.

[74] CHEN K W, LIN J F. Investigation of the relationship between primary and secondary shear bands induced by indentation in bulk metallic glasses [J]. International journal of plasticity, 2010, 26(11): 1645-1658.

[75] XUE Y F, CAI H N, WANG L, et al. Effect of loading rate on failure in Zr-based bulk metallic glass [J]. Materials science and engineering A, 2008, 473(1-2): 105-110.

[76] SUBHASH G, GHOSH D, BLABER J, et al. Characterization of the 3-D amorphized zone beneath a Vickers indentation in boron carbide using raman spectroscopy [J]. Acta materialia, 2013, 61(10): 3888-3896.

[77] IYER K A. Relationships between multiaxial stress states and internal fracture patterns in sphere-impacted silicon carbide [J]. International journal of fracture, 2007, 146(1): 1-18.

[78] LASALVIA J C, MCCAULEY J W. Inelastic deformation mechanisms and damage in structural ceramics subjected to high-velocity impact [J]. International journal of applied ceramic technology, 2010, 7(5): 595-605.

[79] NORMANDIA M J. Impact response and analysis of several silicon carbides [J]. International journal of applied ceramic technology, 2004, 1(3): 226-234.

[80] GAMBLE E A, COMPTON B G, DESHPANDE V S, et al. Damage development in an armor ceramic under quasi-static indentation [J]. Journal of the American ceramic society, 2011, 94(s1): 215-225.

[81] LASALVIA J C. A physically-based model for the effect of microstructure and mechanical properties on ballistic performance[J]. Ceramic engineering and science proceedings, 2002, 23(3): 213-220.

[82] HANEY E J, SUBHASH G. Rate sensitive indentation response of a coarse-grained magnesium aluminate spinel [J]. Journal of the American ceramic society, 2011, 94(11): 3960-3966.

[83] SUBHASH G, MAITI S, GEUBELLE P H, et al. Recent advances in dynamic indentation fracture, impact damage and fragmentation of ceramics [J]. Journal of the American ceramic society, 2008, 91(9): 2777-2791.

[84] GHOSH D, SUBHASH G, SUDARSHAN T S, et al. Dynamic indentation response of fine-grained boron carbide [J]. Journal of the American ceramic society, 2007, 90(6): 1850-1857.

[85] KLECKA M A, SUBHASH G. Rate-dependent indentation response of structural ceramics [J]. Journal of the American ceramic society, 2010, 93(8): 2377-2383.

[86] 王扬卫，马壮，于晓东，等. 几种典型材料的动态硬度研究[J]. 材料工程，2010，9：62-70.

[87] SUBHASH G. Dynamic indentation testing [M]. Almere: ASM International, 2000.

[88] SUBHASH G, ZHANG H W. Dynamic indentation response of Zr-based bulk metallic glasses [J]. Journal of materials research, 2007, 22(2): 478-485.

[89] PARK J M, CHANG H J, HAN K H, et al. Enhancement of plasticity in Ti-rich Ti-Zr-Be-Cu-Ni bulk metallic glasses [J]. Scripta materialia, 2005, 53(1): 1-6.

[90] MA W F, KOU H C, LI J S, et al. Effect of strain rate on compressive behavior of Ti-based bulk metallic glass at room temperature [J]. Journal of alloys and compounds, 2009, 472(1-2): 214-218.

[91] CHEN H, HE Y, SHIFLET G J, et al. Deformation-induced nanocrystal formation in shear bands of amorphous alloys [J]. Nature, 1994, 367(6463): 541-543.

[92] FORNELL J, ROSSINYOL E, SURIÑACH S, et al. Enhanced mechanical properties in a Zr-based metallic glass caused by deformation-induced nanocrystallization [J]. Scripta materialia, 2010, 62(1): 13-16.

[93] QIU F, SHEN P, LIU T, et al. Enhanced ductility in a $Zr_{65}Cu_{15}Al_{10}Ni_{10}$ bulk metallic glass by nanocrystallization during compression [J]. Materials and design, 2012, 36: 168-171.

[94] HE Y, SHIFLET G J, POON S J. Ball milling-induced nanocrystal formation in aluminum-based metallic glasses [J]. Acta metallurgica et materialia, 1995, 43(1): 83-91.

[95] KIM J J, CHOI Y, SURESH S, et al. Nanocrystallization during nanoindentation of a bulk amorphous metal alloy at room temperature [J]. Science, 2002, 295(5555): 654-657.

[96] JIANG W H, PINKERTON F E, ATZMON M. Effect of strain rate on the formation of nanocrystallites in an Al-based amorphous alloy during nanoindentation [J]. Journal of applied physics, 2003, 93(11): 9287-9290.

[97] MURALI P, RAMAMURTY U. Embrittlement of a bulk metallic glass due to sub-T_g annealing [J]. Acta materialia, 2005, 53(5): 1467-1478.

[98] YOO B G, PARK K W, LEE J C, et al. Role of free volume in strain softening of as-cast and annealed bulk metallic glass [J]. Journal of materials research, 2009, 24(4): 1405-1416.

[99] HEGGEN M, SPAEPEN F, FEUERBACHER M. Creation and annihilation of free volume during homogeneous flow of a metallic glass [J]. Journal of applied physics, 2005, 97(3): 033506.

[100] BHOWMICK R, RAGHAVAN R, CHATTOPADHYAY K, et al. Plastic flow softening in a bulk metallic glass [J]. Acta materialia, 2006, 54(16): 4221-4228.

[101] ZHAO M, LI M. Local heating in shear banding of bulk metallic glasses [J]. Scripta materialia, 2011, 65(6): 493-496.

[102] JOHNSON K L. Contact mechanics [M]. Cambridge: Cambridge University Press, 1985.

[103] XUE Y F, WANG L, CHENG X W, et al. Strain rate dependent plastic mutation in a bulk metallic glass under compression [J]. Materials and design, 2012, 36: 284-288.

[104] ZHUANG S M, LU J, RAVICHANDRAN G. Shock wave response of a zirconium-based bulk metallic glass and its composite [J]. Applied physics letters, 2002, 80(24): 4522-4524.

[105] TURNEAURE S J, WINEY J M, GUPTA Y M. Response of a Zr-based bulk amorphous alloy to shock wave compression [J]. Journal of applied physics, 2006, 100(6): 063522.

[106] TURNEAURE S J, WINEY J M, GUPTA Y M. Compressive shock wave response of a Zr-based bulk amorphous alloy [J]. Applied physics letters, 2004, 84(10): 1692-1694.

[107] TURNEAURE S J, DWIVEDI S K, GUPTA Y M. Shock-wave induced tension and spall in a zirconium-based bulk amorphous alloy [J]. Journal of applied physics, 2007, 101(4): 043514.

[108] YUAN F P, PRAKASH V, LEWANDOWSKI J J. Spall strength and Hugoniot elastic limit of a zirconium-based bulk metallic glass under planar shock compression [J]. Journal of materials research, 2007, 22(2): 402-411.

[109] ATROSHENKO S A, MOROZOV N F, Zheng W, et al. Deformation behaviors of a TiZrNiCuBe bulk metallic glass under shock loading [J]. Journal of alloys and compounds, 2010, 505(2): 501-504.

[110] TOGO H, ZHANG Y, KAWAMURA Y, et al. Properties of Zr-based bulk metallic glass under shock compression [J]. Materials science and engineering A, 2007, 449-451: 264-268.

[111] YUAN F P, PRAKASH V, LEWANDOWSKI J J. Spall strength of a zirconium-based bulk metallic glass under shock-induced compression-and-shear loading [J]. Mechanics of materials, 2009, 41(7): 886-897.

[112] ZHENG W, HUANG Y J, PANG B J, et al. Hypervelocity impact on $Zr_{51}Ti_5Ni_{10}Cu_{25}Al_9$ bulk metallic glass [J]. Materials science and engineering A, 2011, 529: 352-360.

[113] 王礼立. 应力波基础 [M]. 北京: 国防工业出版社，2005.

[114] 经福谦. 试验物态方程导引[M]. 2 版. 北京: 科学出版社，1999.

[115] JOHNSON G R, COOK W H. Fracture characteristics of three metals subjected to strain rates, temperatures and pressures [J]. Engineering fracture mechanics, 1985, 21(1): 31-48.

[116] 唐录成. 平面冲击加载下 A95 陶瓷动态力学性能研究[D]. 重庆：重庆大学，2009.

[117] GRADY D E, KIPP M E. High-pressure shock compression of solids [M]. Berlin: Springer, 1993.

[118] JIANG M Q, WILDE G, QU C B, et al. Wavelike fracture pattern in a metallic glass: a Kelvin-Helmholtz flow instability [J]. Philosophical magazine letters, 2014, 94(10): 669-677.

[119] FOWLES G R. Shock wave compression of hardened and annealed 2024 aluminum [J]. Journal of applied physics, 1961, 32(8): 1475-1487.

[120] FALK M L, LANGER J S. Dynamics of viscoplastic deformation in amorphous solids [J]. Physical review letters, 1998, 57(6): 7192-7205.

[121] CHEN M W. Mechanical behavior of metallic glasses: microscopic understanding of strength and ductility [J]. Annual review of materials research, 2008, 38(1): 445-469.

[122] 蒋志刚，曾首义，申志强. 轻质陶瓷复合装甲结构研究进展[J]. 兵工学报，2010，31(5)：603-610.

[123] 曹贺全，张广明，孙素杰，等. 装甲车辆防护技术研究现状与发展[J]. 兵工学报，2012，33(12)：1549-1554.

[124] 曾毅，赵宝荣. 装甲防护材料技术[M]. 北京：国防工业出版社，2014.

[125] CHOI-YIM H, JOHNSON W L. Bulk metallic glass matrix composites [J]. Applied physics letters, 1997, 71(26): 3808-3810.

[126] DANDLIKER R B, CONNER R D, JOHNSON W L. Melt infiltration casting of bulk metallic-glass matrix composites [J]. Journal of materials research, 1998, 13(10): 2896-2901.

[127] TREXLER M M, THADHANI N N. Mechanical properties of bulk metallic glasses [J]. Progress in materials science, 2010, 55(8): 759-839.

[128] 郑超. 微观组织对 Ti-6Al-4V 钛合金动态力学性能和抗弹性能影响规律的研究[D]. 北京：北京理工大学，2015.

[129] 张自强. 装甲防护技术基础[M]. 北京：兵器工业出版社，2000.

[130] YANG C, LIU R P, ZHANG B Q, et al. Void formation and cracking of $Zr_{41}Ti_{14}Cu_{12.5}Ni_{10}Be_{22.5}$ bulk metallic glass under plannar shock compression [J]. Journal of materials science, 2005, 40(15): 3917-3920.

[131] YANG C, LIU R P, ZHAN Z J, et al. High speed impact on $Zr_{41}Ti_{14}Cu_{12.5}Ni_{10}Be_{22.5}$ bulk metallic glass [J]. Materials science and engineering A, 2006, 426(1-2): 298-304.

[132] MARTIN M, SEKINE T, KOBAYASHI T, et al. High-pressure equation of the state of a zirconium-based bulk metallic glass [J]. Metallurgical and materials transactions A, 2007, 38(11): 2689-2696.

[133] XI F, YU Y Y, DAI C D, et al. Shock compression response of a Zr-based bulk metallic glass up to 110GPa [J]. Journal of applied physics, 2010, 108(8): 083537.

[134] SCHUH C A, NIEH T G. A survey of instrumented indentation studies on metallic glass [J]. Journal of materials research, 2004, 19(1): 46-57.

[135] HUANG Y J, SHEN J, SUN J F. Bulk metallic glasses: smaller is softer [J]. Applied physics letters, 2007, 90(8): 081919.

[136] FAIRAND B P, CLAUER A H, JUNG R G, et al. Quantitative assessment of laser-induced stress waves generated at confined surfaces [J]. Applied physics letters, 1974, 25(8): 431-433.

[137] MONTROSS C S, WEI T, YE L, et al. Laser shock processing and its effects on microstructure and properties of metal alloys: a review [J]. International journal of fatigue, 2002, 24(10): 1021-1036.

[138] LIU X D, SHANG D G, ZHANG L H, et al. Residual life prediction for healing fatigue damaged copper film by laser shock peening [J]. Fatigue and fracture of engineering materials and structures, 2014, 37(4): 427-435.

[139] JIA W, HONG Q, ZHAO H, et al. Effect of laser shock peening on the mechanical properties of a near-α titanium alloy [J]. Materials science and engineering A, 2014, 606(12): 354-359.

[140] LUO K Y, WANG C Y, LI Y M, et al. Effects of laser shock peening and groove spacing on the wear behavior of non-smooth surface fabricated by laser surface texturing [J]. Applied surface science, 2014, 313: 600-606.

[141] SHUKLA P P, SWANSON P T, PAGE C J. Laser shock peening and mechanical shot peening processes applicable for the surface treatment of technical grade ceramics: a review [J]. Proceedings of the institution of mechnical engineers part b-journal of engineering manufacture, 2013, 228(5): 639-652.

[142] LIU X D, SHANG D G, LI M, et al. Healing fatigue damage by laser shock peening for copper film [J]. International journal of fatigue, 2013, 54: 127-132.

[143] SUZUKI Y, HAIMOVICH J, EGAMI T. Bond-orientation aniosotropy in metallic glasses observed by X-Ray diffraction [J]. Physical review B, 1987, 35(5): 2162-2168.

[144] TOMIDA T, EGAMI T. Molecular-dynamics study of structural anisotropy and anelasticity in metallic glasses [J]. Physical review B, 1993, 48(5): 3048-3057.

[145] GREER A L. Metallic glasses [J]. Science,1995, 267(5206): 1947-1953.

[146] POULSEN H F, WERT J A, NEUEFEIND J, et al. Measuring strain distributions in amorphous materials [J]. Nature materials, 2005, 4(1): 33-36.

[147] FAN C, LIAW P K, WILSON T W, et al. Structural model for bulk amorphous alloys [J]. Applied physics letters, 2006, 89(11): 111905.

[148] SHENG H W, LUO W K, ALAMGIR F M, et al. Atomic packing and short-to-medium- range order in metallic glasses [J]. Nature, 2006, 439(7075): 419-425.

[149] LIU C T, HEATHERLY L, EASTON D S, et al. Test environments and mechanical properties of Zr-base bulk amorphous alloys [J]. Metallurgical and materials transactions a-physical metallurgy and materials science, 1998, 29(7): 1811-1820.

[150] MATTERN N, BEDNARČIK J, PAULY S, et al. Structural evolution of Cu-Zr metallic glasses under tension [J]. Acta materialia, 2009, 57(14): 4133-4139.

[151] ZHANG X Q, WANG L, XUE Y F, et al. Effect of the metallic glass volume fraction on the mechanical properties of Zr-based metallic glass reinforced with porous W composite [J]. Materials science and engineering A, 2013, 561: 152-158.

[152] CHEN B, LI Y, YI M, et al. Optimization of mechanical properties of bulk metallic glasses by residual stress adjustment using laser surface melting [J]. Scripta materialia, 2012, 66(12): 1057-1060.

[153] CHU J P, GREENE J E, JANG J S C, et al. Bendable bulk metallic glass: effects of a thin, adhesive, strong, and ductile coating [J]. Acta materialia, 2012, 60(6-7): 3226-3238.

[154] JIANG W H, ATZMON M. Rate dependence of serrated flow in a metallic glass [J]. Journal of materials research, 2012, 18(4): 755-757.

[155] CAO Y, XIE X, ANTONAGLIA J, et al. Laser shock peening on Zr-based bulk metallic glass and its effect on plasticity: experiment and modeling [J]. Scientific reports, 2015, 5: 10789.

[156] EVENSON Z, KOSCHINE T, WEI S, et al. The effect of low-temperature structural relaxation on free volume and chemical short-range ordering in a Au49Cu26.9Si16.3Ag5.5Pd2.3 bulk metallic glass [J]. Scripta materialia, 2015, 103: 14-17.

[157] SHAHABI H S, SCUDINO S, KABAN I, et al. Structural aspects of elasto-plastic deformation of a Zr-based bulk metallic glass under uniaxial compression [J]. Acta materialia, 2015, 95: 30-36.

[158] 汪卫华. 非晶态物质的本质和特性[J]. 物理学进展，2103，33(5)：5-177.

[159] WANG L, WANG L, XUE Y, et al. Nanoindentation response of laser shock peened Ti-based bulk metallic glass [J]. AIP advances, 2105, 5(5): 57156.

[160] STOLPE M, KRUZIC J J, BUSCH R. Evolution of shear bands, free volume and hardness during cold rolling of a Zr-based

bulk metallic glass [J]. Acta materialia, 2014, 64: 231-240.

[161] HAAG F, BEITELSCHMIDT D, ECKERT J, et al. Influences of residual stresses on the serrated flow in bulk metallic glass under elastostatic four-point bending-*A* nanoindentation and atomic force microscopy study [J]. Acta materialia, 2014, 70: 188-197.

[162] BIAN X L, WANG G, CHAN K C, et al. Shear avalanches in metallic glasses under nanoindentation: deformation units and rate dependent strain burst cut-off [J]. Applied physics letters, 2013, 103(10): 101907.

[163] WU J, PAN Y, PI J. Evaluation of Cu-Zr-Ti-In bulk metallic glasses via nanoindentation [J]. Journal of materials engineering and performance, 2013, 22(8): 2-6.

[164] JIANG W H, PINKERTON F E, ATZMON M. Effect of strain rate on the formation of nanocrystallites in an Al-based amorphous alloy during nanoindentation [J]. Journal of applied physics, 2003, 93(11): 9287-9290.

[165] SHEN L, CHEONG W C D, FOO Y L, et al. Nanoindentation creep of tin and aluminium: a comparative study between constant load and constant strain rate methods [J]. Materials science and engineering A,2012, 532: 505-510.

[166] BARNOUSH A. Correlation between dislocation density and nanomechanical response during nanoindentation [J]. Acta materialia, 2012, 60(3): 1268-1277.

[167] HUANG H, ZHAO H, ZHANG Z, et al. Influences of sample preparation on nanoindentation behavior of a Zr-Based bulk metallic glass [J]. Materials, 2012, 5(6): 1033-1039.

[168] SCHUH C A, NIEH T G. A survey of instrumented indentation studies on metallic glasses [J]. Journal of materials research, 2011, 19(1): 46-57.

[169] ZHANG Y, WANG W H, GREER A L. Making metallic glasses plastic by control of residual stress [J]. Nature materials, 2006, 5(11): 857-860.

[170] CHENG L, JIAO Z M, MA S G, et al. Serrated flow behaviors of a Zr-based bulk metallic glass by nanoindentation [J]. Journal of applied physics, 2014, 115(8): 84907.

[171] INOUE A. Stabilization of metallic supercooled liquid [J]. Acta materialia, 2000, 48: 279-306.

[172] JEONG I K, THOMPSON J, PROFFEN T, et al. A program for obtaining the atomic pair distribution function from X-ray powder diffraction data [J]. Journal of applied crystallography, 2001, 34(4): 536.

[173] EVENSON Z, BUSCH R. Enthalpy recovery and free volume relaxation in a Zr44Ti11Ni10Cu10Be25 bulk metallic glass [J]. Journal of alloys and compounds, 2011, 509(s1): 38-41.

[174] JIANG W H, ATZMON M. Mechanical strength of nanocrystalline/amorphous Al90Fe5Gd5 composites produced by rolling[J]. Applied physics letters, 2005, 86(15): 151916.

[175] JIANG W, PINKERTON F, ATZMON M. Mechanical behavior of shear bands and the effect of their relaxation in a rolled amorphous Al-based alloy [J]. Acta materialia, 2005, 53(12): 3469-3477.

[176] JIANG W, LIU F, WANG Y, et al. Comparison of mechanical behavior between bulk and ribbon Cu-based metallic glasses [J]. Materials science and engineering A, 2006, 430(1-2): 350-354.

[177] JIANG W H, ATZMON M. Room-temperature flow in a metallic glass-Strain-rate dependence of shear-band behavior [J]. Journal of alloys and compounds, 2011, 509(11): 7395-7399.

[178] XU F, DING Y H, DENG X H, et al. Indentation size effects in the nano- and micro-hardness of a Fe-based bulk metallic glass [J]. Physica B: condensed matter, 2014, 450: 84-89.

[179] ARGON A S, DEMKOWICZ M J. What can plasticity of amorphous silicon tell us about plasticity of metallic glasses [J]. Metallurgical and materials transactions A: physical metallurgy and materials science, 2008, 39(8): 1762-1778.

[180] LEMAITRE A. Rearrangements and dilatancy for sheared dense materials [J]. Physical review letters, 2002, 89(19): 195503.

[181] STEENBERGE N V, SORT J, CONCUSTELL A, et al. Dynamic softening and indentation size effect in a Zr-based bulk glass-forming alloy [J]. Scripta materialia, 2007, 56(7): 605-608.

[182] HENITS P, REVESZ A, KOVACS Z. Free volume simulation for severe plastic deformation of metallic glasses [J]. Mechanics of materials, 2012, 50: 81-87.

[183] MUKHOPADHYAY N K, BELGER A, PAUFLER P, et al. Nanoindentation studies on Cu-Ti-Zr-Ni-Si-Sn bulk metallic glasses [J]. Materials science and engineering A, 2007, 449-451: 954-957.

[184] RAGHAVAN R, KOMBAIAH B, DÖBELI M, et al. Nanoindentation response of an ion irradiated Zr-based bulk metallic glass [J]. Materials science and engineering A, 2012, 532: 407-413.

[185] WU J, PAN Y, PI J. On indentation creep of two Cu-based bulk metallic glasses via nanoindentation [J]. Physica B: condensed matter, 2013, 421: 57-62.

[186] WEIZHONG L, ZHILIANG N, ZHENQIAN D, et al. Plastic deformation behaviors of Ni- and Zr-based bulk metallic glasses subjected to nanoindentation [J]. Materials characterization, 2013, 86: 290-295.

[187] ZHENG C, SUN S, SONG L, et al. Dynamic fracture characteristics of Fe78Si9B13 metallic glass subjected to laser shock loading [J]. Applied surface science, 2013, 286: 121-125.

[188] HUANG Y, ZHOU B, CHIU Y, et al. The structural relaxation effect on the nanomechanical properties of a Ti-based bulk metallic glass [J]. Journal of alloys and Compounds, 2014, 608: 148-152.

[189] ZHU R, XIE H, XUE Y, et al. Fabrication of speckle patterns by focused ion beam deposition and its application to micro-scale residual stress measurement [J]. Measurement science and technology, 2015, 26(9): 95601.

[190] MIRACLE D B. A structural model for metallic glasses [J]. Nature materials, 2004, 3(10): 697-702.

[191] GREER J R, DE HOSSON J T M. Plasticity in small-sized metallic systems: intrinsic versus extrinsic size effect [J]. Progress in materials science, 2011, 56(6): 654-724.

[192] WANG L, WANG L, NIE Z, et al. Evolution of residual stress, free volume, and hardness in the laser shock peened Ti-based metallic glass [J]. Materials and design, 2016, 111: 473-481.

[193] FU J, SHI H G, ZHENG C, et al. Numerical prediction on the mechanical behaviour of laser peened bulk metallic glass [J]. Atlantis press, 2015, 18: 754-757.

[194] CHEN L Y, LI B Z, WANG X D, et al. Atomic-scale mechanisms of tension-compression asymmetry in a metallic glass [J]. Acta materialia, 2013, 61(6): 1843-1850.

[195] HUANG Y J, KHONG J C, CONNOLLEY T, et al. In situ study of the evolution of atomic strain of bulk metallic glass and its effects on shear band formation [J]. Scripta materialia, 2013, 69(3): 207-210.

[196] TONG Y, IWASHITA T, DMOWSKI W, et al. Structural rejuvenation in bulk metallic glasses [J]. Acta materialia, 2015, 86: 240-246.

[197] SHAHABI H S, SCUDINO S, KABAN I, et al. Mapping of residual strains around a shear band in bulk metallic glass by nanobeam X-ray diffraction [J]. Acta materialia, 2016, 111: 187-193.

[198] GAO M, DONG J, HUAN Y, et al. Macroscopic tensile plasticity by scalarizating stress distribution in bulk metallic glass [J]. Scientific reports, 2016, 6: 21929.

[199] GUO H, YAN P F, WANG Y B, et al. Tensile ductility and necking of metallic glass [J]. Nature materials, 2007, 6(10): 735-739.

[200] BIAN X, WANG G, WANG Q, et al. Cryogenic-temperature-induced structural transformation of a metallic glass [J]. Materials research letters, 2017, 5(4): 284-291.

[201] JIANG X J, YU G, FENG Z H, et al. Abnormal β-phase stability in TiZrAl alloys [J]. Journal of alloys and compounds, 2017, 699: 256-261.

[202] QU D D, LISS K D, SUN Y J, et al. Structural origins for the high plasticity of a Zr-Cu-Ni-Al bulk metallic glass [J]. Acta materialia, 2013, 61(1): 321-330.

[203] STOICA M, DAS J, BEDNARCIK J, et al. Strain distribution in Zr64.13Cu15.75Ni10.12Al10 bulk metallic glass

investigated by in situ tensile tests under synchrotron radiation [J]. Journal of applied physics, 2008, 104(1): 013522.

[204] POULSEN H F, WERT J A, NEUEFEIND J, et al. Measuring strain distributions in amorphous materials [J]. Nature materials, 2004, 4(1): 33-36.

[205] MA D, STOICA A D, WANG X L, et al. Elastic moduli inheritance and the weakest link in bulk metallic glasses [J]. Physical review letters, 2012, 108(8): 1-5.

[206] MA D, STOICA A, WANG X L, et al. Efficient local atomic packing in metallic glasses and its correlation with glass-forming ability [J]. Physical review B, 2009, 80(1): 014202.

[207] MA D, STOICA A D, WANG X L. Power-law scaling and fractal nature of medium-range order in metallic glasses [J]. Nature materials, 2009, 8(1): 30-34.

[208] MA D, STOICA A D, YANG L, et al. Nearest-neighbor coordination and chemical ordering in multicomponent bulk metallic glasses [J]. Applied physics letters, 2007, 90(21): 6-9.

[209] TOBY B H. EXPGUI, a graphical user interface for GSAS [J]. Journal of applied crystallography, 2001, 34(2): 210-213.

[210] HUFNAGEL T C, SCHUH C A, FALK M L. Deformation of metallic glasses: recent developments in theory, simulations, and experiments [J]. Acta materialia, 2016, 109: 375-393.

[211] DELOGU F. Identification and characterization of potential shear transformation zones in metallic glasses [J]. Physical review letters, 2008, 100(25): 255901.

[212] DAS J, BOSTRÖM M, MATTERN N, et al. Plasticity in bulk metallic glasses investigated via the strain distribution [J]. Physical review B, 2007, 76(9): 092203.

[213] WANG Z, WEN P, HUO L S, et al. Signature of viscous flow units in apparent elastic regime of metallic glasses [J]. Applied physics letters, 2012, 101(12): 121906.

[214] HUO L S, ZENG J F, WANG W H , et al. The dependence of shear modulus on dynamic relaxation and evolution of local structural heterogeneity in a metallic glass [J]. Acta materialia, 2013, 61(12): 4329-4338.

[215] GE T P, WANG W H, BAI H Y. Revealing flow behaviors of metallic glass based on activation of flow units [J]. Journal of applied physics, 2016, 119(20): 204905.

[216] HUANG B, ZHU Z G, GE T P, et al. Hand in hand evolution of boson heat capacity anomaly and slow β-relaxation in La-based metallic glasses [J]. Acta materialia, 2016, 110(3): 73-83.

[217] ZHAO W, WANG Y Y, LIU R P, et al. High compressibility of rare earth-based bulk metallic glasses [J]. Applied physics letters, 2013, 102(3): 031903.

[218] DE HOSSON J T M, CARVALHO N J M, PEI Y, et al. Electron microscopy characterization of nanostructured coatings [J]. Nanostructured coatings, 2006: 143-215.

第 3 章 W 丝/非晶复合材料

尽管非晶合金具有高强度、高弹性等一系列优良力学性能，但高度局域化的剪切断裂模式严重制约了该类材料的应用，基于提高非晶合金塑性的目的，近年来，人们对非晶合金基复合材料进行了广泛深入的研究。到目前为止，内生晶体相增强非晶复合材料的缺点在于很难控制内生相的尺寸、数量、形貌和分布，同时很难获得较大尺寸的复合材料；而外加增强相非晶复合材料的制备方法简单，过程控制容易，因而逐渐受到人们的重视。

Johnson 研究小组利用渗流法制备了纤维增强非晶复合材料，发现不锈钢丝、W 丝均对复合材料的塑性有明显的改善效果[1]。相比较而言，W 丝对非晶复合材料塑性的改善效果更佳。随后的研究发现，W 丝/非晶复合材料不仅具有优异的力学性能，而且在高速侵彻过程中表现出典型的“自锐化”行为，其穿深较传统 W 合金提高了 10%～20%[2]，具有良好的国防应用前景，因而受到了国内外研究者的广泛关注。

W 丝/非晶复合材料的力学性能与界面结合状态[3-8]、W 丝体积分数[9-11]及 W 丝排布方式[12,13]等因素密切相关。Zhang 等[7]根据 W 丝与非晶合金的润湿动力学关系及液/固界面交互作用，确定复合材料的制备工艺参数，制备出界面结合良好的 W 丝/非晶复合材料。复合材料良好的结构均匀性和界面结构保证了其优异的力学性能。在随后的研究中发现，添加微量 Nb 元素可进一步抑制界面反应的发生，从而获得力学性能更加优异的 W 丝/非晶复合材料[8]。随着 W 丝体积分数的增加，W 丝/非晶复合材料的失效模式由剪切转变为轴向劈裂[9-11]。W 丝/非晶复合材料具有明显的各向异性，表现为 W 丝与加载轴向平行时，复合材料具有最优异的压缩力学性能，而 W 丝与加载轴向成 45° 或者 90° 时，复合材料具有最差的压缩力学性能[12,13]。W 丝/非晶复合材料的力学行为还会受到 W 丝直径、温度及应变率等因素的影响，因此需要不断完善其在各种服役条件下的变形机理，为其在工程领域的应用提供科学依据。

3.1 温度、W 丝直径对 W 丝/非晶复合材料力学行为的影响

3.1.1 组织结构

图 3-1 所示为 W 丝/非晶复合材料横向（垂直于 W 丝拉拔方向）截面的微观形貌特征。为描述方便，将直径为 0.3mm、0.5mm 和 0.7mm 的 W 丝/非晶复合材料分别标记为Ⅰ号、Ⅱ号和Ⅲ号复合材料。图 3-1（a）～（c）分别为Ⅰ号、Ⅱ号、Ⅲ号复合材料的微观形貌。深颜色区域为非晶，浅颜色区域为 W 丝，3 种试样中 W 丝都均匀分布。

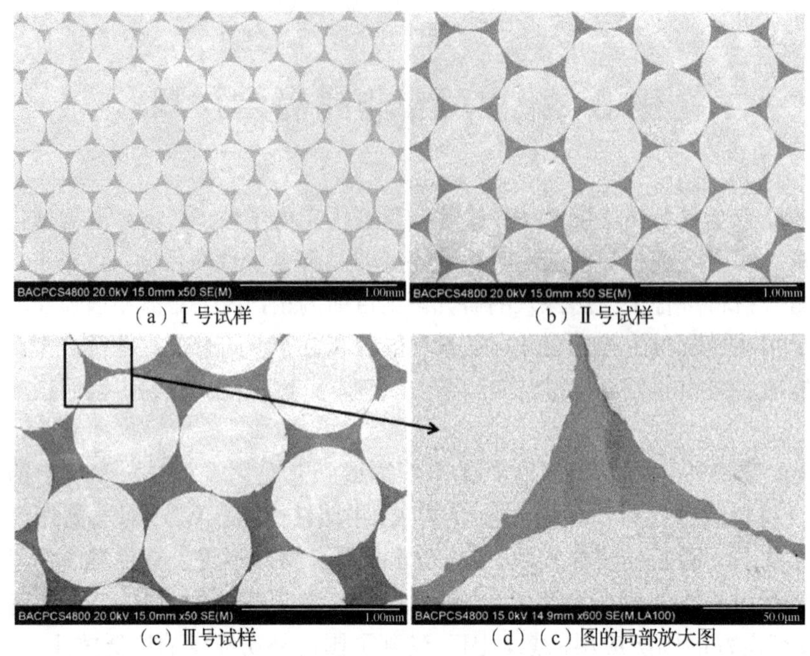

（a）Ⅰ号试样　（b）Ⅱ号试样
（c）Ⅲ号试样　（d）（c）图的局部放大图

图 3-1　W 丝/非晶复合材料横向截面的形貌特征

图 3-2 所示为 W 丝/非晶复合材料原始试样横向截面的 TEM 图像及相应界面处 SAED 照片。如图 3-2 所示，3 种试样的两相界面均非常清晰，界面处衍射斑点为 W 丝衍射斑点与非晶衍射晕环的叠加，没有其他晶体相衍射斑点出现，说明在 TEM 测试的精度范围内，非晶相没有发生晶化，两相无界面反应。

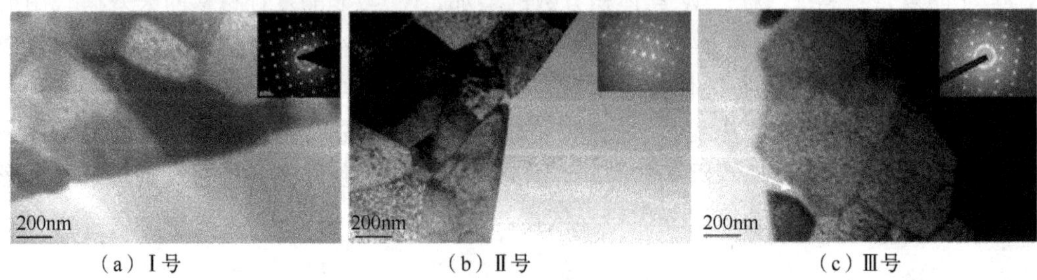

（a）Ⅰ号　（b）Ⅱ号　（c）Ⅲ号

图 3-2　W 丝/非晶复合材料原始试样横向截面的 TEM 图像及界面处 SAED 照片

图 3-3（彩图见书末）所示为 W 丝/非晶复合材料中 W 丝晶界面角度分布图，其中红色和绿色代表 2°～15°的小角度晶界，蓝色代表 15°～65°的大角度晶界。图 3-4 所示为 W 丝/非晶复合材料中 W 丝原始晶粒尺寸对比图。其中，Ⅰ号和Ⅲ号复合材料晶粒尺寸相当，Ⅱ号复合材料晶粒尺寸最大。图 3-5 为 W 丝/非晶复合材料中 W 丝内部各晶界角度所占比例。对小角度晶界进行统计发现，W 丝晶粒中的小角度晶界随着 W 丝拉拔程度的增加而增加，但不呈线性规律，对比不同直径 W 丝中小角度晶界所占比例，Ⅱ号复合材料相对于Ⅰ号和Ⅲ号复合材料，小角度晶界所占比例较小，其中Ⅲ号复合材

料小角度晶界所占比例最大。

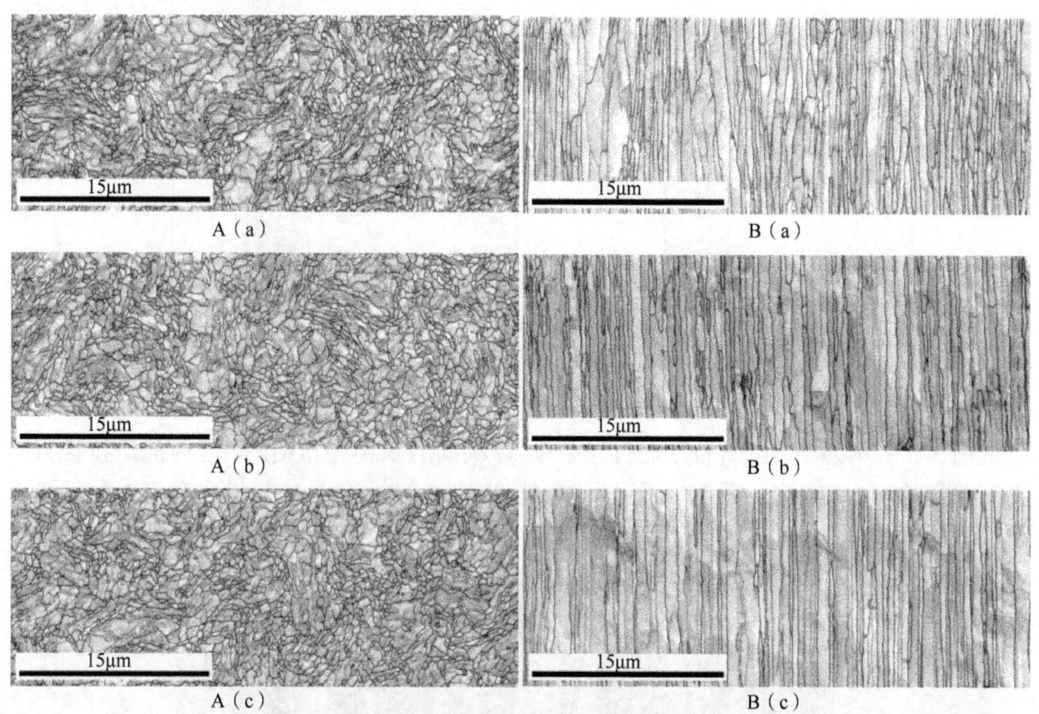

图 3-3　W 丝/非晶复合材料中 W 丝晶界角度分布图

A．横向；B．纵向；（a）Ⅰ号；（b）Ⅱ号；（c）Ⅲ号

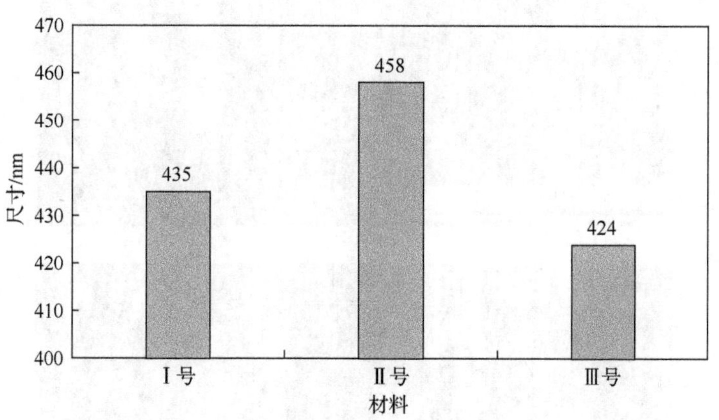

图 3-4　W 丝/非晶复合材料中 W 丝原始晶粒尺寸对比图

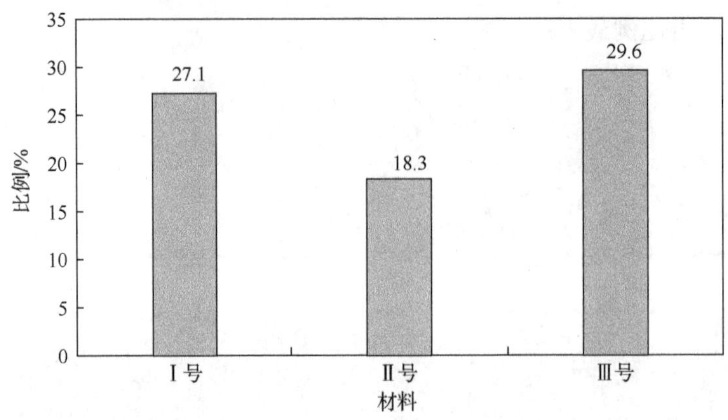

图 3-5　W 丝/非晶复合材料中 W 丝内部各晶界角所占比例

图 3-6 所示为 W 丝/非晶复合材料中 W 丝纵向的织构分布图。W 丝内部沿拉拔方向上有明显的<101>织构。图 3-7 所示为 W 丝/非晶复合材料中 W 丝横向和纵向的织构含量柱状图，Ⅱ号复合材料的织构含量最低。

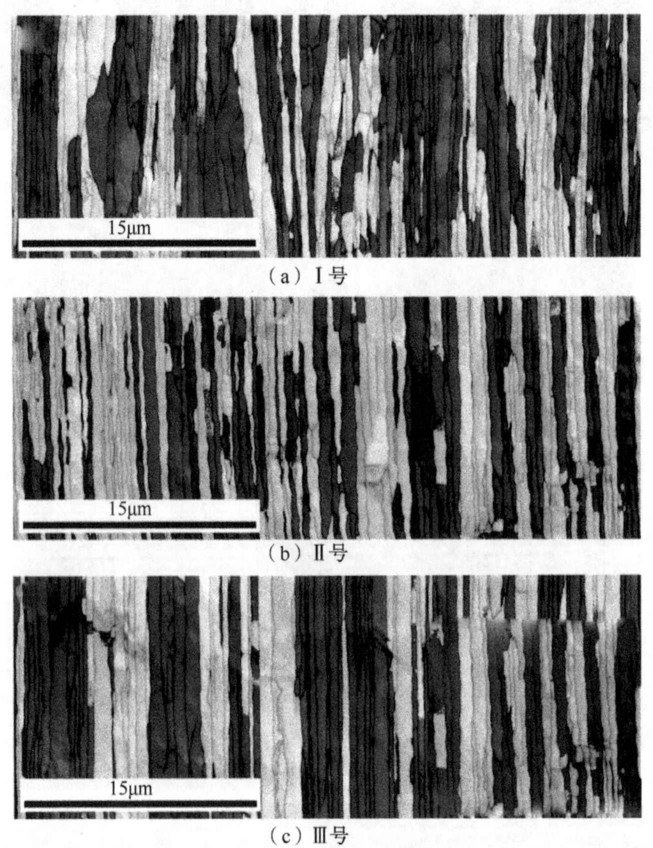

（a）Ⅰ号

（b）Ⅱ号

（c）Ⅲ号

图 3-6　W 丝/非晶复合材料中 W 丝纵向的织构分布图

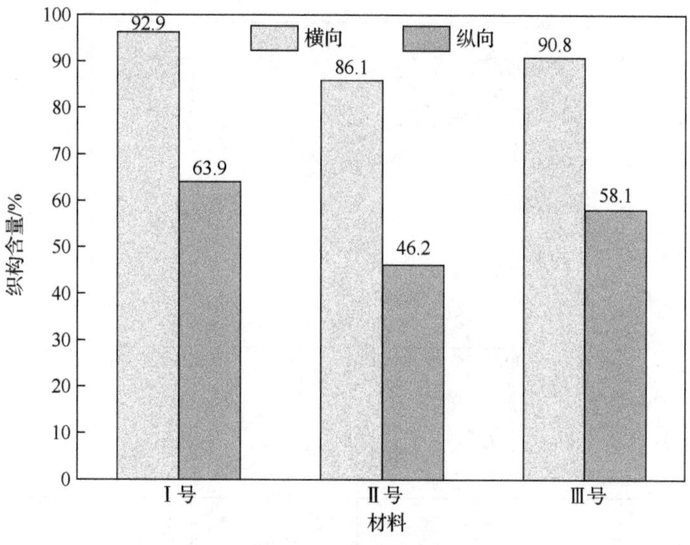

图 3-7　W 丝/非晶复合材料中 W 丝横向和纵向的织构含量柱状图

3.1.2　力学性能

图 3-8 为复合材料在 $4000s^{-1}$ 应变率下不同温度对应的真应力-真应变曲线。复合材料在动态压缩下均表现出明显的加工软化效应。随着温度的升高，复合材料的抗压强度降低而断裂强度增加，表现出明显的高温软化现象。

图 3-9 所示为 W 丝/非晶复合材料在不同应变率条件下的抗压强度随温度的变化曲线。温度为-50℃和 50℃时，3 种复合材料均表现出明显的应变率强化效应。温度为 200℃时，Ⅱ号复合材料仍表现出明显的应变率强化效应，而Ⅰ号和Ⅲ号复合材料的应变率强化效应减弱。

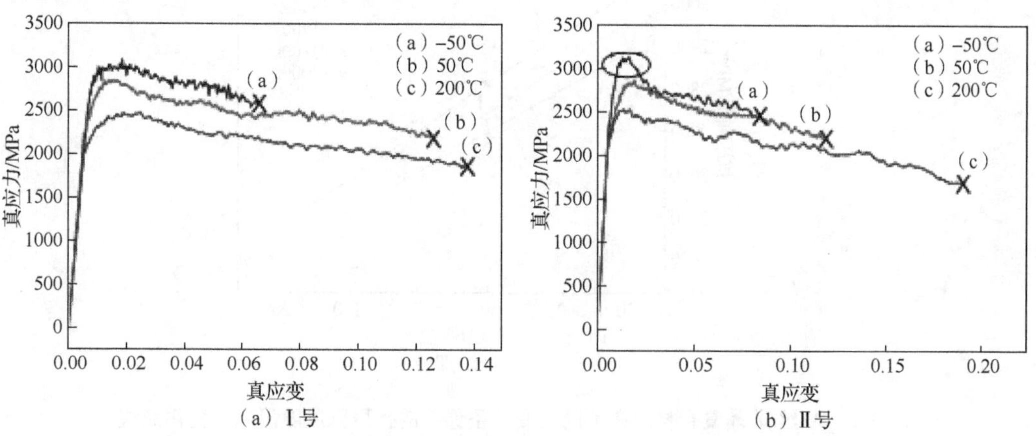

图 3-8　复合材料在 $4000s^{-1}$ 应变率下不同温度对应的真应力-应变曲线

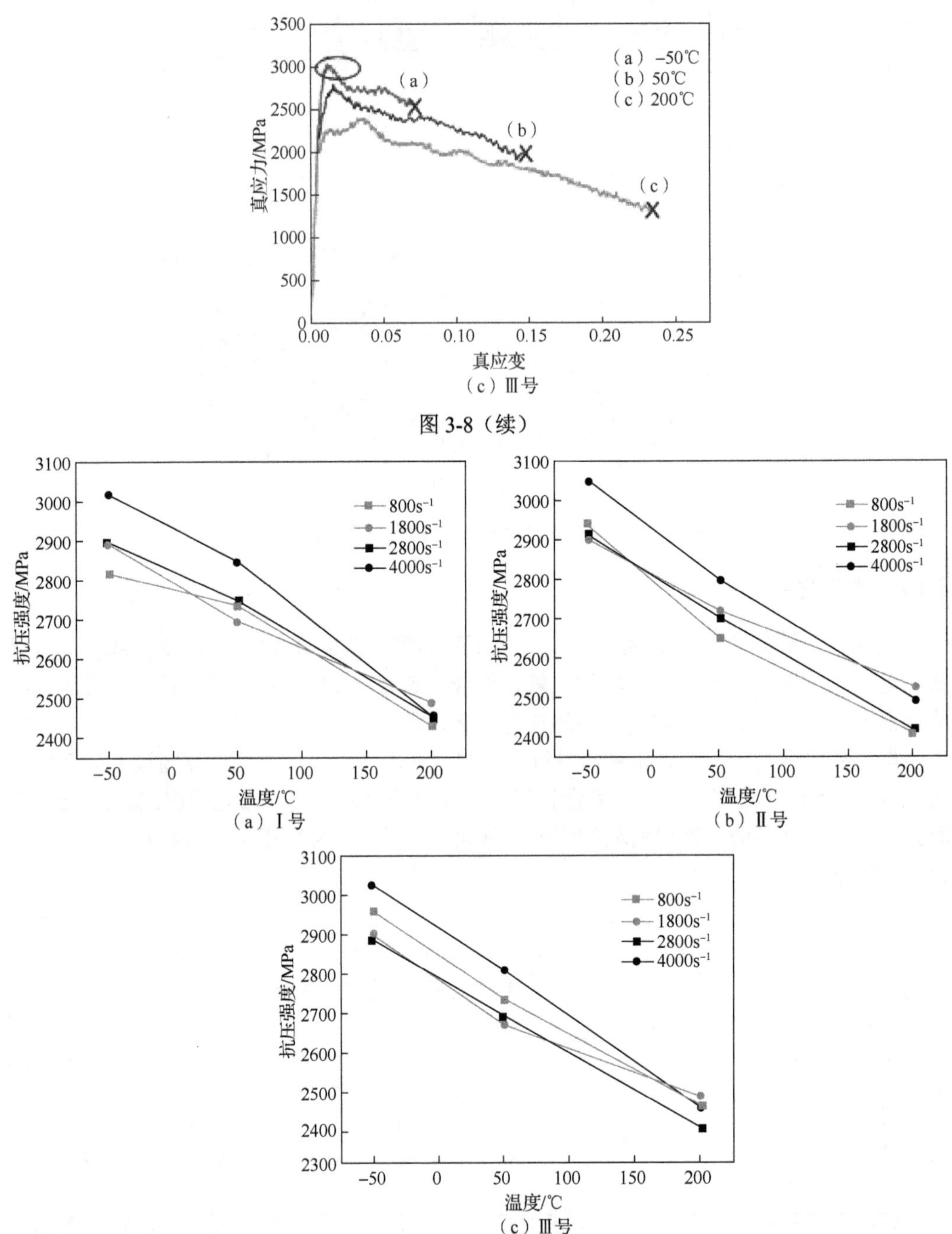

（c）Ⅲ号

图 3-8（续）

（a）Ⅰ号　（b）Ⅱ号　（c）Ⅲ号

图 3-9　W 丝/非晶复合材料在不同应变率条件下的抗压强度随温度的变化曲线

图 3-10 所示为 W 丝/非晶复合材料的应变率敏感性系数（m）随温度的变化规律。其中，Ⅰ号复合材料的应变率敏感性系数随温度的升高呈降低趋势，而Ⅱ号和Ⅲ号复合材料的应变率敏感系数则随温度的升高先升高后降低。并且，在 200℃时，3 种复合材料的应变率敏感系数最低。

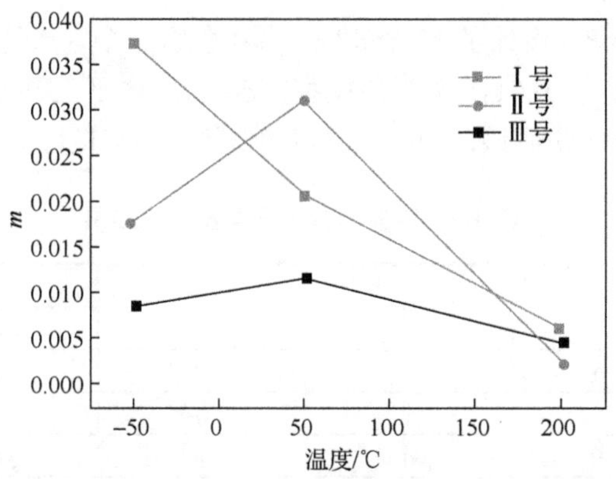

图 3-10 W 丝/非晶复合材料的应变率敏感性系数（m）随温度的变化规律

为了进一步说明温度对不同直径 W 丝复合材料力学性能的影响，引入金属材料温度系数（a）来进行描述：

$$a = \frac{\ln P_k - \ln P_z}{T_z - T_k} \tag{3-1}$$

式中，P_k 是温度为 T_k 时复合材料的抗压强度；P_z 是温度为 T_z 时复合材料的抗压强度。根据式（3-1）得出应变率为 $4000s^{-1}$ 时 3 种复合材料的温度系数，如图 3-11 所示。Ⅱ号复合材料的温度系数最低，仅为 0.8×10^{-3}；Ⅰ号和Ⅲ号复合材料的温度系数均较高，分别为 0.98×10^{-3} 和 1.02×10^{-3}，这表明温度对Ⅱ号复合材料抗压强度的影响较低。

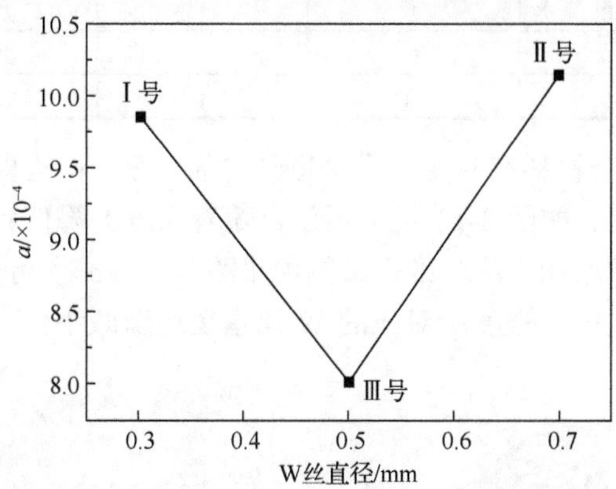

图 3-11 不同直径 W 丝/非晶复合材料在 $4000s^{-1}$ 应变率下的温度系数

以抗压强度为响应值设计三因素三水平试验方案，建立响应面模型，对 W 丝/非晶复合材料进行优化设计。表 3-1 为试验因素水平与编码。

表 3-1 试验因素水平与编码

因素	编码	水平取值			因素取值		
温度/℃	A	−1	0	1	−55	67.5	190
W 丝直径/mm	B	−1	0	1	0.3	0.5	0.7
应变率/s^{-1}	C	−1	0	1	800	2400	4000

采用 Design-Expert 8.0 设计了 17 个处理，其中包含 5 个零点处理和 12 个析因点处理。该模型的 P=0.003，小于 0.01，说明该模型在∂=0.01 水平上显著；该模型的相关系数 R^2=0.9879，大于 0.9000，说明该模型的预测值和试验值具有良好的相关性，如表 3-2 所示。

表 3-2　响应面分析方案及试验结果

试验序号	A	B	C	抗压强度/MPa	
				试验值	预测值
1	0	1	−1	2690	2682.5
2	1	1	0	2320	2305
3	−1	0	1	3100	3077.5
4	0	0	0	2730	2730
5	−1	1	0	2860	2885
6	1	−1	0	2450	2425
7	−1	−1	0	2900	2915
8	0	0	0	2730	2730
9	0	−1	−1	2740	2742.5
10	1	0	1	2510	2527.5
11	0	0	0	2730	2730
12	1	0	−1	2420	2442.5
13	0	0	0	2730	2730
14	−1	0	−1	2980	2962.5
15	0	1	1	2770	2767.5
16	0	0	0	2730	2730
17	0	−1	1	2850	2857.5

图 3-12 所示为复合材料在应变率为 800s^{-1} 时的温度−W 丝直径−抗压强度的三维响应面图谱和二维投影图。如图 3-12（a）所示，随着温度的降低和 W 丝直径的降低，复合材料的抗压强度逐渐增加。从二维投影图中［图 3-12（b）］可以看出，随着温度的升高，复合材料达到最大抗压强度所对应的 W 丝直径逐渐减小。

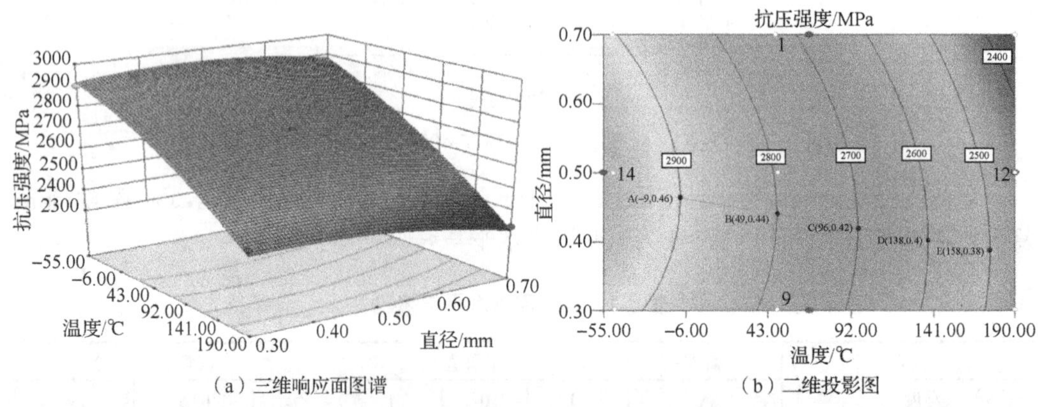

（a）三维响应面图谱　（b）二维投影图

图 3-12　复合材料在应变率为 800s^{-1} 时的温度−W 丝直径−抗压强度的三维响应面图谱和二维投影图

图 3-13 所示为复合材料在室温下的 W 丝直径-应变率-抗压强度的三维响应面图谱和二维投影图。随着应变率和 W 丝直径的增加，复合材料的抗压强度先升高后降低[图 3-13（a)]。W 丝直径为 0.4～0.45mm 的复合材料与其他 W 丝直径复合材料相比，强度具有明显的优势［图 3-13（b)]。

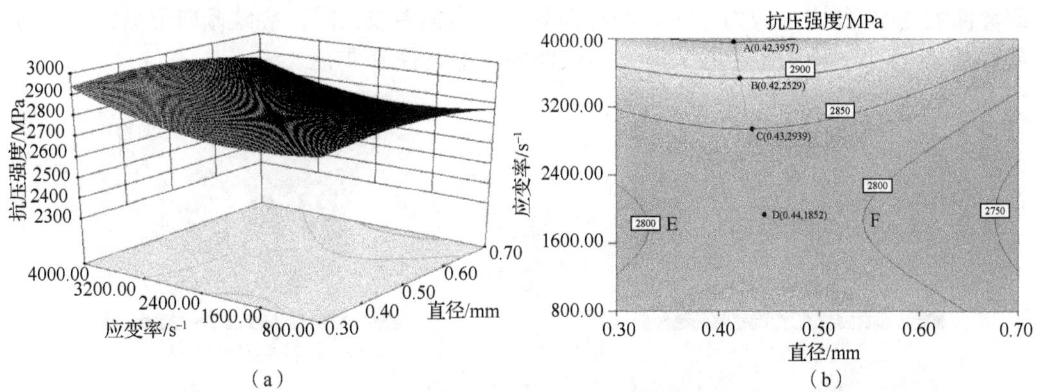

图 3-13 复合材料在室温下的 W 丝直径-应变率-抗压强度的三维响应面图谱和二维投影图

3.1.3 失效机制

1. W 丝直径对变形、断裂行为的影响

图 3-14 所示为 3 种复合材料在应变率为 3860 s^{-1} 下的断口形貌。3 种复合材料宏观上均为轴向劈裂，微观上均呈现出非晶相剪切断裂、W 丝自身轴向撕裂及两相沿界面劈裂的特征，但三者在微观断裂模式上存在差异。Ⅰ号复合材料的断口以两相沿界面劈裂为主［图 3-14（a)]，Ⅲ号复合材料的断口以 W 丝自身撕裂为主［图 3-14（c)]，而Ⅱ号复合材料的断口中 W 丝自身轴向撕裂与两相沿界面劈裂所占的比例相当［图 3-14（b)]。

（a）Ⅰ号 （b）Ⅱ号 （c）Ⅲ号

图 3-14 3 种复合材料在应变率为 3860s^{-1} 下的断口形貌

图 3-15 为 W 丝/非晶复合材料裂纹扩展路径示意图。裂纹在向界面的扩展过程中，受局部应力分布的影响，裂纹可能沿 A、B、C 这 3 条路径扩展。裂纹沿不同路径扩展主要取决于 W 丝强度与两相界面结合强度之间的差异及应力状态。当 W 丝强度高于界面结合强度时，裂纹倾向于沿界面扩展，即路径 A，其相应的断口形貌如图 3-15（a）所示，裂纹扩展路径为 W 丝—非晶—两相界面，断口呈现出 W 丝自身轴向撕裂、非晶

相剪切断裂和两相沿界面劈裂的特征；当 W 丝强度低于界面结合强度时，裂纹倾向于向 W 丝内部扩展，即路径 B 和路径 C，其相应的断口形貌如图 3-15（b）和（c）所示，裂纹扩展路径为 W 丝—非晶—W 丝，断口呈现出 W 丝自身轴向撕裂和非晶相剪切断裂的特征。当 W 丝强度与界面结合强度相差不大时，裂纹扩展路径主要取决于应力状态，即界面处与 W 丝中的应力集中，当界面处的应力集中较大时，裂纹倾向于沿路径 A 扩展；当 W 丝中的应力集中较大时，裂纹倾向于沿路径 B 扩展。

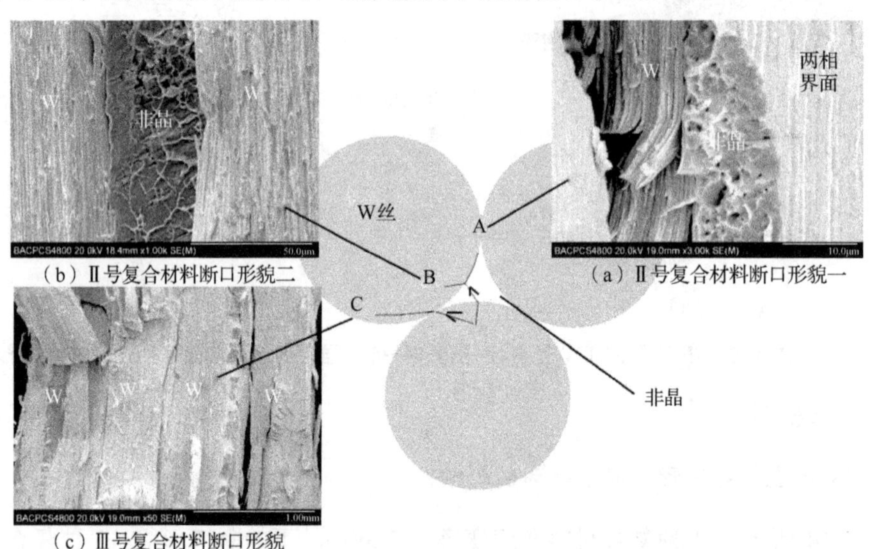

（b）Ⅱ号复合材料断口形貌二　（a）Ⅱ号复合材料断口形貌一　（c）Ⅲ号复合材料断口形貌

图 3-15　W 丝/非晶复合材料裂纹扩展路径示意图

W 丝直径的不同会产生 W 丝屈服强度的差异，I 号复合材料的 W 丝屈服强度最高，远高于界面结合强度，因而裂纹倾向于路径 A 扩展，所以 I 号复合材料的微观断裂模式以两相沿界面劈裂为主；Ⅲ号复合材料的 W 丝屈服强度最低，远低于界面结合强度，因而裂纹倾向于沿路径 B 扩展，导致Ⅲ号复合材料的微观断裂模式以 W 丝自身轴向撕裂为主；Ⅱ号复合材料的 W 丝强度介于 I 号和Ⅲ号复合材料之间，其强度与界面结合强度相当，因而其裂纹扩展路径主要由应力状态决定，由于动态压缩条件下试样变形不均匀，试样不同部位的应力状态不同，其裂纹沿路径 A 和路径 B 扩展的可能性相当，所以Ⅱ号复合材料的断口中 W 丝自身轴向撕裂与两相沿界面劈裂所占比例相当。

2. 温度对变形、断裂行为的影响

图 3-16 为 I 号复合材料在应变率为 2800s^{-1} 条件下，不同温度时的断裂形貌。复合材料在−50℃、50℃和 200℃时均呈轴向劈裂的断裂模式。不同之处在于 200℃时，复合材料失效后并未完全分离，W 丝与非晶相变形剧烈并相互缠结。

图 3-17 为不同温度时，I 号复合材料在应变率为 2800s^{-1} 条件下形变 16%时的微观形貌。在−50℃和 50℃时，裂纹倾向于在 W 丝内部萌生并沿着 W 丝轴向快速扩展，导致复合材料呈轴向劈裂的断裂模式。当温度为 200℃时，非晶软化效应增加，部分非晶相发生剪切断裂，同时 W 丝发生剧烈变形并沿轴向劈裂，剧烈变形的 W 丝与破碎的非

晶颗粒相互缠结，复合材料表现为以劈裂为主同时局部区域发生剪切断裂。

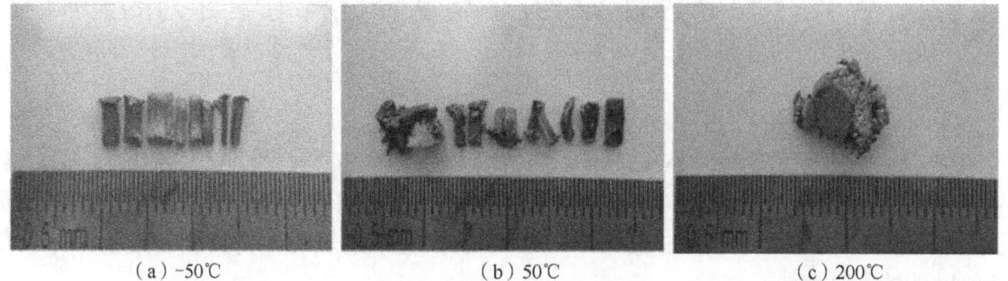

（a）-50℃　（b）50℃　（c）200℃

图 3-16　不同温度时 I 号复合材料在应变率为 $2800s^{-1}$ 条件下的断裂形貌

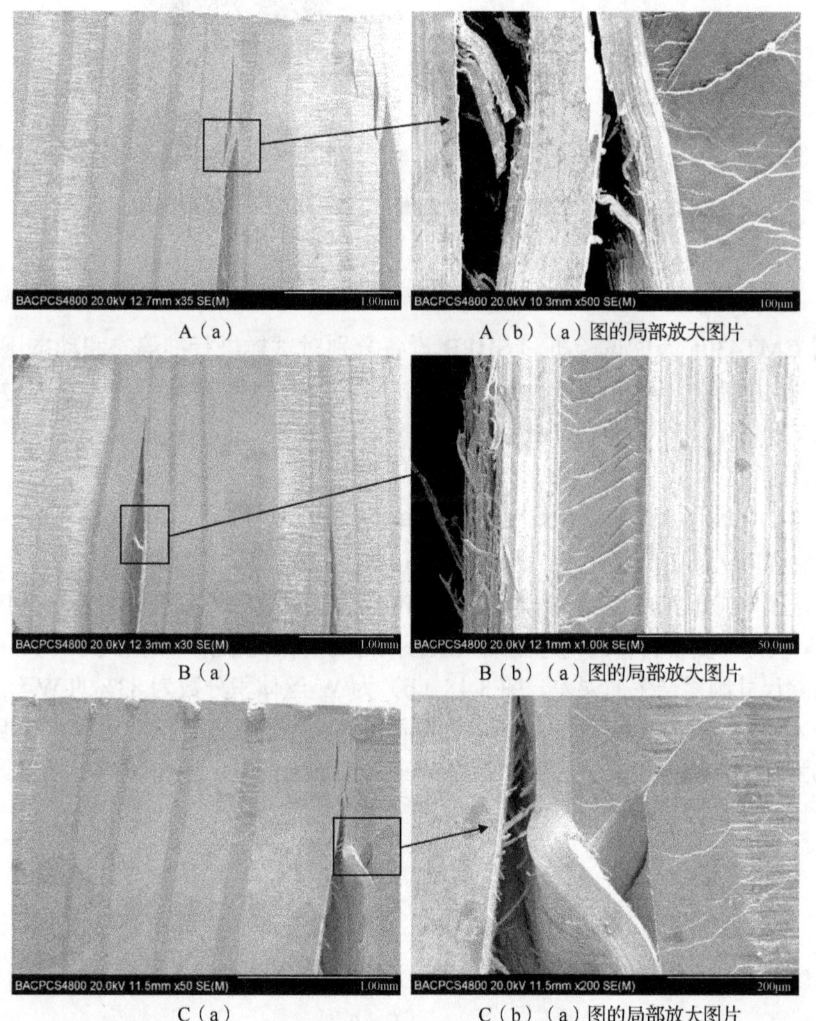

A（a）　A（b）（a）图的局部放大图片

B（a）　B（b）（a）图的局部放大图片

C（a）　C（b）（a）图的局部放大图片

图 3-17　不同温度时，I 号复合材料在应变率为 $2800s^{-1}$ 条件下形变 16%时的微观形貌

A．-50℃；B．50℃；C．200℃

3.2　W 丝体积分数对 W 丝/非晶复合材料力学行为的影响

3.2.1　研究方法

利用压力浸渗技术获得 W 丝体积分数分别为 40%、65%、70%、75%和 83%的 5 种 W 丝/非晶复合材料。图 3-18（a）为 W 丝体积分数为 83%的 W 丝/非晶复合材料的微观形貌，其中 W 丝均匀分布在非晶相内。XRD 的试验结果表明，材料制备过程中未出现 W 丝以外的晶体相。

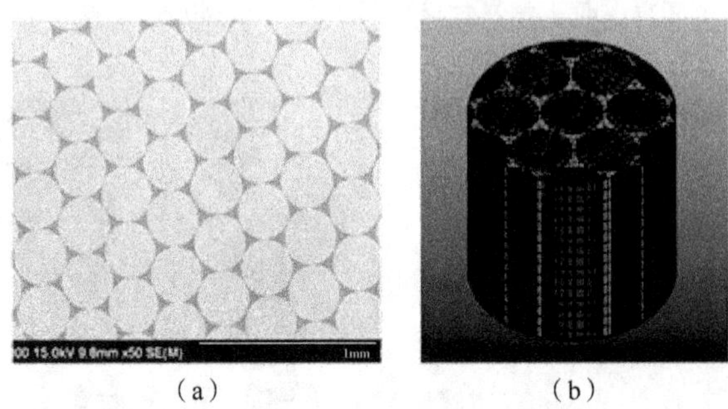

图 3-18　W 丝体积分数为 83%的 W 丝/非晶复合材料的微观形貌和 3D 模型

采用 CMT4305 万能试验机和 SHPB 设备分别对试样进行准静态和动态压缩力学性能测试。采用真应力-真应变曲线分析复合材料的加工硬化/软化行为，真应力和真应变的计算公式如下：

$$s = \sigma(1-\varepsilon) \tag{3-2}$$

$$e = -\ln(1-\varepsilon) \tag{3-3}$$

式中，s 是真应力；e 是真应变；σ 是工程应力；ε 是工程应变。

采用基于响应面法的经验数学模型建立 W 丝体积分数和流变应力的关系。利用 ANSYS LS-DYNA 软件对复合材料的动态压缩失效行为进行有限元模拟。模型尺寸与实际样品尺寸相同，消除尺寸因素产生的误差。图 3-18（b）为 W 丝体积分数为 83%的 W 丝/非晶复合材料的 3D 模型。假定 W 丝和非晶基体的界面完整，为理想边界。W 丝和非晶相的本构行为均简化为弹塑性模型，其中应变率用 Cower-Symonds 模型，如式（3-4）所示。

$$\sigma_y = \left[1+\left(\frac{\dot{\varepsilon}}{c}\right)^{\frac{1}{P}}\right]\left(\sigma_0 + \beta E_p \varepsilon_p^{\text{eff}}\right) \tag{3-4}$$

式中，σ_y 是屈服强度；σ_0 是初始屈服强度；$\dot{\varepsilon}$ 是应变率；c 和 P 均是应变率相关参数；β 是硬化参数；$\varepsilon_p^{\text{eff}}$ 是有效的塑性应变；E_p 是塑性硬化模量，其公式为

$$E_p = \frac{E_{\tan} E}{E - E_{\tan}} \tag{3-5}$$

其中，$E_{\tan}$ 是切变模量；E 是杨氏模量。复合材料两相的本构模型参数如表 3-3 所示。

表 3-3　W 丝/非晶复合材料两相的本构模型参数

性能	W 丝	非晶
杨氏模量/GPa	410	96
密度/(kg/m^3)	17600	6680
泊松比	0.28	0.36
屈服强度/MPa	1700	1900
等效断裂强度/%	35	2

3.2.2　力学性能

图3-19所示为不同W丝体积分数的复合材料在准静态和动态压缩下的真应力-真应变曲线。如图 3-19（a）所示，在准静态压缩下，复合材料在屈服时均表现出应力下降的现象，这与 BCC 结构的金属一致。与传统材料的加工硬化现象不同，复合材料在塑性变形过程中呈明显的加工软化。与准静态压缩相比，复合材料在动态压缩下的屈服强度明显提高，且加工软化效应更为明显［图 3-19（b）］。

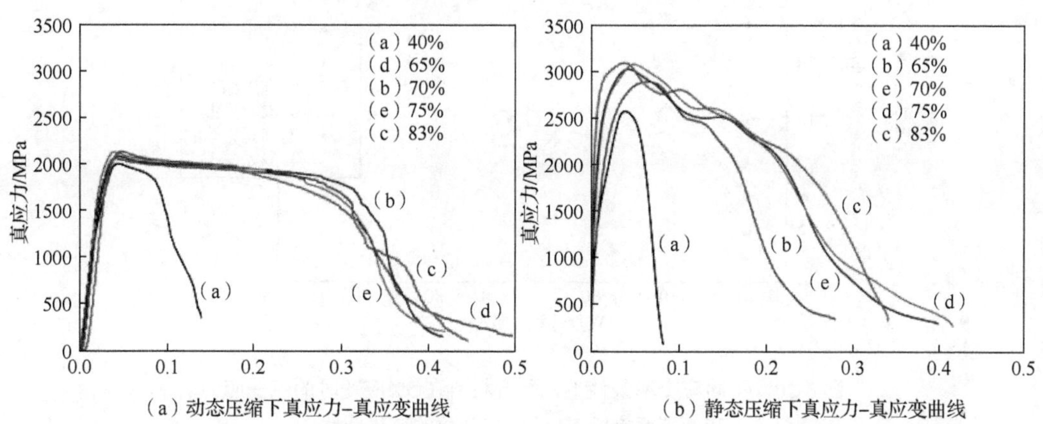

（a）动态压缩下真应力-真应变曲线　　（b）静态压缩下真应力-真应变曲线

图 3-19　不同 W 丝体积分数的复合材料在准静态压缩和动态压缩下的真应力-真应变曲线

图 3-20 为不同应变率条件下，复合材料在 5%应变时的流变应力和断裂强度随 W 丝体积分数的变化曲线。模拟结果与试验结果具有很好的一致性。如图 3-20（a）所示，随着应变率的提高，应力值逐渐提升，动态压缩下的流变应力远高于准静态。另外，在有限元模拟中，随着 W 丝体积分数的增加，其动态断裂强度逐渐提高，只在 88%体积分数时略有下降；然而，复合材料的准静态断裂强度随着 W 丝体积分数的增加呈先增加后降低的现象，在 W 丝体积分数为 70%时达到最高值［图 3-20（b）］，这与文献中的报道一致[10,11]。

图 3-21 为复合材料在准静态压缩和动态压缩下 W 丝体积分数-应变率-流变应力三者之间的响应面图谱。如图 3-21（a）所示，随着 W 丝体积分数和应变率的增加，复合材料的流变应力逐渐增加。而在动态压缩条件下，随着 W 丝体积分数和应变率的增加，复合材料的流变应力先增加，随后保持稳定［图 3-21（b）］。

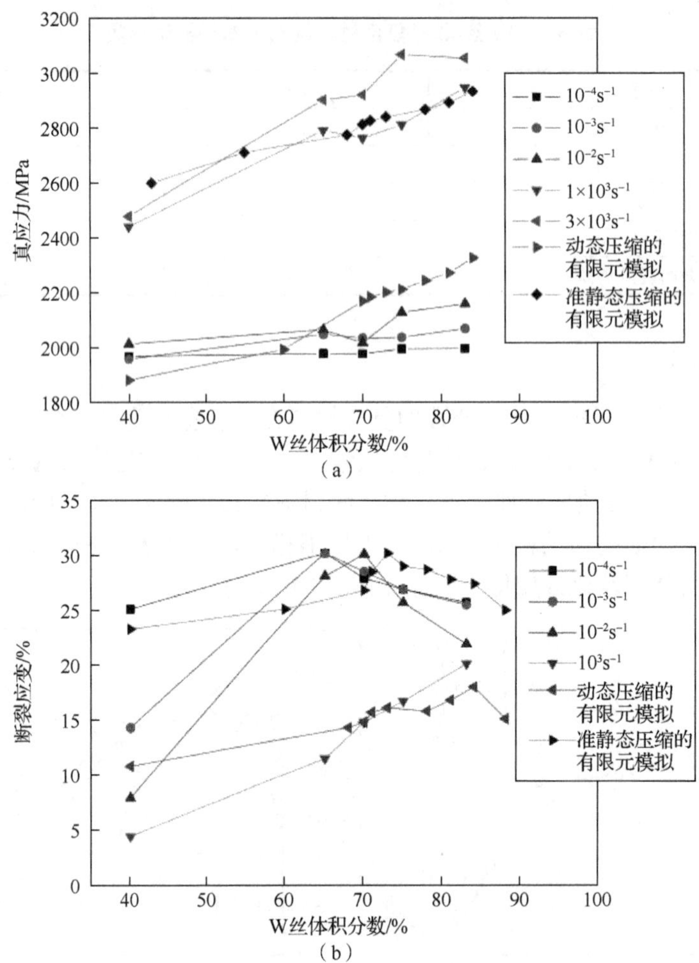

图 3-20　不同应变率条件下，复合材料在 5%应变时的流变应力和断裂强度随 W 丝体积分数的变化曲线

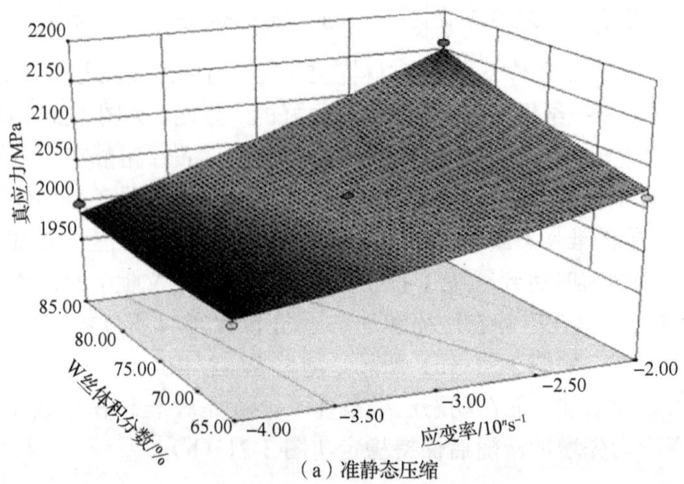

（a）准静态压缩

图 3-21　复合材料在准静态压缩和动态压缩下 W 丝体积分数-应变率-流变应力三者之间的响应面图谱

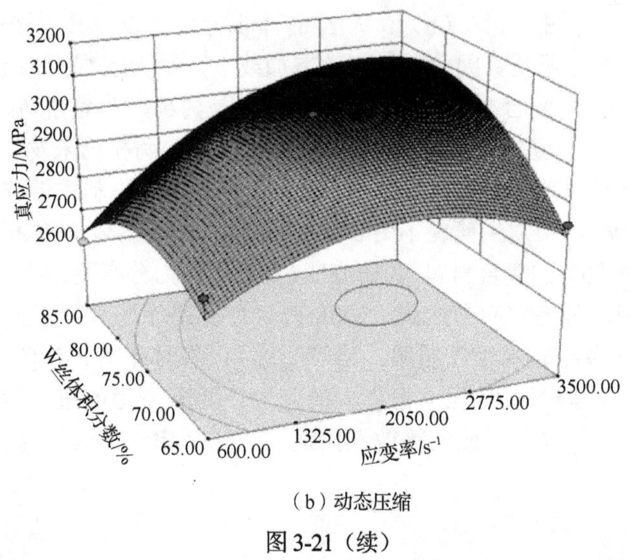

（b）动态压缩

图 3-21（续）

3.2.3　失效机制

图 3-22 为 W 丝体积分数分别为 40%、65%和 83%的复合材料在动态压缩下应变 5%、8%和断裂时的侧面微观形貌。如图 3-22A（a）所示，W 丝体积分数 40%的复合材料在应变 5%时，其非晶相内部形成剪切带，而 W 丝中出现少量微裂纹，在进一步的变形中，剪切带沿剪切方向扩展而将 W 丝切断［图 3-22A（b）］，导致复合材料发生剪切断裂［图 3-22A（c）］。W 丝体积分数 65%的复合材料在应变 5%时，非晶相中几乎无明显的剪切带形成，W 丝内部也无明显微裂纹出现［图 3-22B（a）］；在应变达到 8%时，非晶相内部产生大量的剪切带，当剪切带扩展至两相界面时，可能扩展至 W 丝内部或者诱发非晶相中产生二次剪切带［图 3-22B（b）］。尽管部分剪切带扩展会切断 W 丝，但大量的 W 丝发生了明显的屈曲，使复合材料在宏观尺度上呈劈裂的断裂模式［图 3-22B（c）］。W 丝体积分数为 83%的复合材料在应变 5%时，W 丝内部已形成裂纹［图 3-22C（a）］，随着应变的增加，裂纹快速扩展，高体积分数的 W 丝抑制了非晶相中剪切带的萌生，最终导致复合材料呈完全的劈裂断裂模式［图 3-22C（c）］。

图 3-23（彩图见书末）所示为 W 丝体积分数为 88%的复合材料的有限元模型及动态压缩后的截面形貌。复合材料中的 W 丝之间几乎紧密接触，而非晶相仅在 W 丝之间的三角区域存在［图 3-23（a）］，因而在变形过程中 W 丝之间容易产生应力集中和劈裂［图 3-23（b）］。因此，W 丝体积分数达到 88%时不利于复合材料承载能力的提高。结合 W 丝体积分数对复合材料影响的试验分析，推断 W 丝体积分数介于 84%～88%时，W 丝/非晶复合材料具有良好的强韧性。

图 3-24（彩图见书末）为 W 丝体积分数为 40%、65%和 83%的复合材料在动态压缩下应变 5%、8%和断裂时的 von Mises 应力分布。如图 3-24A（a）所示，W 丝体积分数 40%的复合材料在应变 5%时，除边缘部分的非晶相承受最大应力外，其余部分 W 丝承载的应力明显高于非晶相，表明 W 丝为主要承载相。当应变达到 8%时，边缘

区域非晶相应力降低［图 3-24A（b）］。W 丝的体积分数较低，其无法有效阻碍剪切带的扩展，同时 W 丝分布不均，因此材料在动态加载下几乎无宏观塑性［图 3-24A（c）］。在 W 丝体积分数 65%的复合材料内，无论是边缘还是内部，非晶相均比 W 丝体积分数 40%时承受更多应力。当应变达到 8%时［图 3-24B（b）］，两相仍未发生明显的断裂，同时在心部的 W 丝处发现其承受应力值最高。持续变形，复合材料中的非晶相发生剪切断裂，而两相界面和 W 丝中发生劈裂［图 3-24B（c）］。与较低 W 丝体积分数的复合材料相比，W 丝体积分数 83%的复合材料，其在应变 5%时的应力分布更加均匀［图 3-24C（a）］，W 丝为主要承载相，其等效应力达到 1900MPa，而非晶相的等效应力仍低于其屈服应力，表明此时 W 丝将比非晶相先屈服。当应变达到 8%时［图 3-24C（b）］，复合材料内部无明显破坏，非晶相比 W 丝承担更大的应力。随着变形的进一步发生直到断裂，两相均发生剧烈变形，部分区域的等效应力达到 4000MPa，劈裂裂纹在 W 丝内产生［图 3-24C（c）］。

图 3-22　W 丝体积分数分别为 40%（A）、65%（B）和 83%（C）的复合材料在动态压缩下应变 5%、8%和断裂时的侧面微观形貌

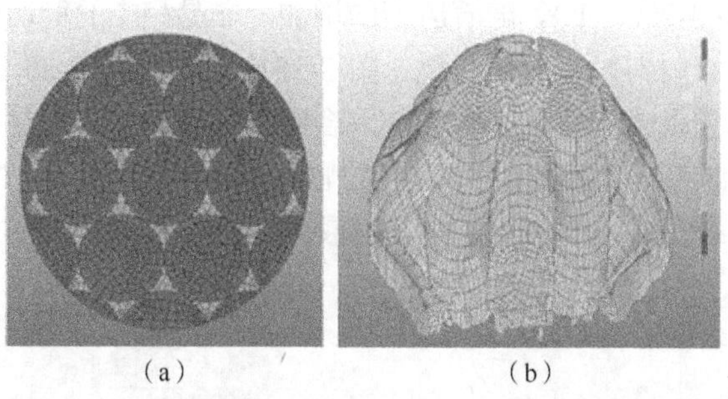

图 3-23　W 丝体积分数为 88%的复合材料的有限元模型及动态压缩后的截面形貌

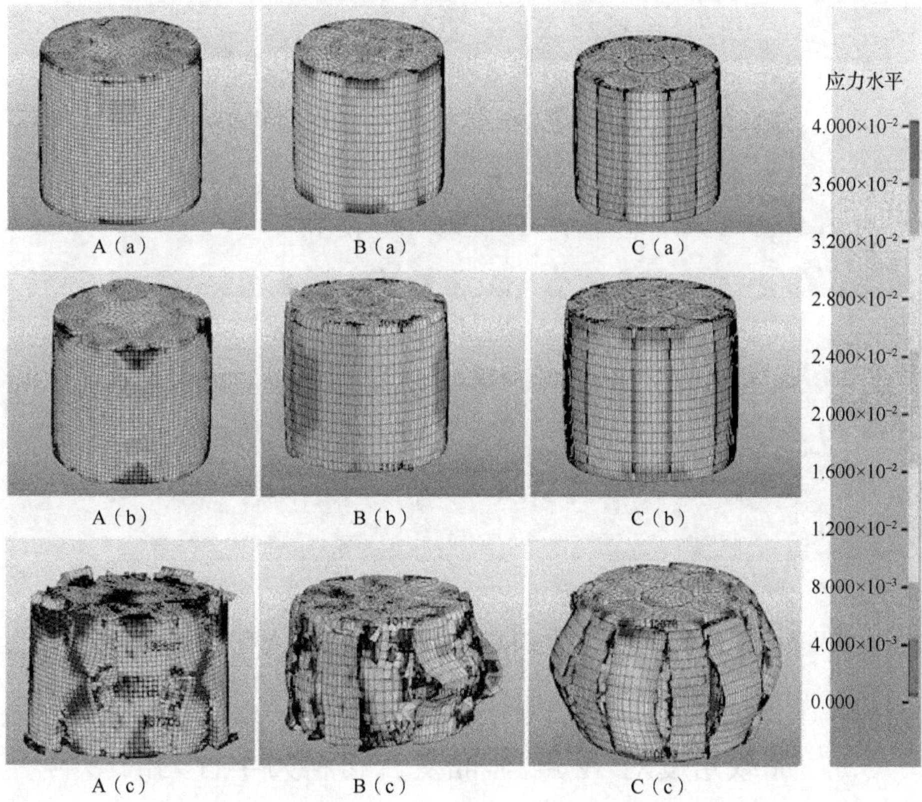

图 3-24　W 丝体积分数为 40%（A）、65%（B）和 83%（C）的复合材料在动态压缩下应变 5%（a）、8%（b）和断裂（c）时的 von Mises 应力分布

图 3-25（彩图见书末）所示为 W 丝体积分数为 40%、65%和 83%的复合材料在动态压缩下应变 5%、8%和断裂时的截面 von Mises 应力分布。如图 3-25A（a）所示，40%体积分数的复合材料在应变 5%时，剪切方向的应力值明显较高，同时应力主要分布在心部的非晶相内。随着 W 丝体积分数的提高，应力逐渐集中在两相界面处，如图 3-25B（a）和图 3-25C（a）所示。当变形达到 8%时，非晶相中形成大量的微裂纹［图 3-25A（b）～图 3-25C（b）］。而对于高 W 丝体积分数的复合材料，微裂纹主要集中在两相界面处，

如图 3-25B（b）和图 3-25C（b）。随着应变的增加，非晶相中的剪切带扩展至 W 丝内部，并将其剪断，导致复合材料发生剪切断裂［图 3-25A（c）～图 3-25（c）］。W 丝体积分数 65%的复合材料的断裂模式为剪切和劈裂的混合断裂模式，剪切发生在非晶相内，劈裂发生在两相界面处，同时 W 丝内部发生了明显的屈曲［图 3-25B（c）］。W 丝体积分数 83%的复合材料呈劈裂的断裂模式，其心部的 W 丝劈裂，而表面 W 丝则发生弯曲［图 3-25C（c）］。

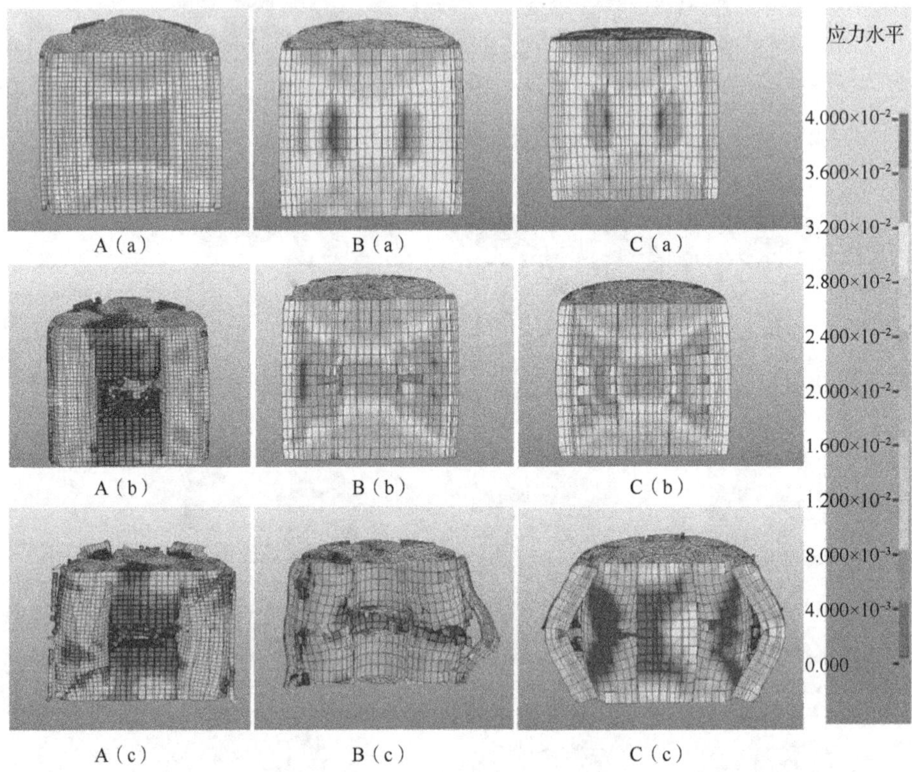

图 3-25　W 丝体积分数为 40%（A）、65%（B）和 83%（C）的复合材料在动态压缩下应变 5%（a）、8%（b）和断裂（c）时的截面 von Mises 应力分布

3.3　加载角度对 W 丝/非晶复合材料力学行为的影响

3.3.1　研究方法

为了系统分析 W 丝/非晶复合材料的动态各向异性力学行为，选定 W 丝与加载轴之间的夹角（θ_f）分别为 0°、15°、30°、45°、60°、75° 和 90° 的复合材料为研究对象。复合材料中 W 丝的体积分数均为 83%。图 3-26 所示为 3 种不同 θ_f 的 W 丝/非晶复合材料的微观形貌。由此可知，W 丝在复合材料中沿不同的方向排布，且分布均匀。

采用 CMT4305 万能试验机和 SHPB 设备分别对试样进行准静态和动态压缩力学性能测试。采用 ANSYS LS-DYNA 软件对不同 θ_f 的 W 丝/非晶复合材料的动态压缩力学行为进行有限元模拟。有限元模拟中模型尺寸与试样实际尺寸相同，以消除尺寸因素产生的误差。图 3-26（b）所示为 3 种不同 θ_f 的 W 丝/非晶复合材料的有限元模型。假定 W 丝和非晶基体的界面完整，为理想边界。W 丝和非晶相的本构行为均简化为弹塑性模型，其中应变率用 Cower-Symonds 模型。图 3-27 所示为不同 θ_f 的 W 丝/非晶复合材料在动态压缩作用下的有限元模拟和试验应力波形图。数值模拟波形和试验波形具有很好的一致性。

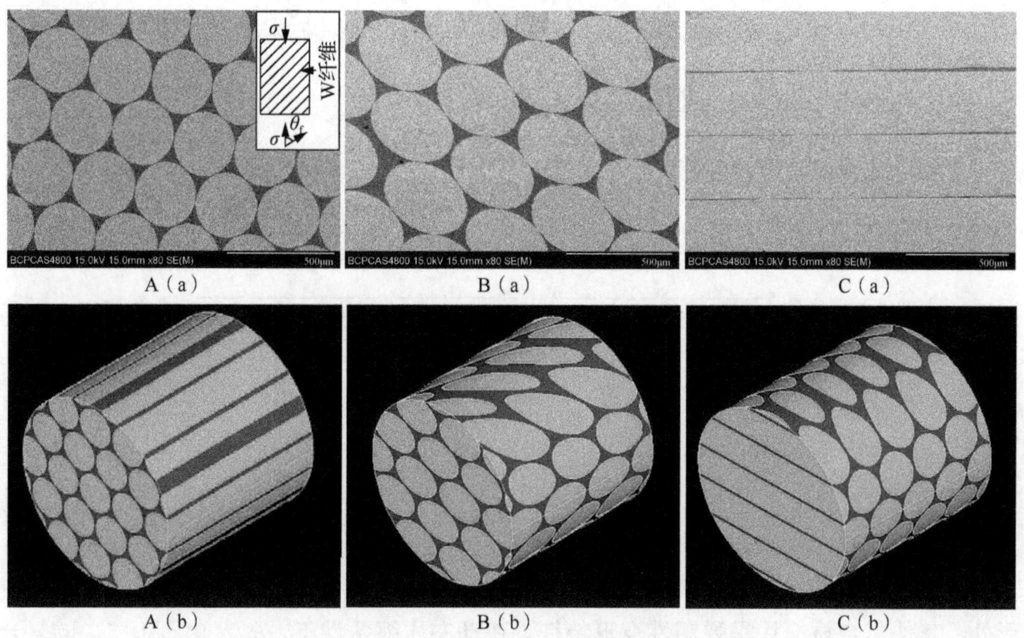

图 3-26　3 种不同 θ_f 的 W 丝/非晶复合材料的微观形貌和对应的有限元模型

A. θ_f=0°；B. θ_f=45°；C. θ_f=90°

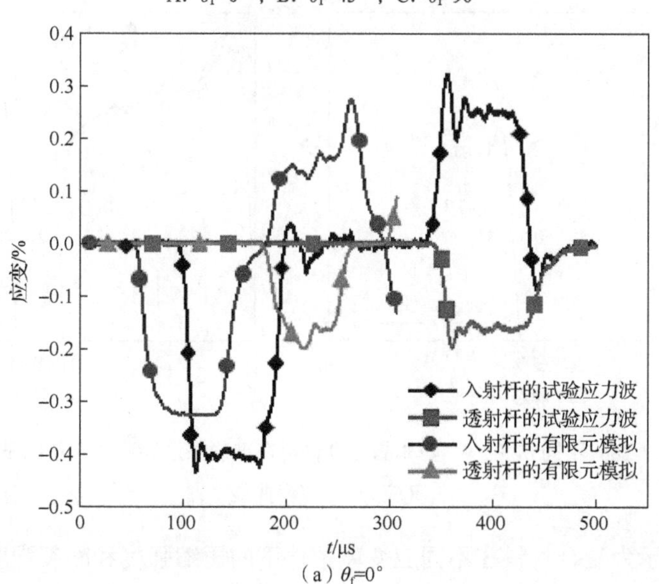

（a）θ_f=0°

图 3-27　不同 θ_f 的 W 丝/非晶复合材料在动态压缩作用下的有限元模拟和试验应力波形图

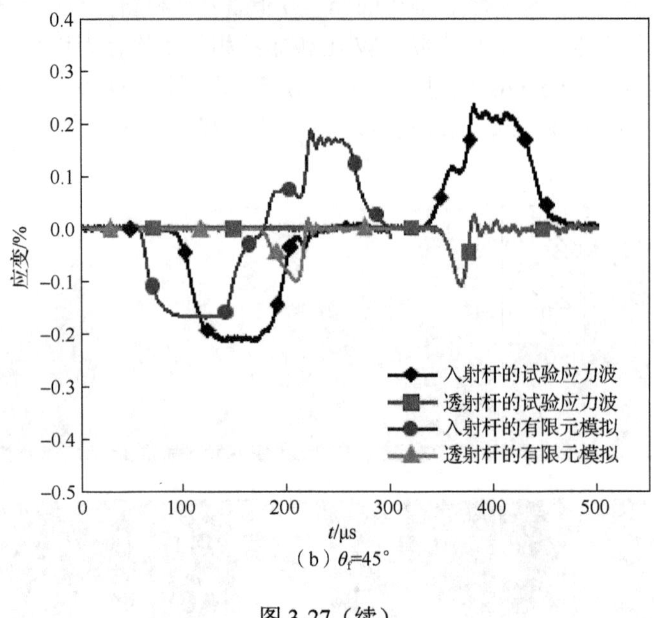

(b) θ_f=45°

图 3-27（续）

3.3.2　力学性能

图 3-28 所示为不同 θ_f 的 W 丝/非晶复合材料在准静态压缩和动态压缩下的真应力-真应变曲线。在准静态压缩条件下，除 θ_f 为 30° 和 45° 的复合材料呈典型的线弹性变形外，其他复合材料均呈弹塑性变形特征。在动态压缩条件下，θ_f 为 0° 和 15° 的复合材料表现出明显的加工软化特征，而其他复合材料均呈线弹性变形。

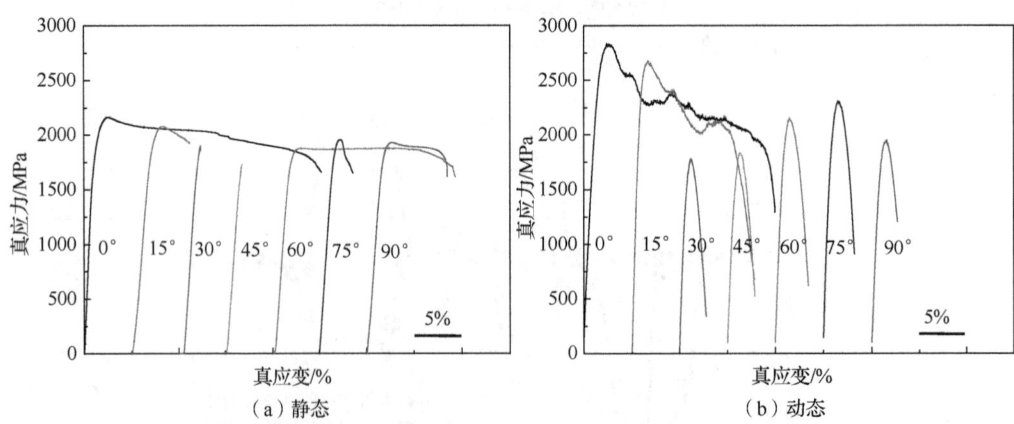

(a) 静态　　(b) 动态

图 3-28　不同 θ_f 的 W 丝/非晶复合材料在准静态压缩和动态压缩下的真应力-真应变曲线

图 3-29 所示为复合材料在不同应变率条件下的压缩强度和断裂强度随 θ_f 的变化关系。如图 3-29（a）所示，复合材料的准静态压缩强度随着 θ_f 的增加而急剧减小，到 θ_f

为 45° 时达到最低值，之后随 θ_f 的持续增加，复合材料的准静态压缩强度又呈小幅的增加。复合材料的动态压缩强度也随着 θ_f 的增加而急剧减小，到 θ_f 为 45° 时达到最低值，之后随 θ_f 增加到 75° 时，动态压缩强度小幅增加，而随着 θ_f 进一步增加，动态压缩强度则发生小幅下降。如图 3-29（b）所示，在准静态压缩条件下，复合材料的断裂强度随着 θ_f 的增加而急剧减小，到 θ_f 为 45° 时达到最低值，之后随 θ_f 增大到 60° 时，断裂强度明显增加，而随着 θ_f 进一步增加，断裂强度则发生明显下降。在动态压缩条件下，复合材料的断裂强度首先随着 θ_f 的增加而急剧减小，到 θ_f 为 45° 时达到最低值，而之后随着 θ_f 的进一步增加，断裂强度并未发生明显变化。在两种加载条件下，θ_f 为 0° 时的复合材料具有最优异的力学性能，而 θ_f 为 45° 时的强度和塑性最低。当 θ_f 为 0°、15° 和 60° 时，复合材料的动态压缩强度明显高于准静态压缩强度，而当 θ_f 为 30° 和 90° 时，复合材料的动态压缩强度则小于准静态压缩强度，另外，当 θ_f 为 45° 时，复合材料的动态压缩强度与准静态压缩强度基本相等。然而，不同 θ_f 的复合材料在动态压缩条件下的断裂强度均小于准静态压缩时的情况。

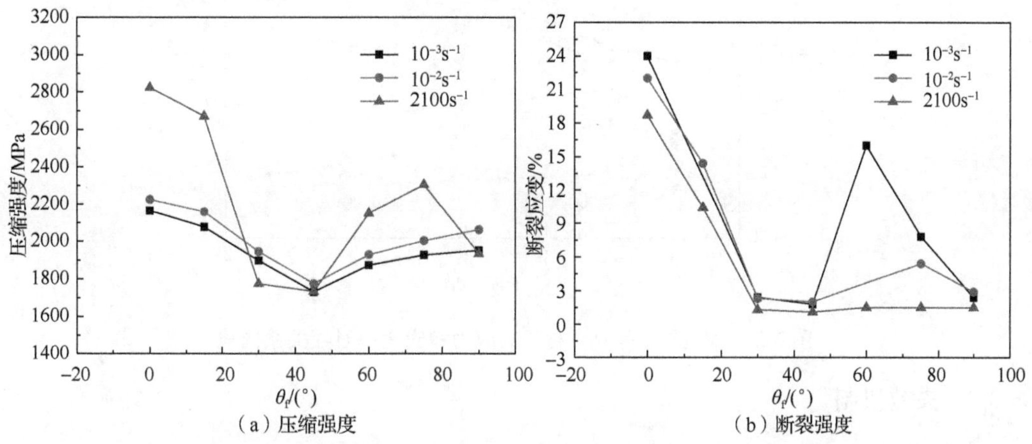

（a）压缩强度　　（b）断裂强度

图 3-29　复合材料在不同应变率条件下的压缩强度和断裂强度随 θ_f 的变化关系

随着 θ_f 从 0° 增加到 45°，W 丝对非晶相的约束作用逐渐降低，非晶相更容易发生剪切断裂，因而复合材料的动态压缩强度逐渐降低。当 θ_f>45° 时，W 丝对非晶相的约束作用再次增加，抑制了非晶相的剪切断裂，因而复合材料的动态压缩强度逐渐增加。当 θ_f 为 90° 时，复合材料中的 W 丝为横向排布。W 丝沿着轴向存在严重的<110>方向的织构[12,14]，使 W 丝的横向压缩强度明显低于纵向压缩强度，因而 θ_f 为 90° 的复合材料的动态压缩强度再次降低。

当 θ_f 为 0° 时，复合材料在动态载荷作用下，其横向墩粗或 W 丝的屈曲，促使非晶相中多重剪切带的形成，从而改善复合材料的塑性。然而随 θ_f 由 0° 增大到 45°，W 纤维的弯曲变得越来越困难，复合材料的横向应变也随着材料塑性应变的减小而减小，且随 θ_f 趋近于最大剪切应力方向，界面脱黏及基体剪切变得越来越容易，因此复合材料的塑性变形能力随 θ_f 的减小而降低。当 θ_f 为 60° 时，虽然非晶相中形成多条剪切带，但是剪切带沿着 W 丝方向快速扩展，因而复合材料的塑性没有明显提高。当 θ_f>60° 时，复合材料中的两相接近横向分布。近似于横向排布的非晶相，其长径比较低，非晶相的压缩变形能力将增大[12]，但是 W 丝也将更容易发生径向剪切破坏，因而复合材料的塑性变形能力取决于两者之间的竞争。根据试验现象，W 丝中的裂纹比基体中的剪切带更早形成，因此复合材料更容易沿 W 丝发生剪切破坏，材料的断裂强度较低。

图 3-30 所示为 W 丝/非晶复合材料的应力和应变率对数关系曲线。θ_f为 0°、15°、60° 和 75° 的复合材料表现出正应变率效应。θ_f为 30° 和 90° 的复合材料，在应变率介于 10^{-3}～$10^{-2}s^{-1}$ 时表现为正应变率效应，而在应变率从 $10^{-2}s^{-1}$ 增加到 $2.1\times10^{3}s^{-1}$ 时呈负应变率效应。θ_f为 45° 的复合材料则表现出应变率不敏感的特征。

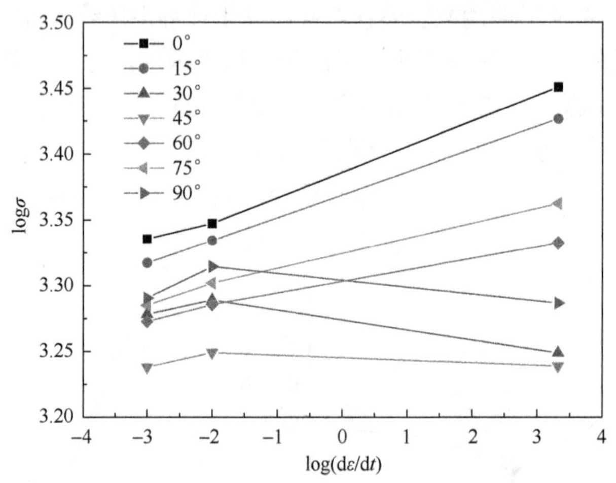

图 3-30　W 丝/非晶复合材料的应力和应变率对数关系曲线

3.3.3　失效机制

图 3-31 所示为不同角度 θ_f的 W 丝/非晶复合材料在动态压缩下的断口形貌。如图 3-31A（a）所示，θ_f为 0° 时的复合材料呈典型的纵向劈裂。裂纹沿着 W 丝方向扩展，在非晶相中出现大量的剪切带［图 3-31A（b）］。当 0°<θ_f<45° 时，复合材料主要以剪切形式断裂并伴随局部劈裂，如图 3-31B（a）和图 3-31C（a）所示。如图 3-31B（b）所示，非晶相中形成剪切带。如图 3-31C（b），裂纹倾向于在 W 丝边缘萌生然后沿着 W 丝密排方向扩展。在对图 3-31C（b）中方框区域的高倍放大观察中发现，裂纹难以在非晶相中扩展，表明非晶相可有效阻碍裂纹扩展。当 θ_f为 45° 时，复合材料呈剪切断裂［图 3-31D（a）］。在对断裂表面的高倍放大观察中发现，裂纹倾向于沿着最大剪应力方向扩展［图 3-31D（b）］。当 θ_f为 60° 时，复合材料呈剪切断裂与劈裂的混合断裂模式［图 3-31E（a）］。裂纹沿着 W 丝和非晶相的界面、W 丝内部和 W 丝密排方向扩展［图 3-31E（b）］。裂纹扩展到非晶相中诱导产生少量的剪切带，且剪切带沿着平行于 W 丝方向快速扩展［图 3-31E（b）］，导致复合材料塑性较差。当 θ_f为 75° 时，复合材料主要以剪切形式断裂并伴随有局部劈裂［图 3-31F（a）］。高倍放大观察中发现，大量裂纹沿着 W 丝密排方向扩展，同时

有少量裂纹沿着两相界面扩展［图 3-31F（b）］。当 θ_f 为 90° 时，复合材料呈剪切和横向劈裂的混合断裂模式［图 3-31G（a）］。局部区域的高倍放大观察中发现，裂纹倾向于沿着 W 丝密排方向扩展，如图 3-31G（b）所示。

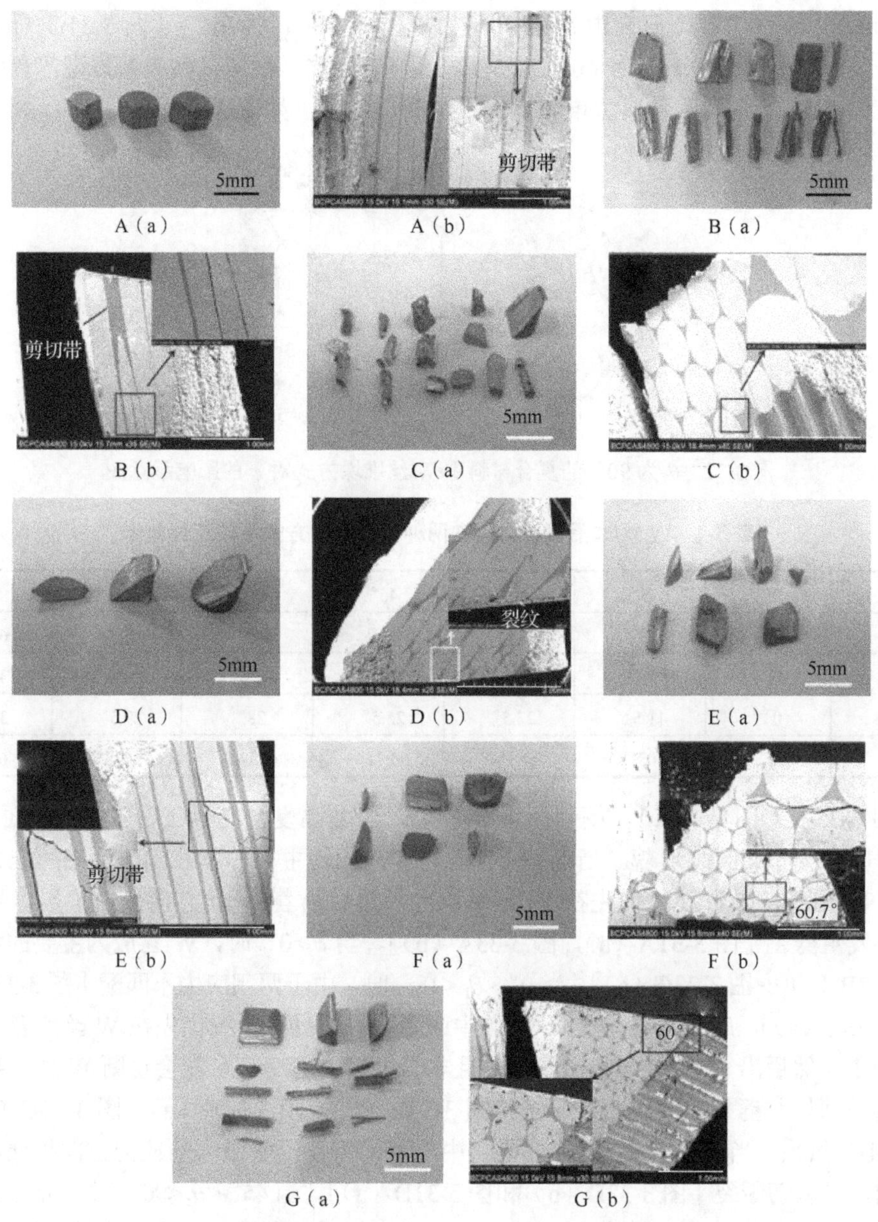

图 3-31　不同 θ_f 的 W 丝/非晶复合材料在动态压缩下的断口宏观形貌（a）和微观形貌（b）

A. θ_f=0°；B. θ_f=15°；C. θ_f=30°；D. θ_f=45°；E. θ_f=60°；F. θ_f=75°；G. θ_f=90°

图 3-31（b）所示为 W 丝/非晶复合材料的断面示意图。复合材料断裂平面与 X-Y 平面的夹角（α）、θ_f 和 W 丝密排方向与加载方向夹角（φ）三者满足几何关系：

$$\alpha(\theta_f,\varphi)=\arctan(\sqrt{1+\cot^2\theta_f\tan^2\varphi}/\tan\varphi) \tag{3-6}$$

式中，φ 与 W 丝堆垛方式密切相关。图 3-32 所示为 θ_f 为 90° 的复合材料中 W 丝堆垛方式对 φ 的影响示意图。复合材料中的 W 丝均为密排分布，因堆垛方式不同，φ 分别对应为 60° 和 30° 。本研究中 θ_f 为 90° 的复合材料的 φ 为 30° ［图 3-31G（b）］，根据式（3-6）计算，可知 α 为 60°，这与试验结果一致。根据几何失效模型，预测复合材料在图 3-32 所示的两种典型堆垛方式下的断裂角度，如表 3-4 所示。

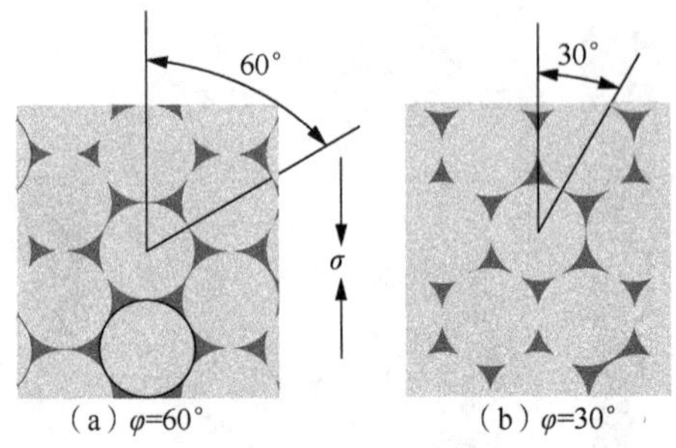

图 3-32　θ_f 为 90° 的复合材料中 W 丝堆垛方式对 φ 的影响示意图

表 3-4　W 丝/非晶复合材料在两种典型堆垛方式下的断裂角度

θ_f	0°	15°	30°	45°	60°	75°	90°
φ_1	0°	23°	43°	51°	56°	59°	60°
α_1	90°	77.23°	63.85°	52.15°	41.6°	33.34°	30°
φ_2	0°	11.5°	22.5°	25.5°	28°	29.5°	30°
α_2	90°	80.8°	71.98°	66.71°	63.06°	60.78°	60°

图 3-33（彩图见书末）所示为不同 θ_f 的 W 丝/非晶复合材料在屈服点时截面的 von Mises 应力分布和断裂形貌。当 θ_f 为 0° 时，非晶相是主要的承载相，两相的应力值均超过 1900MPa，导致裂纹优先在 W 丝中萌生，然后沿着 W 丝方向快速扩展，导致复合材料发生劈裂［图 3-31A（a)，图 3-33A（b)］。当 $\theta_f>0°$ 时，W 丝成为主要的承载相［图 3-33B（a）～图 3-33G（a)］。当 $0°<\theta_f<45°$ 时，由于两相应力不匹配［图 3-33B（a）和图 3-33C（a)］，应力主要集中于 W 丝中或两相界面处，裂纹优先在 W 丝或者两相界面处萌生，然后沿着 W 丝方向扩展，并且非晶相中的剪切带可能会切断 W 丝，导致复合材料呈剪切与劈裂的混合断裂模式［图 3-33B（b)、图 3-31B（a)、图 3-33C（b）和图 3-31C（a)］。当 θ_f 为 45° 时，非晶相中的剪切带仅沿着最大剪应力方向扩展，导致复合材料呈剪切断裂［图 3-33D（b）和图 3-31D（a)］。当 $45°<\theta_f<90°$ 时，应力分布非常不均匀，应力集中于沿着剪切面的 W 丝、两相界面及密排 W 丝面等多个区域，导致复合材料呈剪切和劈裂的混合断裂模式［图 3-33E（b)、图 3-31E（a)、图 3-33F（b）和图 3-31F（a)］。当 θ_f 增加到 90° 时，应力主要集中于 W 丝的横截面及 W 丝密排方向，裂纹沿着 W 丝的横截面及 W 丝的密排方向扩展，导致复合材料呈剪切和横向劈裂的混合断裂模式［图 3-33G（b）和图 3-31G（a)］。

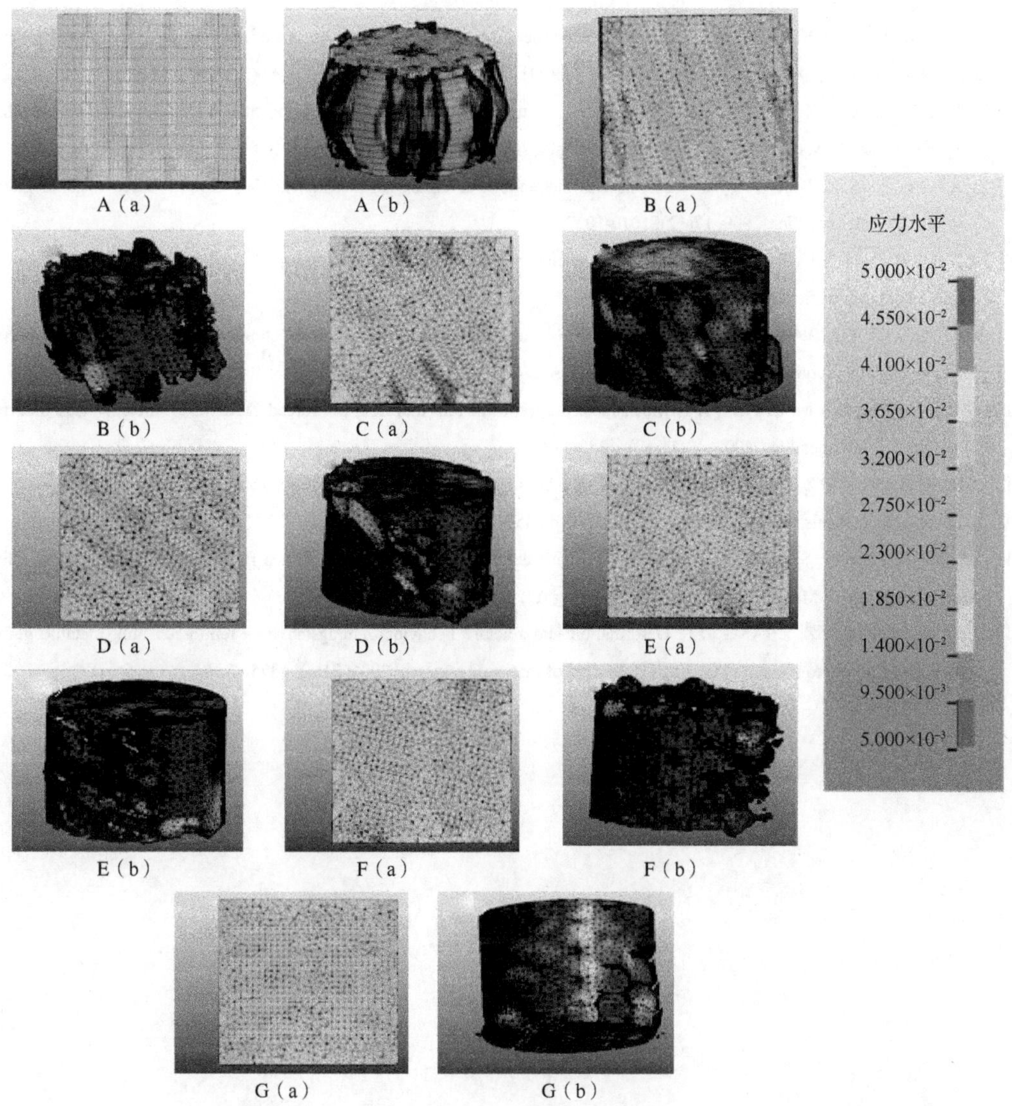

图 3-33 不同 θ_f的 W 丝/非晶复合材料在屈服点时截面的 von Mises 应力分布（a）和断裂形貌（b）
A. θ_f=0°；B. θ_f=15°；C. θ_f=30°；D. θ_f=45°；E. θ_f=60°；F. θ_f=75°；G. θ_f=90°

参考文献

[1] CONNER R D, DANDLIKER R B, JOHNSON W L. Mechanical properties of tungsten and steel fiber reinforced $Zr_{41.25}Ti_{13.75}Cu_{12.5}Ni_{10}Be_{22.5}$ metallic glass matrix composites [J]. Acta materialia, 1998, 46(17): 6089-6102.

[2] CONNER R D, DANDLIKER R B, SCRUGGS V. Dynamic deformation behavior of tungsten-fiber/metallic-glass matrix composites [J]. International journal of impact engineering, 2000, 24(5): 435-444.

[3] CLAUSEN B, LEE S Y, ÜSTÜUNDAG E. Compressive yielding of tungsten fiber reinforced bulk metallic glass composites [J]. Scripta materialia, 2003, 49(2): 123-128.

[4] CHEN J H, CHEN Y, JIANG M Q. Direct observation on the evolution of shear banding and buckling in tungsten fiber reinforced Zr-based bulk metallic glass composites [J]. Metallurgical and materials transactions A, 2014, 45(12): 5397-5408.

[5] CHOI-YIM H, SCHROERS J, JOHNSON W L. Microstructures and mechanical properties of tungsten wire/particle reinforced $Zr_{57}Nb_5Al_{10}Cu_{15.4}Ni1_{2.6}$ metallic glass matrix composites [J]. Applied physics letters, 2002, 80(11): 1906-1908.

[6] ZHANG H, ZHANG Z F, WANG Z G. Fatigue damage and fracture behavior of tungsten fiber reinforced Zr-based metallic glassy composite [J]. Materials science and engineering A, 2006, 418(1-2): 146-154.

[7] ZHANG H F, LI H, WANG A M. Synthesis and characteristics of 80 vol.% tungsten (W) fibre/Zr based metallic glass composite [J]. Intermetallics, 2009, 17(12): 1070-1077.

[8] LI Z K, FU H M, SHA P F. Atomic interaction mechanism for designing the interface of W/Zr-based bulk metallic glass composites [J]. Scientific reports, 2015, 5: 1-6.

[9] QIU K Q, WU X F, WANG A M. Salient shear bands and second-phase addition interactions of bulk metallic glass matrix composite [J]. Metallurgical and materials transactions A, 2003, 34(5): 1147-1152.

[10] QIU K Q, WANG A M, ZHANG H F. Mechanical properties of tungsten fiber reinforced ZrAlNiCuSi metallic glass matrix composite [J]. Intermetallics, 2002, 10(11-12): 1283-1288.

[11] ZHANG H, ZHANG Z F, WANG Z G. Effects of tungsten fiber on failure mode of Zr-based bulk metallic glassy composite [J]. Metallurgical materials and transactions A, 2006, 37(8): 2459-2469.

[12] ZHANG B, FU H M, SHA P F. Anisotropic compressive deformation behaviors of tungsten fiber reinforced Zr-based metallic glass composites [J]. Materials science and engineering A, 2013, 566: 16-21.

[13] ZHANG H, LIU L Z, ZHANG Z F. Deformation and fracture behavior of tungsten fiber-reinforced bulk metallic glass composite subjected to transverse loading [J]. Journal of materials research, 2006, 21(6): 1375-1384.

第 4 章　多孔 W/非晶复合材料

自 1990 年以来，非晶合金由于具有许多优异的力学性能而受到越来越多的关注，如高屈服强度、高硬度和低杨氏模量等[1-5]。然而，非晶合金在拉伸/压缩载荷作用下均沿单一剪切带发生快速断裂，几乎没有宏观塑性变形，这严重制约了其在实际工程领域的应用[6,7]。人们寄希望于通过在非晶合金内引入第二相来抑制单一剪切带的扩展，同时通过诱发多重剪切带的形成来提高大块非晶合金的塑性[8]。目前，通过外加增强相的方法制备出的大块非晶复合材料已有很多，典型增强相有韧性金属[9-12]、难熔陶瓷颗粒[13,14]和丝束[8,15-17]等。虽然这些增强方式都能够在一定程度上提高非晶合金的塑性，但非连续的增强相无法最大限度地限制非晶相内剪切带在三维方向的扩展，因此采用上述几种增强方式来提高非晶合金的塑性仍然存在一定的局限性。基于此，本章提出通过引入具有三维连通网状结构的多孔 W 作为增强相，制备出多孔 W/非晶复合材料，其室温轴向准静态压缩断裂应变高达 80%左右，远高于目前已经开发出的其他种类非晶复合材料，超过具有相同体积分数增强相的 W 丝/非晶复合材料 6 倍多[8]。

在成功制备出多孔 W/非晶复合材料的基础上，结合静液挤压技术，成功制备出强度显著提高的预变形多孔 W/非晶复合材料，这为非晶复合材料的发展提供了新的思路和方法。为方便描述，将未经变形处理的复合材料称为铸态复合材料。详细分析上述两种复合材料在不同应变率轴向载荷作用下的力学行为，研究应变率和预变形对多孔 W/非晶复合材料变形断裂模式的影响，可为非晶合金及其复合材料的性能改善和变形断裂机理等方面的研究提供有效的试验和理论基础。

4.1　组 织 结 构

图 4-1 所示为 Zr 基非晶合金、纯 W 和铸态复合材料的 XRD 谱图。Zr 基非晶合金的 XRD 谱图上只有一个明显宽化的衍射峰，没有发现其他晶化衍射峰，表明 Zr 基非晶合金为完全非晶态。铸态复合材料的 XRD 谱图上表征 W 相的衍射峰离散分布在 Zr 基非晶相的弥散峰上，无其他衍射峰出现，说明该复合材料在制备过程中非晶相没有发生晶化，保持着良好的非晶态。

图 4-2 所示分别为多孔 W 和铸态复合材料的 SEM 照片。多孔 W 具有明显的三维连通网状结构，如图 4-2（a）所示，理论孔隙率为 20%，根据《烧结金属材料（不包括硬质合金）可渗性烧结金属材料　密度含油率和开孔率的测定》(GB/T 5163—2006)，测得该多孔 W 的表观密度为 15.63g/cm^3，实际孔隙率为 19.43%。从图 4-2（b）可以看到，铸态复合材料中灰色 W 相包围在黑色非晶相周围，非晶相完全填充到多孔 W 的孔洞中，两相界面非常清楚，无任何其他相析出。

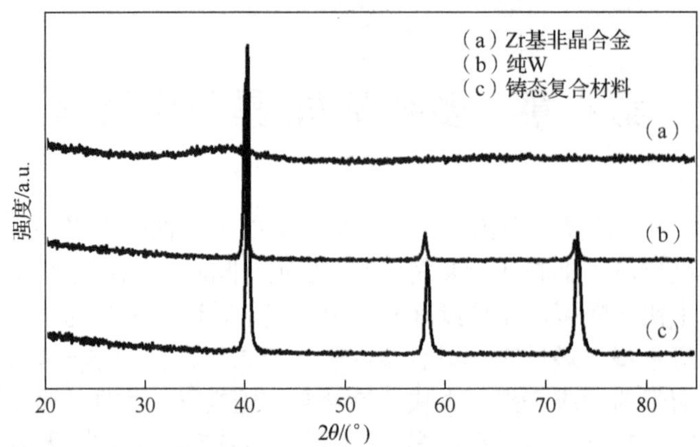

图 4-1　Zr 基非晶合金、纯 W 和铸态复合材料的 XRD 谱图

（a）多孔W　　（b）铸态复合材料

图 4-2　多孔 W 和铸态复合材料的 SEM 照片

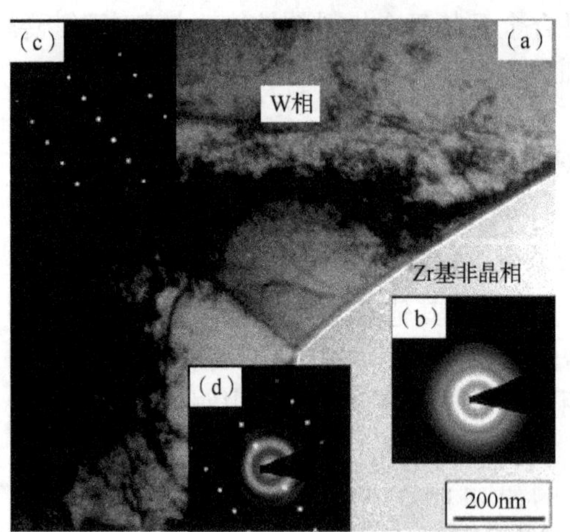

图 4-3　铸态复合材料两相界面处的 TEM 明场照片和对应选区衍射花样

（a）两相界面处的 TEM 明场照片；（b）Zr 基非晶相的电子衍射花样；（c）W 相的电子衍射花样；（d）两相界面处的电子衍射花样

图 4-3（a）～（d）所示分别为两相界面处的 TEM 明场照片、Zr 基非晶相的电子衍射花样、W 相的电子衍射花样及两相界面处的电子衍射花样。从图 4-3（a）可以看到，W 相和 Zr 基非晶相的界面非常清楚，没有晶体相析出，这与图 4-3（d）所示界面处的衍射花样一致，在界面处也没有观察到类似气孔或者孔隙等缺陷，说明两相界面结合状况良好。

为了能够更加清楚地观察到两相界面的结合情况，采用高倍透射电子显微镜详细分析了两相界面的结合情况，如图 4-4 所示。从图 4-4 可以看到，两相界面处没有任何晶体相的形成和孔洞出现，界面结合状况良好。

图 4-4　铸态复合材料中 Zr 基非晶相和 W 相界面处的高分辨 TEM 照片

4.2　准静态压缩力学行为

图 4-5 所示为 Zr 基非晶合金、纯 W 和铸态复合材料的典型准静态压缩真应力-真应变曲线，应变率为 $1.7\times10^{-3}s^{-1}$。如图 4-5 所示，Zr 基非晶合金的断裂强度约为 1942MPa，断裂应变约为 2.4%。铸态复合材料的断裂应变高达 80%，但是断裂强度较 Zr 基非晶合金有所降低，约为 1852MPa。该铸态复合材料在应变达到 40%之前表现出明显的加工硬化现象，之后随着应变的继续增加，应力水平基本保持不变，表现出理想塑性特征。在铸态复合材料应力-应变曲线上还看到了明显的斜率突变现象，如图 4-5 中方框所示。具有同样体积分数的 W 丝增强 Zr 基非晶复合材料在室温轴向准静态压缩试验条件下不仅没有明显的加工硬化现象，而且断裂应变也只有 13%[8]，表明具有三维连通网状结构的多孔 W 比 W 丝更能有效提高非晶合金的塑性。

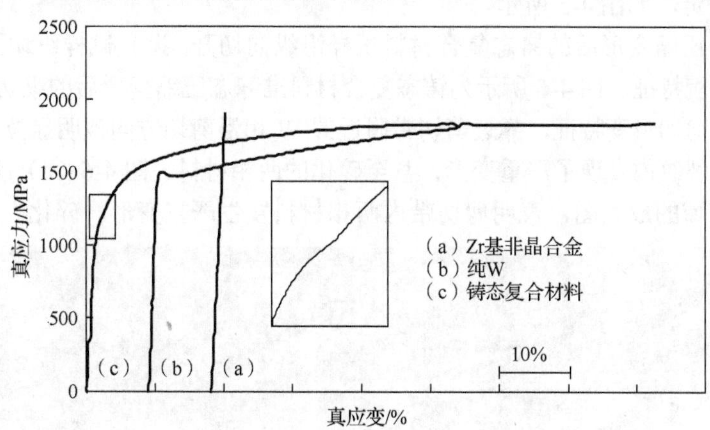

图 4-5　Zr 基非晶合金、纯 W 和铸态复合材料的典型准静态压缩真应力-真应变曲线

应变率为 $1.7\times10^{-3}s^{-1}$，插图为斜率突变的放大照片

图 4-5 中所示铸态复合材料在准静态压缩试验条件下的斜率突变原因在于 Zr 基非晶合金较 W 具有更高的屈服强度，因此在变形过程中 W 相首先发生屈服，Zr 基非晶相则仍处于弹性状态。如图 4-5 所示，铸态复合材料的应力水平明显比 Zr 基非晶合金的屈服

强度低，如果不考虑复合材料内部在变形过程中出现的应力集中效应，甚至可以认为Zr基非晶相在复合材料试样的整个变形过程中都处于弹性变形状态。

Zhang等[18]对在准静态压缩试验条件下发生不同变形量的铸态复合材料进行变形特征分析时发现，随着试样变形量的增加，W相首先发生屈服和变形，然后非晶相中开始出现剪切带形核，同时 W 相中开始形成滑移带。随着变形量的继续增加，非晶相中开始形成大量的微小剪切带，W相中产生大量的微裂纹。非晶相中之所以会出现大量的微小剪切带，是因为非晶相和 W 相弹性极限不同，进而引发局部区域产生应力集中，产生的应力集中超过非晶相的屈服强度会促发剪切带在非晶相中形核和长大。此外，相对W相较小的泊松比（ν=0.28），Zr基非晶相的泊松比高达0.36，泊松比的严重不匹配同样会引起应力集中效应。在剪切带扩展末端同样存在应力集中现象，当剪切带扩展到W相受阻时，末端的应力集中同样会诱发剪切带分叉、促发另一剪切带的形成。与 W 颗粒[11]和 W 丝[8]增强大块非晶复合材料相比，多孔 W 由于具有三维连通网状结构，因此可以在三维方向限制剪切带在非晶相中的扩展。同样地，相互嵌套的网状结构使复合材料发生变形时，Zr基非晶相同样可以在三维方向限制 W 相内微裂纹的形成与扩展。两相材料相互约束，其中W相协调Zr基非晶相变形。因此，与W颗粒或者W丝增强非晶复合材料相比，多孔W/非晶复合材料内部可以诱发形成更多的微小剪切带和微裂纹。这些缺陷均匀分布在试样内部，致使铸态复合材料达到断裂强度时，宏观上仍然没有明显的裂纹扩展特征。铸态复合材料准静态压缩变形的过程是 W 相中位错运动引起变形强化和非晶相中形成剪切带，以及 W 相中形成微裂纹共同作用引起软化相互竞争的过程。在试样变形初期，变形强化要强于软化效果，试样应力-应变曲线表现出加工硬化现象，当应变达到40%时，加工硬化和软化效果持平，随着变形量的继续增大，应力水平基本保持恒定，如图4-5所示。

将准静态压缩变形后的铸态复合材料试样沿纵向切开，抛光试样纵切面，采用SEM研究其断裂形貌特征。图4-6所示为铸态复合材料准静态压缩变形后的纵切面微观形貌，表现出明显的剪切形变特征，靠近剪切带附近的W相沿剪切方向被明显拉长，且在剪切带扩展形成的裂纹内发现了严重变形、甚至碎化的两相材料。图4-6（b）所示为（a）图中方框所标区域的放大图，表明剪切带内两相材料发生严重变形、碎化。

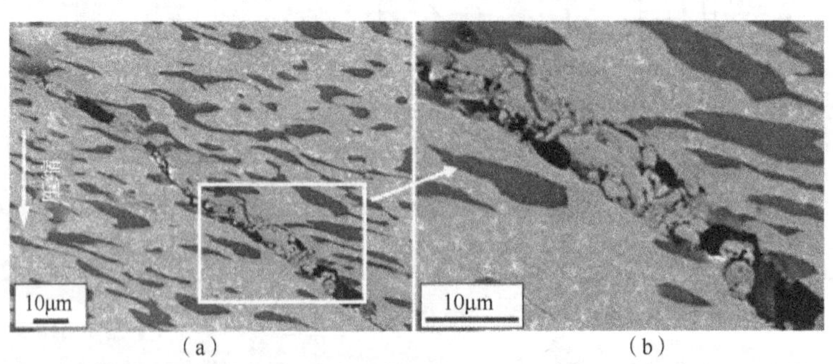

（a）（b）

图4-6 铸态复合材料准静态压缩变形后的纵切面微观形貌

图（b）是（a）图中矩形方框所标区域的放大照片

目前，已报道的非晶复合材料在准静态压缩试验中，因剪切带扩展形成的裂纹内部基本没有任何相残留[10,19-21]。该铸态复合材料剪切带内部则留有大量变形、碎化的 W 相和非晶相，这可从其他角度解释该复合材料塑性得以提高的原因，即试样内部形成的断裂能被其内部大量的微裂纹所吸收，进而产生了大量的微变形，大量微变形的累加效应导致试样宏观上较大塑性变形的形成。

铸态复合材料在达到 80%的断裂应变时，试样宏观上并没有表现出明显的宏观断裂特征，为了能够更加直观地研究该铸态复合材料试样在准静态压缩载荷作用下的宏观变形断裂特征，在同一应变率下对试样继续加载，得到如图 4-7 所示照片。图 4-7 所示为继续加载后试样的侧面照片，可以看到大量相互缠结的宏观剪切带贯穿复合材料试样，形成重复出现的 V 字形结构。

铸态复合材料试样在准静态压缩载荷作用下的侧面低倍形貌照片

图 4-7　继续加载后试样的侧面照片

结合上述关于铸态复合材料在准静态压缩试验条件下微观变形机理的描述，可以推断该复合材料试样在变形过程中沿着剪切带扩展方向形成了大量的微小剪切带和微裂纹。由于多孔 W 的三维连通网状结构极大地限制了这些微小剪切带和微裂纹的扩展，随着变形量的继续增大，这些缺陷沿剪切带扩展方向继续长大并且相互聚合，最终形成宏观上比较明显的贯穿复合材料试样的 V 字形结构剪切带，如图 4-7 所示。这些 V 字形结构剪切带的不断重复长大提高了铸态复合材料的整体塑性。

4.3　动态压缩力学行为

图 4-8 所示为 Zr 基非晶合金、纯 W 和铸态复合材料的动态压缩真应力-真应变曲线。应力-应变曲线上的振荡现象是 SHPB 试验装置本身的原因造成的，如弹性应力波的弥散效应和在较低变形量的应力不均衡等，不代表材料本身的力学行为。铸态复合材料与纯 W 在动态压缩试验条件下具有几乎相同的屈服强度，但纯 W 的应力水平随着变形量的增加逐渐降低；相比之下，铸态复合材料不仅在形变初期表现出些许的加工硬化现象，其断裂应变也较纯 W 有所提高，约 27%。Zr 基非晶合金的动态压缩断裂应变不到 2%。

如图 4-8 所示，纯 W 在室温轴向动态压缩试验条件下表现出应力随应变增加而逐渐降低的应变软化效应。在同等外加载荷作用下，虽然铸态复合材料具有几乎与纯 W 相同的屈服强度，但应力水平和断裂强度较纯 W 明显提高。Zr 基非晶合金在应变率为 $560s^{-1}$ 的动态压缩试验条件下，断裂强度约为 1.6GPa，明显低于纯 W 和铸态复合材料的动态压缩断裂强度。非晶合金的断裂强度随应变率升高而逐渐降低，且纯 W 在动态压缩试验条件下表现出应变软化效应，但铸态复合材料在同等载荷作用下却表现出些许的加工硬化现象。相比之下，W 颗粒增强或者 W 丝/非晶复合材料在动态压缩载荷作用下均表现出应变软化现象[11,12,22]。这说明增强方式是影响大块非晶复合材料力学性能的关键因素之一，同时也说明三维连通网状结构的增强方式较其他增强方式能够更加有效地阻碍非晶相内微小剪切带和微裂纹的扩展，进而提高大块非晶合金的塑性。

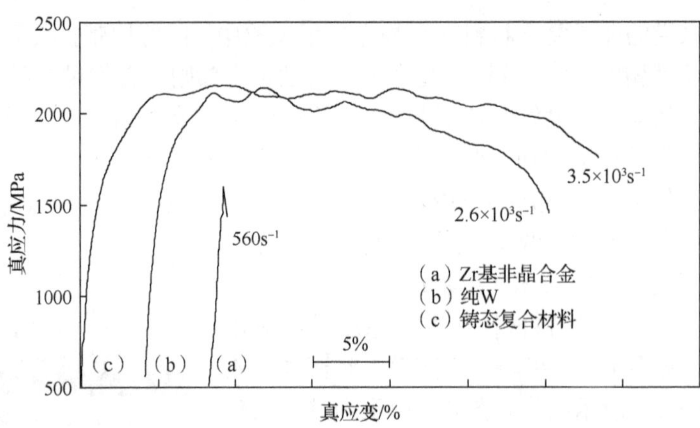

图 4-8　Zr 基非晶合金、纯 W 和铸态复合材料的动态压缩真应力-真应变曲线

图 4-9 所示为铸态复合材料试样在动态压缩断裂后垂直加载方向的低倍 SEM 照片。由图可知，该复合材料在动态压缩试验条件下的断裂为剪切断裂和纵向劈裂的混合模式。试样剪切断裂面比较平滑，同时在试样侧面可观察到沿试样轴向扩展的形如峭壁的裂纹［图 4-9（a）］。试样的纵向劈裂面非常平整，为典型的脆性断裂特征［图 4-9（b）］。

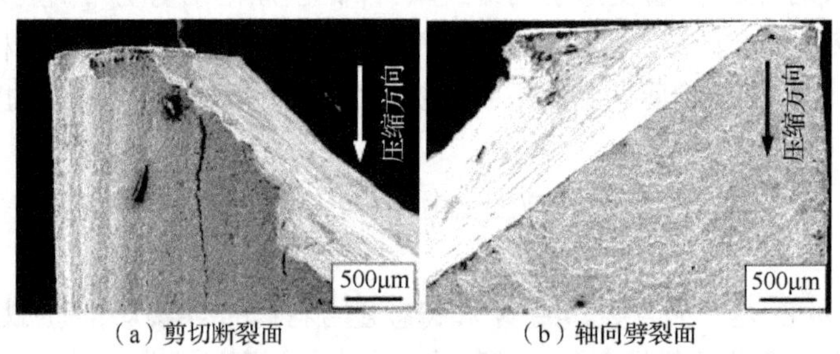

（a）剪切断裂面　（b）轴向劈裂面

图 4-9　铸态复合材料试样在动态压缩断裂后垂直加载方向的低倍 SEM 照片

图 4-10 所示为铸态复合材料在动态压缩试验条件下的剪切断裂形貌。由图 4-10（a）可知，试样的剪切面主要由区域 I 和区域 II 两部分交替出现组成。图 4-10（b）所示为该复合材料试样的剪切扩展示意图，表明区域 I 主要由剪应力引起，区域 II 则主要由拉应力引起，区域 II 与在图 4-9（a）中观察到的悬崖状裂纹扩展相一致。由剪应力引起的区域 I 相对比较平滑，主要形貌为非晶相的软化流动层和液滴花样［图 4-10（c）］。由拉应力引起的区域 II 为明显的阶梯状结构［图 4-10（d）］。

Cai 等[23]认为同时具有低应变硬化率和高热软化率的材料在外加载荷作用下更加容易促发绝热剪切带的形成。铸态复合材料的两相材料中， Zr 基非晶相表现出无加工硬化现象、负应变率效应和较高的热软化效应，且 W 相的韧性要明显优于 Zr 基非晶相。据此推断，剪切带首先在非晶相形核、长大，并且在剪切带扩展末端出现应力集中现象。当剪切带扩展遇到 W 相时，剪切带是否继续扩展与 W 相和 Zr 基非晶相的界面结合强度及 W 相内部 W 颗粒之间的结合强度有关。当剪切带沿着两相界面扩展时，形成如图 4-10（a）所示的较为光滑的区域 I，当扩展遇到 W 相受阻时，有可能诱发剪切带的偏转或者 W 相内部的劈裂，形成表面较为粗糙的区域 II。这种剪切/劈裂、光滑/粗糙重复出现的断裂模式组成了动态压缩试样剪切断裂面的主要断裂形貌。Leng 和 Courtney[24]最早提出非晶复合材料的塑性较纯非晶合金得以提高的原因是第二相对非晶相内剪切带扩展的阻碍和诱发更多剪切带的形成。大量关于大块非晶复合材料塑性提高的报道均认为增强相阻碍非晶相内单一剪切带的扩展和诱发多重剪切带的形成是大块非晶复合材料塑性提高的决定性因素[8,25,26]。铸态复合材料在动态压缩载荷作用下具有三维连通网状结构的多孔 W，不仅能够更加有效地阻碍非晶相中单一剪切带的扩展和诱发多重剪切带的形成，同时还导致复合材料试样出现了剪切和劈裂交互出现的形貌特征。这种交互出现的结构特征使试样产生了大量额外的断裂面，同样有利于铸态复合材料整体塑性的提高。在动态压缩载荷作用下，W 颗粒或 W 丝增强大块非晶复合材料的剪切断裂面主要形成脉状花样[12,23]，而铸态复合材料形成的剪切断裂面主要由非晶相的软化流动层组成［图 4-10（c）］。这表明该复合材料在剪切断裂时局部区域温度更高，剪切带在铸态复合材料中扩展更加困难，因而有更多的能量被试样吸收并转化成热能。铸态复合材料在动态压缩载荷作用下的高断裂强度和高流变应力均表明三维连通网状结构是提高大块非晶复合材料塑性非常有效的方式之一。

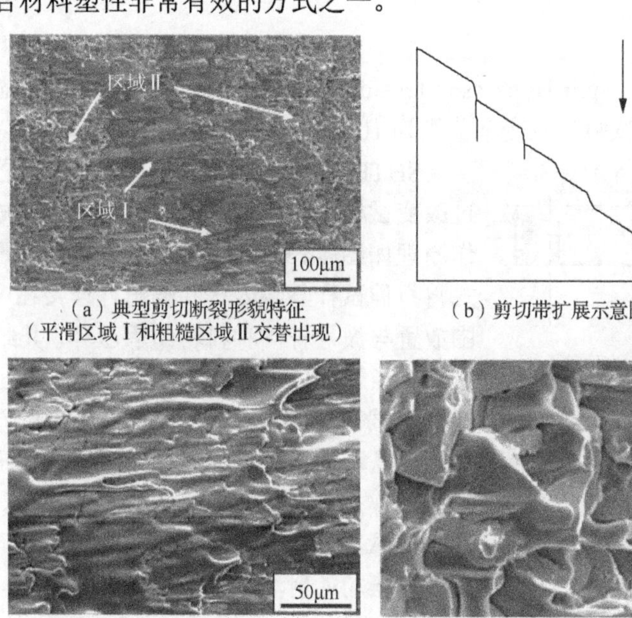

（a）典型剪切断裂形貌特征（平滑区域Ⅰ和粗糙区域Ⅱ交替出现）　（b）剪切带扩展示意图

（c）由剪切造成的区域Ⅰ的高倍扫描照片　（d）由轴向劈裂造成的区域Ⅱ的高倍扫描照片

图 4-10　铸态复合材料在动态压缩试验条件下的剪切断裂形貌

铸态复合材料在动态压缩载荷作用下的轴向劈裂由 Zr 基非晶相和 W 相两部分组成，如图 4-11 所示。Zr 基非晶相的主要断裂形貌是由拉应力引起的蜂窝状形貌和山脊状结构，以及少量由剪切应力引起的脉状花样。大量蜂窝状形貌和山脊状结构的形成可能是由于试样在瞬间劈裂的过程中释放出大量的弹性能；W 相的断裂模式为沿晶断裂和穿晶断裂的混合模式，其中穿晶断裂只在较大 W 颗粒处形成。多孔 W 具有三维连通网状结构，致使两相材料在三维方向相互约束，同时形变对结构缺陷非常敏感，导致变形过程中试样内部应力状态非常复杂。

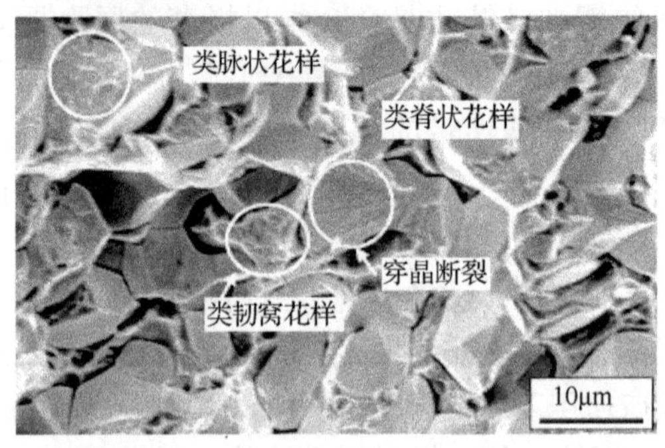

图 4-11　动态压缩试验条件下铸态复合材料试样轴向劈裂面的典型断裂形貌

4.4　动态拉伸力学行为

4.4.1　测试方法

采用反射式拉杆（split-Hopkinson tension bar，SHTB）试验装置对铸态复合材料进行室温轴向动态拉伸试验，应变率量级为 $10^3 s^{-1}$。试样尺寸如图 4-12 所示。

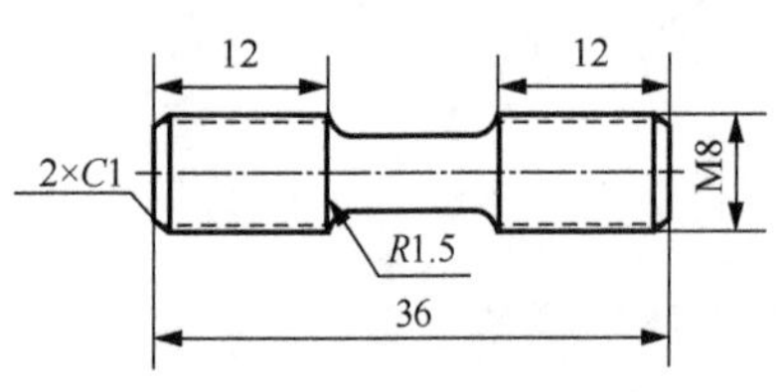

图 4-12　动态拉伸试样示意图

SHTB 试验装置是在 SHPB 试验装置的基础上通过改变试样与波导杆的连接方式改进而成的，具体工作原理如图 4-13 所示。SHTB 试验采用螺纹连接的方式将拉伸试样与输入杆和输出杆连接在一起，试样外围放置与波导杆同种材料的承压环，其结构如图 4-14 所示。当子弹以一定速度沿轴向撞击输出杆时，引起压缩脉冲波在杆中传播，当压力脉冲到达试样与波导杆界面时，基本上以无耗散的方式通过承压环和试样共同组成的横截面。承压环的横截面面积比试样的大得多，因此承压环将承受压缩脉冲的主要部分，使拉伸试样几乎不受压或只发生弹性变形。当压缩脉冲在输入杆的自由端被反射后，即形成拉伸脉冲，它将作为入射波作用在拉伸试样上。试样在该载荷作用下高速变形，同时通过测得的入射波、反射波和透射波即可得到试样的动态拉伸应力-应变曲线。详细介绍可见参考文献[27]。

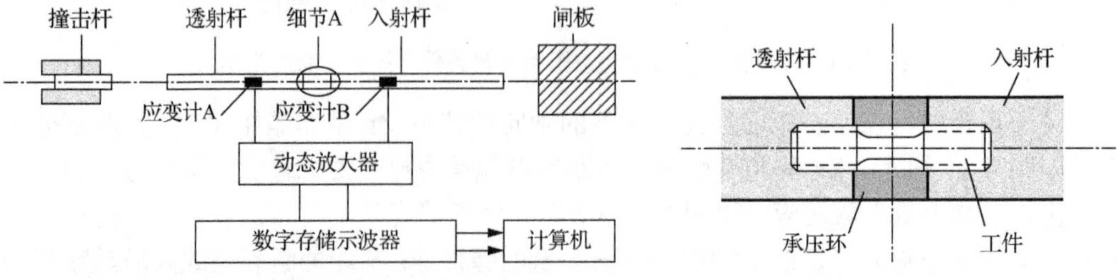

图 4-13　SHTB 试验装置工作原理　　图 4-14　图 4-13 中椭圆所标区域的结构图

4.4.2　力学性能

图 4-15 所示为不同应变率加载条件下铸态复合材料的动态拉伸真应力-真应变曲线。如图 4-15 所示，曲线呈完全弹性，几乎没有任何宏观塑性。铸态复合材料的断裂应变及断裂强度均随应变率的增加而增加，表现出应变率强化效应。

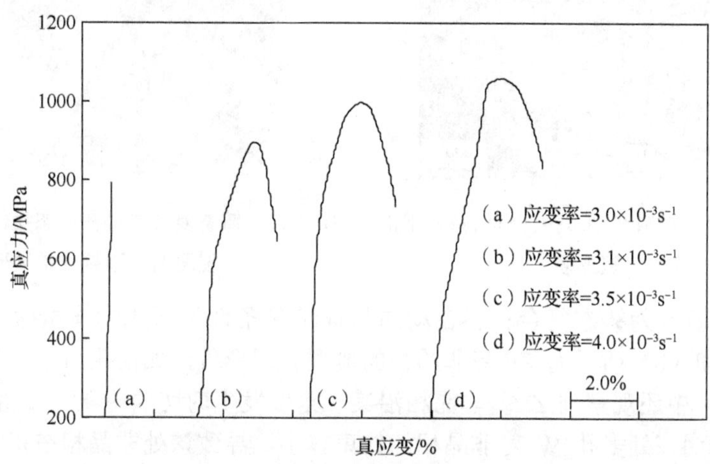

图 4-15　不同应变率加载条件下铸态复合材料的动态拉伸真应力-真应变曲线

非晶合金普遍表现出负应变率效应，即断裂强度随应变率的增加而减弱。然而，图 4-15 表明，该复合材料的断裂强度随应变率的增加而增强，表现出明显的正应变率效应，分析认为这主要由于复合材料中含有体积分数高达 80%的 W 相。纯 W 具有明显的正应变率效应，在相同的变形量下，高应变率与低应变率相比在加载过程中将诱发更高密度的位错。W 相中高密度位错导致的硬化要强于非晶合金相内动态拉伸所导致的软化，因此，铸态复合材料在高应变率下断裂强度增强。另外，与准静态拉伸相比，动态拉伸下复合材料内部 W 相的穿晶断裂更加明显，这同样提高了动态拉伸下的断裂强度。

4.4.3　断口形貌

图 4-16 所示为铸态复合材料在动态拉伸试验条件下的典型断裂形貌。图 4-16（a）表明该复合材料的断裂模式为典型的脆性断裂，断裂面垂直于试样轴向，这与 Zr 基非晶合金在拉伸作用下所表现出的剪切断裂完全不同[8,28]，同时在断裂面上还观察到了宏观的孔洞和裂纹，如图 4-16（a）中箭头所示。图 4-16（b）所示为（a）图中方框所标区域的放大照片，可以看到铸态复合材料的断裂面主要由 W 相断裂和 Zr 基非晶相断裂两大区域组成。

图 4-17 所示为铸态复合材料在动态拉伸试验条件下断裂面的典型裂纹扩展形貌。如图 4-17 所示，裂纹主要沿 W 相内部和 W 相与 Zr 基非晶相的界面处扩展，其中矩形框所示为沿 W 相内部扩展的裂纹，椭圆框所示为沿两相界面处扩展的裂纹。随着 W 相内部微孔洞及微裂纹的逐渐增多，复合材料的承载能力将越来越依赖于 Zr 基非晶相，

同时试样的有效承载面逐步减小，由于 Zr 基非晶相的塑性极差，当试样的承载面积减小到不足以支撑外部的拉伸载荷时，试样就会突然发生断裂。

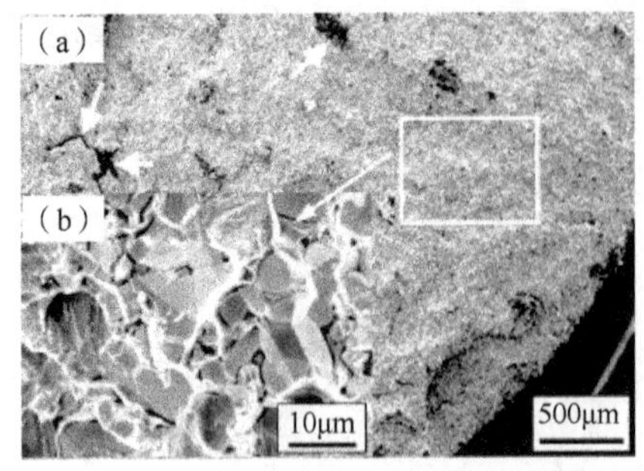

图 4-16　铸态复合材料在动态拉伸试验条件下的典型断裂形貌

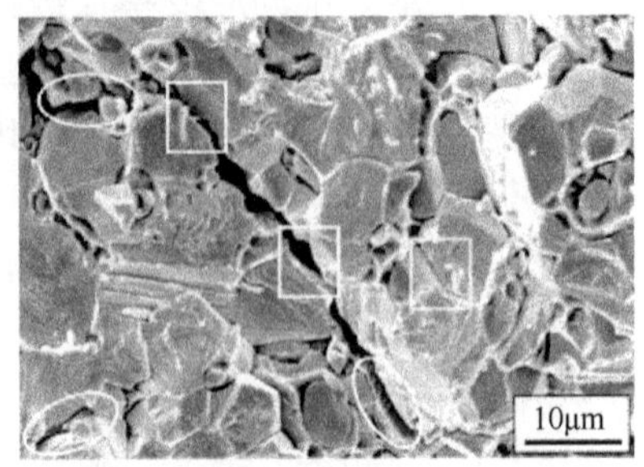

图 4-17　铸态复合材料在动态拉伸试验条件下断裂面的典型裂纹扩展形貌

图 4-18 所示为铸态复合材料在动态拉伸试验条件下形成的典型微观断裂形貌。图 4-18（a）和（b）所示为 Zr 基非晶相的典型断裂形貌，如箭头所示，呈脉状花样。在图 4-18（a）中还观察到 Zr 基非晶相沿某一角度发生剪切的现象，如图 4-18（a）中方框所示，表明该处多孔 W 对非晶相的约束较小，导致该处非晶相在相对较为自由的拉伸作用下发生剪切断裂。图 4-18（c）中箭头所示是在非晶相中形成的蜂窝状形貌，这种形貌特征在纯非晶合金的拉伸试验中很难观察到[29]。多样的断裂形貌表明，该铸态复合材料在拉伸载荷作用下的内部应力状态非常复杂，其断裂模式严重依赖于复合材料的结构特征。

铸态复合材料所具有的三维连通网状结构致使两相材料互相嵌套约束，Zr 基非晶相在受到三维方向约束变形的条件下，只能沿外加拉伸载荷的方向进行扩展。基于此，Zr 基非晶相在动态拉伸载荷作用下，自由体积聚集而成的微孔洞很难继续长大形成剪切带，而是聚集形成了较大的孔洞。铸态复合材料在动态拉伸载荷作用下的应变率非常高，因此复合材料内部 Zr 基非晶相的结构弛豫很难跟上外加拉伸载荷的加载速率，在断裂之前必然会积聚大量的残余应变能[28]，从而进一步降低了 Zr 基非晶相的黏度，沿轴向拉长方向形成微孔聚集型的蜂窝状形貌。Qiu 等在研究 W 丝增强 Zr 基大块非晶复合材料的拉伸性能时同样观察到了类似的蜂窝状形貌特征[16]。图 4-18（d）所示为 Zr 基非晶相在动态拉伸载荷作用下形成的类似山脊的结构特征，结果表明其形成同样是多孔 W 对非晶相的三维约束和非晶相的黏度降低造成的。从图 4-18 可以看到，多孔 W 在动态拉伸作用下的断裂模式是沿晶断裂和穿晶断裂的混合模式。从图 4-18（b）和（c）可以看到，穿晶断裂主要发生在较大的 W 颗粒内部。从图 4-18 可以清楚看到，分布在 W 相内部及两相界面处的大量微裂纹，显然两相界面处微裂纹主要是由于 Zr 基非晶相的黏度降低而被拉起脱离 W 相界面形成的，而 W 相内微裂纹的形成则主要来自于 W 颗粒之间的沿晶断裂。

非晶合金在外加载荷作用下会形成大量的自由体积，同时非晶合金内还会发生原子的重排和自由体积的湮灭，这些物理过程共同决定了非晶合金的最终断裂模式。在室温条件下，由于原子的能动性较低，自由体积的湮灭非常受限制。随着外加载荷的不断加载，非晶合金内部产生的自由体积逐渐增多，这些自由体积的聚集降低了非晶合金的黏度，导致局部剪切变形的产生[28]。然而在铸态复合材料中，Zr 基非晶相的最终断裂模式除了受到其本身结构弛豫的影响之外，还要受到复合材料结构本身的影响。铸态复合材料的网状结构致使 Zr 基非晶相在断裂时除了形成典型的脉状花样外，还形成了大量的蜂窝状形貌和山脊状结构特征，其中脉状花样的形成是 Zr 基非晶相受到切应力作用的结果，蜂窝状形貌和山脊状结构的形成则是 Zr 基非晶相受到三维约束及外部拉伸载荷共同作用的结果。多样的形貌特征表明，该复合材料在动态拉伸载荷作用下的内部应力状态非常复杂。

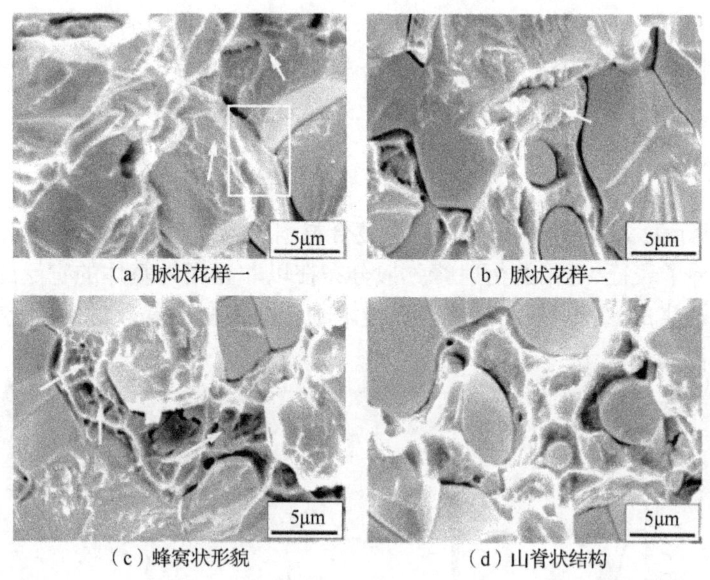

（a）脉状花样一　（b）脉状花样二
（c）蜂窝状形貌　（d）山脊状结构

图 4-18　铸态复合材料在动态拉伸试验条件下形成的典型微观断裂形貌

铸态复合材料在动态拉伸试验条件下呈现出明显的脆性断裂特征。Zr 基非晶相的屈服强度明显高于 W 相的屈服强度，因此在动态拉伸变形过程中，W 相将先于 Zr 基非晶相发生屈服。同时 Zr 基非晶相的弹性极限（约 2.0%）远远高于 W 的弹性极限，甚至比 W 的拉伸断裂强度（约 1.9%）还要高，因此当 W 相发生塑性变形甚至断裂时，Zr 基非晶相仍有可能处在弹性变形阶段，这必然会导致在两相之间（靠近 W 的一边）或者 W 相内部因形成拉应力而产生微孔洞或者形成微裂纹[8]，导致铸态复合材料在动态拉伸载荷作用下发生脆性断裂。

4.5　预变形多孔 W/非晶复合材料

尽管非晶合金具有很多优异的力学性能，但沿剪切带快速断裂的破坏模式严重制约了其作为结构材料和工程材料在实际工程领域的应用。目前，人们主要通过在非晶合金内部引入第二相的方式来提高非晶合金的塑性，采用多孔 W 增强非晶合金的方式可以极大地提高非晶合金的塑性。

常用的改善材料相关力学性能的方法除了改变元素成分、比例和发展复合材料外，热机械加工（如模锻、挤压和时效处理等）也是非常有效的方法之一。当前，科研工作者已经在如何提高非晶合金塑性方面做了大量的研究工作，但主要集中在优化元素成分设计和发展不同增强方式的复合材料方面，在通过热机械加工来改善非晶合金或非晶复合材料性能方面的研究则相对较少。Yokoyama 等[27]最早于 2001 年利用冷滚压技术改善 $Zr_{55}Cu_{30}Al_{10}Ni_5$ 非晶合金的塑性，效果显著。静液挤压技术作为一种常用的形变强化技术，单次静液挤压可以实现截面变形量高达 60%～80%的变形量，尤其适合难变形金属材料的变形强化处理[30-33]。本节采用静液挤压工艺对多孔 W/非晶复合材料进行二次强化处理，制备出预变形多孔 W/非晶复合材料，分析预变形复合材料两相界面的结合情况，详细研究预变形对铸态复合材料准静态和动态压缩力学行为的影响，探讨铸态复合材料和预变形复合材料在室温轴向压缩试验条件下的应变率效应。

4.5.1　组织结构

图 4-19 所示为 Zr 基非晶合金、铸态复合材料和预变形复合材料的 XRD 谱图。如图 4-19 所示，除了表征 W 相的衍射峰弥散分布在以非晶相为基体的宽泛的衍射曲线外，没有任何其他相生成，表明采用静液挤压技术制备的预变形复合材料中，Zr 基非晶相保持了良好的非晶态。

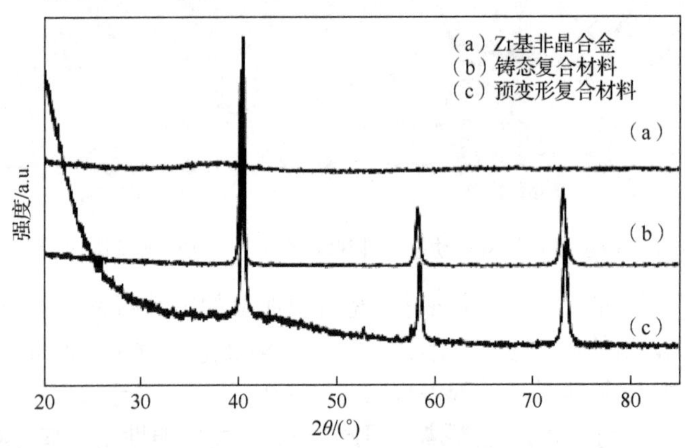

图 4-19　Zr 基非晶合金、铸态复合材料和预变形复合材料的 XRD 谱图

图 4-20 所示为预变形复合材料截面的 SEM 照片。图 4-20（a）为试样横截面的微观形貌照片，可以看到灰色 W 相完全包围在黑色的 Zr 基非晶相周围，两相界面非常清楚。图 4-20（b）为试样沿挤压方向的纵截面微观形貌照片，两相均沿挤压方向被拉长，形成各向异性结构。

图 4-21 所示为 Zr 基非晶合金、铸态复合材料和预变形复合材料的 DSC 曲线。表 4-1 为图 4-21 中相关材料的热物性参数。从图 4-21 中可以看出，按照 Zr 基非晶合金、铸态复合材料和预变形复合材料的顺序，其玻璃化转变温度 T_g 逐渐升高，但升高幅度不大，晶化开始温度 T_x 却逐渐降低，过冷液相区 ΔT_x 也逐渐降低，而且预变形复合材料

的 DSC 曲线上没有如 Zr 基大块非晶合金和铸态复合材料中非常明显的分步晶化现象。这表明采用静液挤压技术虽然没有明显降低铸态复合材料中非晶相的热稳定性，但引起 Zr 基非晶相发生了微小的晶化现象。

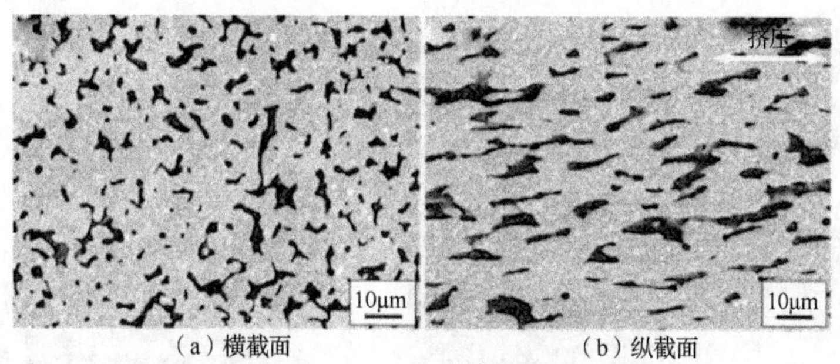

（a）横截面 （b）纵截面

图 4-20 预变形复合材料截面的 SEM 图像

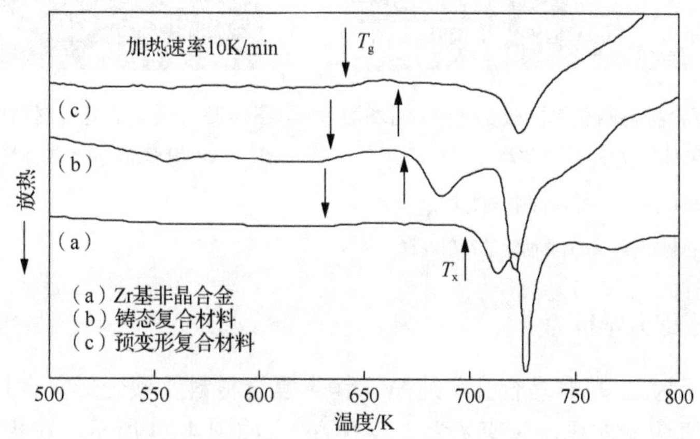

图 4-21 Zr 基非晶合金、铸态复合材料和预变形复合材料的 DSC 曲线

表 4-1 Zr 基非晶合金和静液挤压前后复合材料的热物性参数

材料	T_g/K	T_x/K	ΔT_x/K
Zr 基非晶合金	628	698	70
铸态复合材料	635	673	38
预变形复合材料	639	667	27

图 4-22 所示为预变形复合材料两相界面处的 TEM 明场照片和对应选区衍射花样。图 4-22（b）所示电子衍射花样表明 Zr 基非晶相保持着良好的非晶态。从图 4-22（d）可以看出两相界面处发生了部分晶化现象，这与图 4-21 中预变形复合材料 DSC 曲线没有出现较为明显的分步晶化现象一致。为了能够更加清楚地观察到两相界面的结合情况，我们采用 HRTEM 详细分析了两相界面的结合情况，如图 4-23 所示。从图 4-23 可以看到，两相界面处形成了一个厚度为 5～100nm 的晶化层，纳米尺度晶化层的形成促使两相界面基于结构的相似性而结合得更加紧密，导致裂纹沿界面扩展更加困难，使试

样在变形时可以吸收更多的能量，而且稳定的两相界面可以更加有效地传递两相中应力和阻碍非晶相中单一剪切带的扩展，同时成为诱发多重剪切带的形核源。

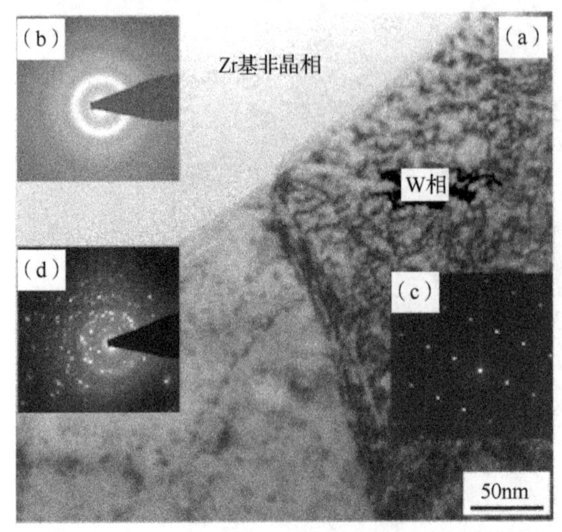

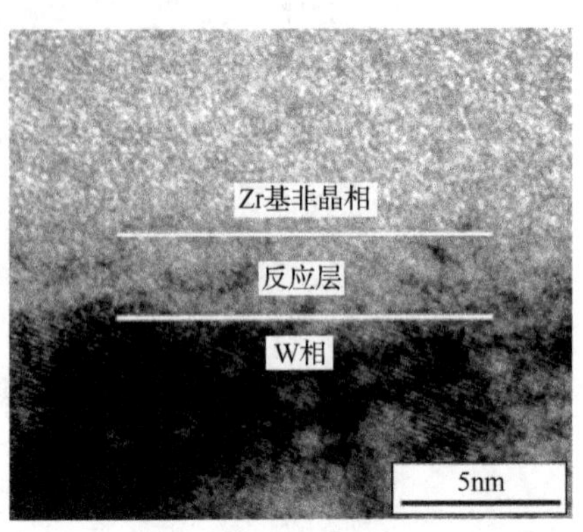

图 4-22　预变形复合材料两相界面处的 TEM 明场照片和对应选区衍射花样

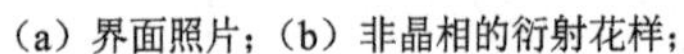

（a）界面照片；（b）非晶相的衍射花样；（c）W 相的衍射花样；（d）界面处的衍射花样

图 4-23　预变形复合材料中 Zr 基非晶相和 W 相界面处的高分辨 TEM 照片

4.5.2　准静态压缩力学行为

图 4-24 所示为 Zr 基非晶合金、纯 W、铸态复合材料及预变形复合材料的典型准静态压缩真应力-真应变曲线，应变率为 $1.7\times10^{-3}s^{-1}$。如图 4-24 所示，在相同载荷作用下，预变形复合材料的应力水平至少比铸态复合材料提高 15%，虽然断裂强度相对铸态复合材料有所降低，但预变形复合材料轴向压缩断裂应变（50%）仍然比其他增强方式的 W 增强非晶复合材料的高很多[12,34]。铸态复合材料在应变达到 40%之前表现出非常明显的加工硬化现象，之后随着应变的继续增加，应力水平基本保持不变，表现出理想塑性特征，而预变形复合材料一直到断裂之前都表现出明显的加工硬化现象。

图 4-25 所示分别为铸态复合材料和预变形复合材料中 W 相位错的 TEM 明场照片。通过对比发现，预变形复合材料中 W 相的位错密度明显比铸态复合材料中的高，而且预变形复合材料中 W 相的位错较铸态复合材料中的弯曲程度更大，甚至相互交错、钉扎在一起。

如图 4-24 所示，在轴向准静态压缩试验条件下，预变形复合材料的应力水平明显比铸态复合材料的高，表现出明显的加工硬化现象，但没有斜率突变现象。分析认为，预变形复合材料处于加工硬化状态是其应力水平较铸态复合材料提高的主要原因。如图 4-25 所示，预变形复合材料中 W 相位错密度明显高于铸态复合材料中 W 相的位错密度，如此多的位错在试样变形过程中相互团聚、钉扎，必将阻碍位错的进一步滑移，导致预变形复合材料表现出更高的应力水平。预变形复合材料两相界面结合状态比铸态复合材料更加稳定也是其应力水平提高的原因之一。如图 4-23 所示，预变形复合材料两相界面处形成纳米晶化层，界面结构的相似性可以有效提高两相界面结合强度，有利于阻止非晶相内单一剪切带沿两相界面处的扩展并成为诱发多重剪切带形核的位置，提高了预变形复合材料的应力水平。此外，如果铸态复合材料中的 Zr 基非晶相内部存在介于短程有序和长程无序的中短程有序结构，那么在静液挤压过程中，这些结构的方向势必会沿挤压方向产生一定程度的扭转或倾斜，当预变形复合材料沿着与挤压方向一致的轴向进行压缩变形时，其内部 Zr 基非晶相必然较铸态复合材料中的非晶相更易于传递载荷（W 相由于屈服强度较低而先于非晶相发生屈服），这同样有利于预变形复合材料应力水平的提高。

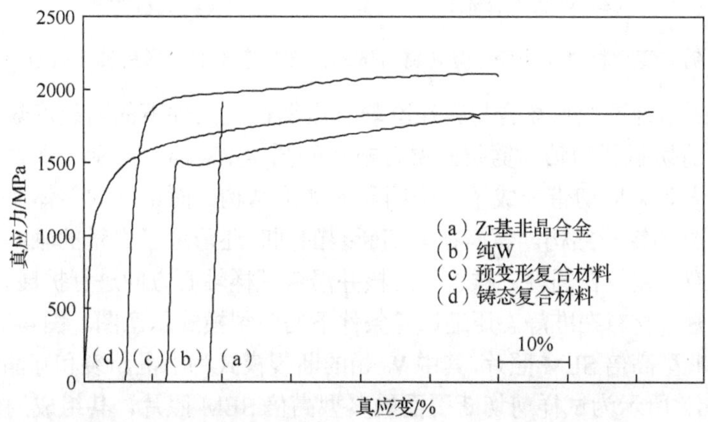

图 4-24　Zr 基非晶合金、纯 W、铸态复合材料及预变形复合材料的典型准静态压缩真应力-真应变曲线

应变率为 $1.7\times10^{-3}s^{-1}$

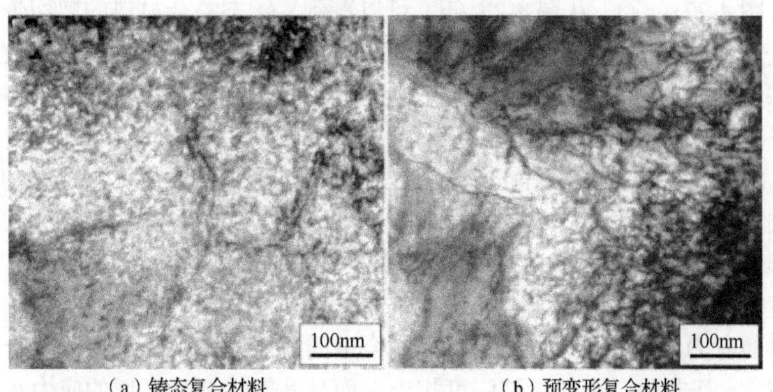

（a）铸态复合材料　　（b）预变形复合材料

图 4-25　铸态复合材料和预变形复合材料中 W 相位错的 TEM 明场照片

为了方便描述试样的断裂行为，将尺度与试样尺寸相当的裂纹称为宏观裂纹，而尺度与晶粒尺寸相当的裂纹称为微观裂纹。图 4-26 所示为铸态复合材料和预变形复合材料试样在准静态压缩变形后轴向截面的微观形貌。尽管两者的剪切带形状基本相同，但剪切带宽度和带内微观结构有所不同。对比图 4-26（a）和（b）发现，预变形复合材料

的剪切带宽度［图 4-26（a）］明显比铸态复合材料［图 4-26（b）］的窄很多，而且带内几乎没有任何其他相生成。

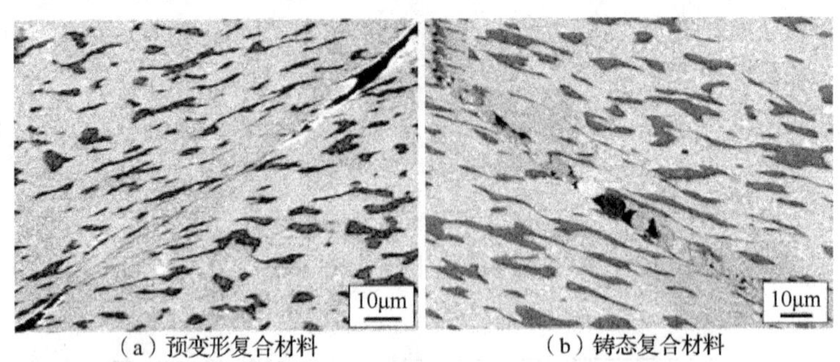

（a）预变形复合材料　　（b）铸态复合材料

图 4-26　铸态复合材料和预变形复合材料试样在准静态压缩变形后轴向截面的微观形貌

图 4-27 所示为预变形复合材料在准静态压缩试验条件下的断裂形貌。观察发现，其断裂模式为剪切断裂和轴向劈裂的混合模式如图 4-27（a）所示。观察预变形复合材料试样横截面发现，剪切带形成了一个明显的弧形结构，而试样的整体剪切断裂面形成了两个相互对立的锥形结构。试样在剪切断裂的同时还形成了大量的轴向裂纹，导致试样发生轴向劈裂，裂纹在圆柱试样边界形核并沿着试样轴心方向进行扩展。图 4-27（b）所示为预变形复合材料在准静态压缩试验条件下的断裂模式示意图。图 4-27（c）为试样轴向劈裂面的典型高倍 SEM 照片，其中 W 相的断裂模式为沿晶断裂和穿晶断裂的混合模式。图 4-27（d）所示为试样剪切断裂面的典型高倍 SEM 照片，其组成为沿着剪切方向重复出现的 W 相和 Zr 基非晶相。

与铸态复合材料在室温轴向准静态压缩试验条件下形成多重宏观剪切带不同（图 4-7），预变形复合材料在同等外加载荷作用下的断裂模式是剪切断裂和轴向劈裂的混合模式［图 4-27（a）］。从图 4-27（b）可以看到，铸态复合材料的剪切带内含有大量发生严重变形、甚至碎化的 W 相和非晶相，大量微小变形所产生的累加效应在宏观上表现为铸态复合材料的高塑性；相比之下，预变形复合材料的剪切带宽度相对要窄很多，其带内几乎无其他夹杂相，如图 4-27（a）所示。微小变形量的累加效应明显弱于铸态复合材料，而且预变形复合材料在准静态压缩变形过程中产生了大量的轴向裂纹，这同样导致其准静态压缩塑性低于铸态复合材料。

预变形复合材料在室温轴向准静态压缩试验条件下的应力水平高过 Zr 基非晶合金的断裂强度也是其准静态压缩塑性低于铸态复合材料的原因之一。如图 4-24 所示，铸态复合材料的应力水平明显低于 Zr 基非晶合金的屈服强度，而预变形复合材料的屈服强度不仅与 Zr 基非晶合金的断裂强度相当，而且其塑性变形区域的应力水平明显高于 Zr 基非晶合金的断裂强度，考虑到 Zr 基非晶合金几乎没有宏观塑性，因此当挤压前后两种复合材料试样在相同压缩作用下发生同样的变形量时，预变形复合材料中的非晶相会产生更多的剪切裂纹，导致其过早发生断裂失效。

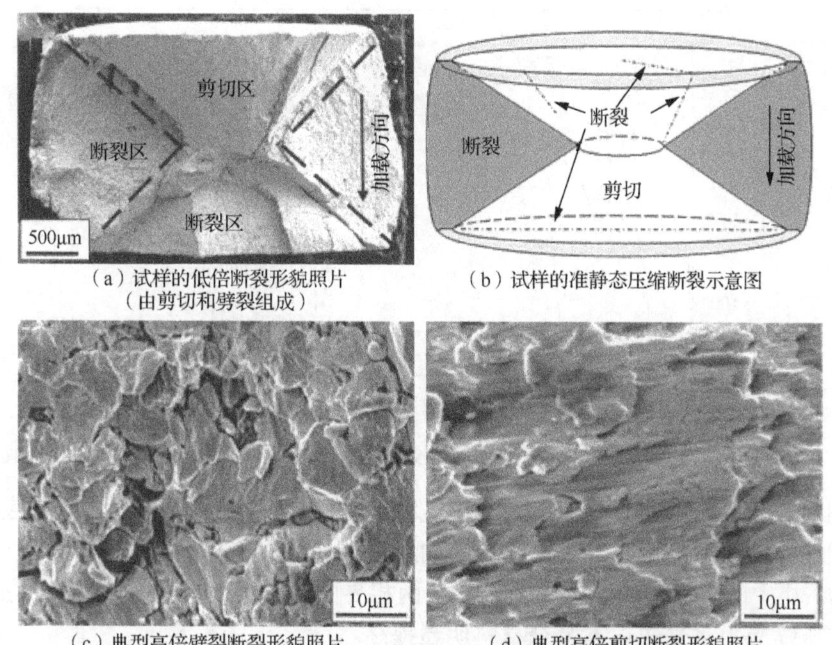

（a）试样的低倍断裂形貌照片（由剪切和劈裂组成）
（b）试样的准静态压缩断裂示意图
（c）典型高倍劈裂断裂形貌照片
（d）典型高倍剪切断裂形貌照片

图 4-27　预变形复合材料在准静态压缩试验条件下的断裂形貌

静液挤压导致晶粒拉长的微观结构同样是预变形复合材料准静态压缩塑性比铸态复合材料低的原因之一。由于预变形复合材料的晶粒沿轴向方向拉长，因此在轴向压缩变形过程中，裂纹沿剪切方向扩展更加困难，但沿轴向方向的扩展则相对容易些，因此大量的微裂纹或者微孔洞沿着载荷方向聚集、长大，形成大量沿试样轴向扩展的裂纹，如图 4-27（a）所示，导致预变形复合材料塑性降低。图 4-27（c）所示为（a）图中轴向劈裂区域的放大照片，发现 W 相的断裂模式为沿晶断裂和穿晶断裂的混合模式，而 Zr 基非晶相则由于拉应力的作用主要形成山脊状结构的形貌特征。

4.5.3　动态压缩力学行为

图 4-28 所示为 Zr 基非晶合金、纯 W、铸态复合材料及预变形复合材料的典型动态压缩真应力-真应变曲线。从曲线分布可以看出，在动态压缩试验条件下，铸态复合材料和预变形复合材料的动态压缩应力水平和塑性均比 Zr 基非晶合金和纯 W 的高。铸态复合材料的动态压缩屈服强度为 2073MPa、断裂强度为 1805MPa；与之相比，预变形复合材料的屈服强度和断裂强度均有明显提高，分别为 2630MPa 和 2149MPa。与铸态复合材料在形变初期表现出些许的加工硬化现象不同，预变形复合材料在应变达到 10%前应力水平基本保持恒定，之后随着应变的增加，应力反而逐渐降低，表现出应变软化现象。图 4-28 表明在动态压缩试验条件下，预变形复合材料相比铸态复合材料在塑性没有降低的前提下韧性得到了提高。

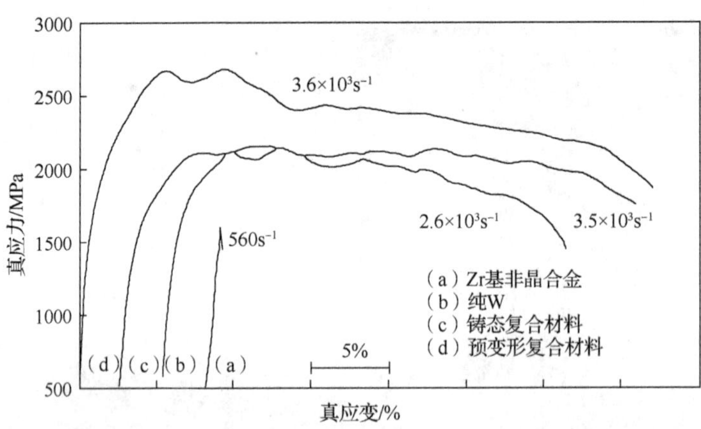

图 4-28　Zr 基非晶合金、纯 W、铸态复合材料及预变形复合材料的典型动态压缩真应力-真应变曲线

如图 4-28 所示，与室温轴向动态压缩载荷试验条件下铸态复合材料的真应力-真应变曲线相比，预变形复合材料表现出更高的应力水平。相比铸态复合材料，预变形复合材料中 W 相中的位错密度显著提高，而且两相界面结合强度也有一定程度的提高，导致其动态压缩应力水平较铸态复合材料明显提高。

Lennon 和 Ramesh[35]采用 SHPB 试验装置对经挤压形变的纯 W 和再结晶 W 进行动态压缩试验，发现预变形 W 的断裂强度明显比再结晶 W 的低。Ramesh 和 Coates[36]同样发现经型锻变形的 91W 合金（W-Ni-Fe）在动态压缩试验条件下的断裂强度比对应烧结态 91W 合金的低。然而，与上述现象不同的是，本试验结果表明经静液挤压形变强化的预变形复合材料，其动态压缩断裂强度明显比铸态复合材料的高，分析认为这与预变形复合材料在动态压缩试验条件下的断裂模式与铸态复合材料不同有关。Lankford 等发现，微观结构的不同可以完全改变 W 合金的动态变形和断裂模式[37,38]。

断裂形貌分析表明，预变形复合材料在室温轴向动态压缩试验条件下的断裂模式主要为轴向劈裂，偶尔在试样个别局部区域出现剪切断裂。图 4-29（a）和（b）所示为预变形复合材料在动态压缩试验条件下的轴向劈裂形貌。作为对比，图 4-29（c）和（d）同时还列出了铸态复合材料在同等载荷作用下的轴向劈裂面形貌。预变形复合材料轴向劈裂面形貌非常粗糙复杂，在断裂面上观察到了大量沿轴向加载方向扩展的裂纹（箭头所指），如图 4-29（a）所示。预变形复合材料的高倍轴向劈裂形貌如图 4-29（b）所示，观察发现 W 相的断裂模式为沿晶断裂和穿晶断裂的混合模式（穿晶断裂如箭头所指），两种断裂模式的比例相当。然而，与图 4-29（a）所示预变形复合材料轴向劈裂面相比，具有同样放大倍数的铸态复合材料动态压缩轴向劈裂面相对要平滑得多，而且也没有观察到沿轴向扩展的裂纹，如图 4-29（c）所示。图 4-29（c）所示区域典型的放大照片如图 4-29（d）所示，表明铸态复合材料在动态压缩试验条件下形成的轴向劈裂面中 W 相主要发生沿晶断裂，偶尔会在较大 W 颗粒上观察到穿晶断裂的形貌特征。挤压前后两种复合材料在动态压缩试验条件下形成的轴向劈裂面中，非晶相的断裂形貌没有显著区别。

图 4-30 所示为动态压缩载荷作用下预变形复合材料横截面裂纹扩展末端的形貌，其中插图为试样压缩变形后横截面的低倍形貌。观察发现，裂纹首先在试样外围形成，

然后在外加载荷作用下沿试样轴心方向扩展。另外，轴向裂纹扩展主要有 3 种模式，即沿 W 相和 Zr 基非晶相的界面进行扩展（箭头 1）、沿 W 相内部扩展（如箭头 2 所示，包括沿晶断裂和穿晶断裂）及沿 Zr 基非晶相内部扩展（箭头 3）。箭头 1 和箭头 2 的密度明显比箭头 3 的密度高，表明预变形复合材料在动态压缩载荷作用下的轴向微观裂纹优先沿两相界面和 W 相内部进行扩展。

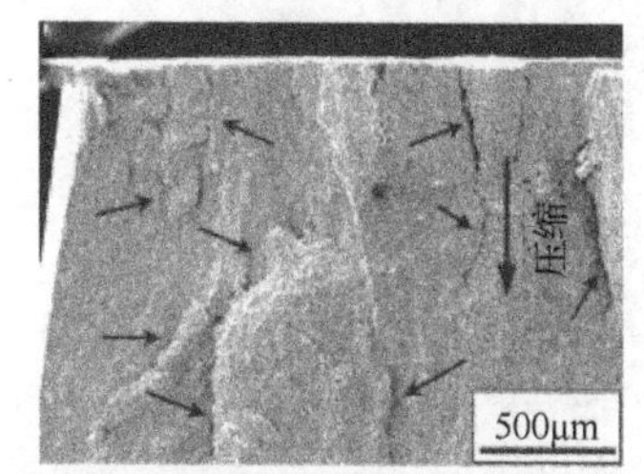

（a）预变形复合材料的低倍轴向劈裂形貌

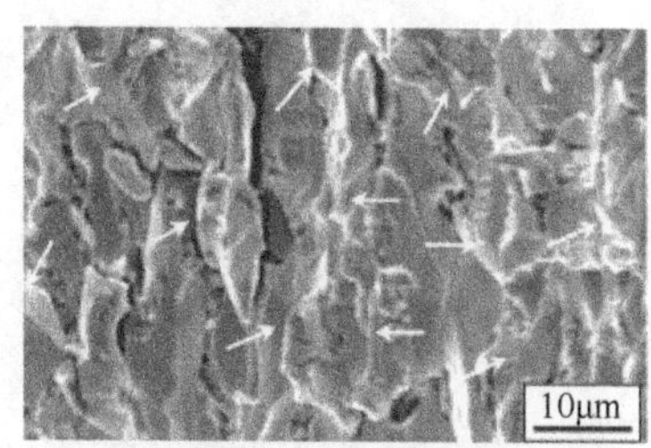

（b）预变形复合材料的高倍轴向劈裂形貌

（c）铸态复合材料的低倍轴向劈裂形貌

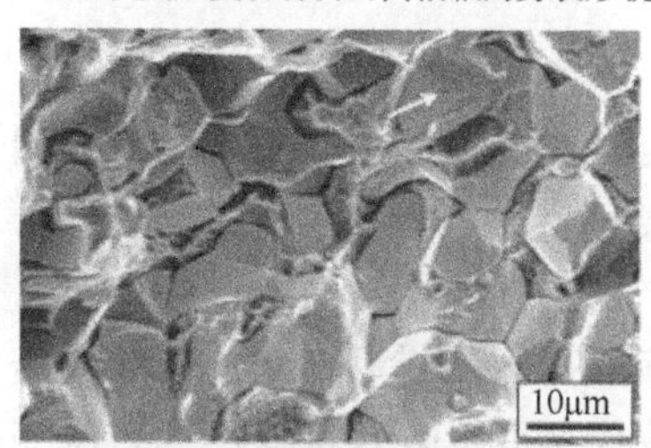

（d）铸态复合材料的高倍轴向劈裂形貌

图 4-29　预变形复合材料在动态压缩试验条件下的轴向劈裂形貌

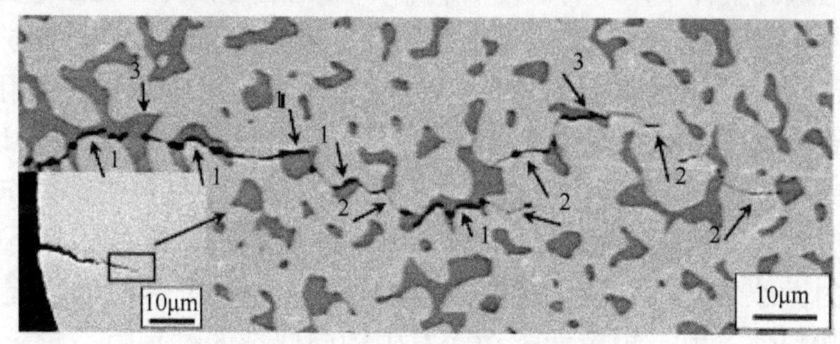

图 4-30　动态压缩载荷作用下预变形复合材料横截面裂纹扩展末端的形貌

插图为预变形复合材料在动态压缩条件下横截面的低倍形貌

预变形复合材料在室温轴向动态压缩试验条件下除发生轴向劈裂外，偶尔还会在试样局部区域发生剪切面非常平整的剪切断裂，如图 4-31 中的插图所示。该剪切断裂面的典型高倍形貌如图 4-31 所示，其由交错出现的 W 相和 Zr 基非晶相组成，其中 W 相在切应力作用下表现出非常光滑的形貌特征，推测剪切裂纹主要沿两相界面扩展；Zr 基非晶相则主要以黏性流动为主，沿剪切应力方向形成液相流动层，表明预变形复合材料在动态压缩试验条件下由于剪切断裂引起局部区域的温度升高可能已经接近甚至超过 Zr 基非晶相的熔点。

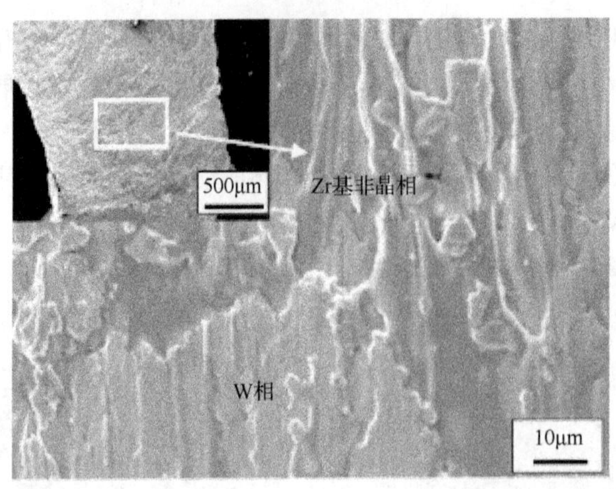

图 4-31　预变形复合材料的典型高倍剪切断裂形貌

插图为预变形复合材料在动态压缩试验条件下的低倍剪切断裂形貌

铸态复合材料在动态压缩试验条件下的断裂模式为单一剪切断裂和轴向劈裂的混合模式。然而，预变形复合材料在动态压缩试验条件下的断裂模式为完全轴向劈裂，偶尔在试样个别局部区域发生剪切断裂。预变形复合材料动态压缩断裂模式的改变与该复合材料经静液挤压形成沿轴向拉长的微结构［图 4-20（b）］有关，这种沿挤压方向拉长的微结构致使预变形复合材料在动态压缩载荷作用下发生变形时，裂纹沿剪切方向扩展更加困难，但是沿与微结构拉长方向一致的加载方向进行扩展则要容易得多。

在动态压缩试验条件下，与铸态复合材料形成光滑的轴向劈裂面［图 4-29（c）］不同，预变形复合材料形成的轴向劈裂面上可明显观察到大量沿试样轴向扩展的裂纹，如图 4-29（a）所示。经挤压变形的纯 W 或者 W 合金在动态压缩载荷作用下形成的沿结构拉长方向扩展的微裂纹相互连续贯通，进而形成较大的裂纹，导致材料过早发生断裂；与之不同的是，预变形复合材料中三维连通网状结构对两相材料的约束作用有效阻碍了复合材料内微裂纹的扩展，同时促发形成了更多的微裂纹，这些相互不连通、均匀分布在劈裂面上的微裂纹有效延迟了预变形复合材料试样的断裂时间，提高了该预变形复合材料的宏观塑性。由于拉应力驱动而发生轴向劈裂的过程中，拉应力随着微裂纹的不断形核和长大而不断被消耗，大量微裂纹的形成必然会吸收预变形复合材料在动态压缩载荷作用下的大量变形能，因此，预变形复合材料的动态压缩塑性较铸态复合材料有所提高。

在动态压缩载荷作用下，预变形复合材料内大量微裂纹的形成也是其产生应变软化效应的直接原因。预变形复合材料在动态压缩载荷作用下的变形过程是位错增殖（W 相的加工硬化）和轴向微裂纹扩展相互竞争的过程，在形变初期，位错增殖产生的硬化效应与裂纹扩展导致的软化效应达到平衡，应力-应变曲线表现为随应变增加应力水平保持不变。当应变超过 10%之后（图 4-28），随着微裂纹的逐渐增多和长大，微裂纹导致的累加软化效应超过硬化效应，因此试样继续变形所需外加载荷相对有所降低，导致该预变形复合材料在动态压缩应力-应变曲线上表现出应变软化现象。

对比图 4-29（b）和（d）发现在动态压缩试验条件下，预变形复合材料轴向劈裂面中 W 相穿晶断裂的比例明显比铸态复合材料中的高，推断认为这与预变形复合材料中 W 相因为静液挤压而产生<110>织构有关。众所周知，具有体心立方结构的金属（如 W）经滚压、型锻或者挤压等机械形变工艺后都会沿加载方向产生明显的<110>织构[39,40]。据此推断，铸态复合材料经静液挤压工艺处理后必然会在 W 相中形成沿挤压方向的<110>织构。Dümmer 等[40]发现在动态压缩试验条件下，W 中孪晶的相互作用会导致大量穿晶断裂的形成。Subhash 等[41]发现纯 W 沿<110>织构方向在动态压缩载荷作用下发生变形时，会在 W 相中形成大量的孪晶，而这些孪晶的相互作用又会促发大量穿晶断裂的产生，而没有织构的纯 W 在相同载荷作用下则主要发生沿晶断裂。根据上述试验结果推断，预变形复合材料在动态压缩载荷作用下产生大量的穿晶断裂必然与静液挤压导致 W 相中产生的<110>织构有关。因此预变形复合材料中 W 相的<110>织构同样是其动态压缩强度高于铸态复合材料的原因之一，因为裂纹穿过晶粒扩展比沿晶界扩展困难得多。

与铸态复合材料在动态压缩试验条件下形成贯穿试样的剪切断裂不同，预变形复合材料在动态压缩试验条件下只偶尔在试样个别局部区域产生剪切断裂。同铸态复合材料的剪切断裂面（图 4-10）相比，预变形复合材料的剪切断裂面要平滑得多，W 相更加光滑，Zr 基非晶相的软化流动特征也更加明显，表明预变形复合材料内切应力更高，剪切区域内温度升高的也更多。

4.5.4　应变率效应

图 4-32 所示为纯 W 在不同应变率轴向压缩试验条件下的真应力-真应变曲线，应变率范围为 10^{-4}～$10^{3}s^{-1}$。如图 4-32 所示，纯 W 准静态压缩曲线表现出明显的由杂质钉扎位错引起的屈服点应力下降特征。此外，纯 W 在准静态压缩试验条件下表现出非常明显的加工硬化现象，而且加工硬化率在准静态应变率范围内几乎没有发生变化。在动态压缩试验条件下，纯 W 的屈服强度相比准静态压缩明显提高，纯 W 在应变率为 $3.5\times10^{3}s^{-1}$ 下的屈服强度较应变率为 $1.6\times10^{-4}s^{-1}$ 时提高了约 60%，但纯 W 在动态压缩试验条件下表现出明显的随应变增加应力逐渐降低的加工软化现象。

图 4-33 所示为铸态复合材料在不同应变率轴向压缩试验条件下的真应力-真应变曲线，表明铸态复合材料的应力水平随着应变率的提高而逐渐提高。当应变率从 $1.67\times10^{-4}s^{-1}$ 增加到 $3.5\times10^{3}s^{-1}$ 时，铸态复合材料的屈服强度提高了约 50%。在准静态压缩试验条件下，铸态复合材料在应力达到 1100MPa 时表现出明显的斜率突变现象，之后应力继续上升到屈服点 1400MPa。铸态复合材料在动态压缩试验条件下的应力水平较准静态压缩试验条件下明显提高，但断裂应变减少了约 60%。

如图 4-33 所示，在准静态压缩试验条件下，铸态复合材料中 W 相首先屈服，Zr 基非晶相由于其具有更高的屈服强度而保持弹性状态。W 相体积分数同样为 80%的 W 丝/Zr 基非晶复合材料在准静态压缩试验条件下的断裂应变仅为 13%，而且没有加工硬化现象[8]。相比之下，铸态复合材料的断裂应变高达 80%，而且具有明显的加工硬化现象，表明具有三维连通网状结构的多孔 W 增强方式较 W 丝增强可以更加有效地提高大块非晶合金的塑性。

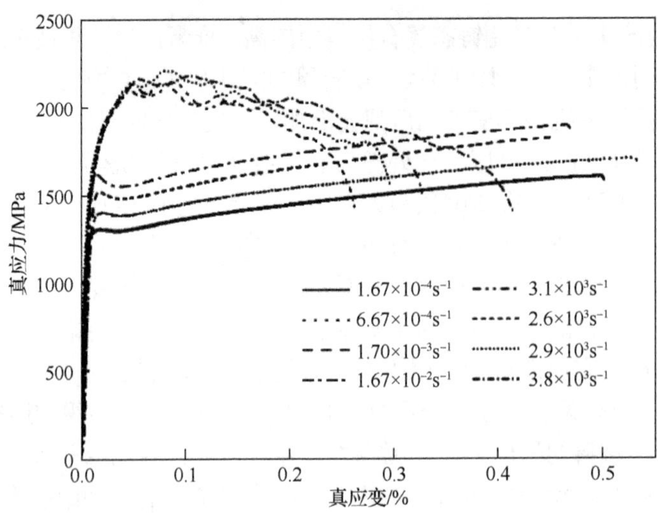

图 4-32　纯 W 在不同应变率轴向压缩试验条件下的真应力-真应变曲线

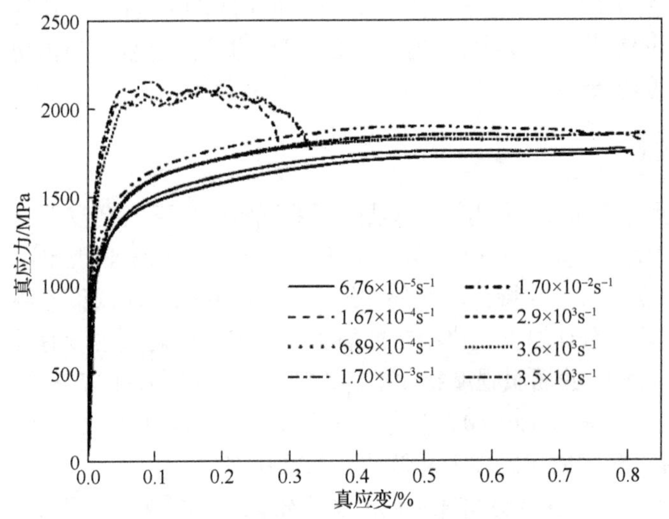

图 4-33　铸态复合材料在不同应变率轴向压缩试验条件下的真应力-真应变曲线

图 4-34 所示为预变形复合材料在不同应变率轴向压缩试验条件下的真应力-真应变曲线。如图 4-34 所示，预变形复合材料在准静态压缩试验条件下没有斜率突变现象，并表现出明显的加工硬化现象，断裂应变约为 50%。在动态压缩试验条件下，尽管预变形复合材料的屈服强度较准静态压缩条件下有了极大的提高，但之后应力随着应变的增加而急剧下降，动态压缩断裂强度甚至低于准静态压缩断裂强度。

对比图 4-33 和图 4-34 发现，铸态复合材料和预变形复合材料在轴向压缩试验条件下均表现出明显的随应变率增加韧性反而降低的韧-脆转变现象，这与具有体心立方结构的纯 W 和 Zr 基大块非晶合金都具有很强的应变率敏感性有关。在高应变率载荷作用下，较高的应力水平导致 W 相在形变较小的情况下就会在内部产生大量的微小缺陷，如 W 相中的沿晶断裂形核等，使 W 相在较低应变处发生断裂失效；Zr 基非晶相在高应变率载荷作用下同样会产生大量的微观剪切带和微裂纹，而且 Zr 基非晶相在高应变率载荷作用下局部剪切断裂区的温度升高也要比在准静态试验条件下的高很多，从而导致试样局部软化发生过早断裂，因此挤压前后复合材料随应变率的提高均表现出明显的韧-脆转变现象。

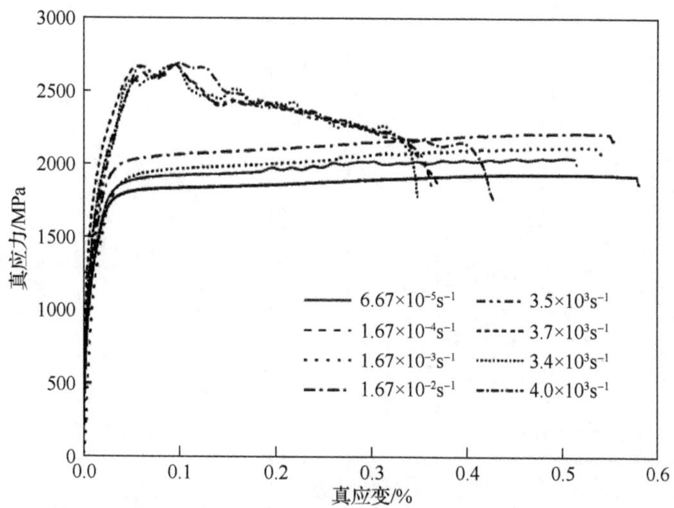

图 4-34　预变形复合材料在不同应变率轴向压缩试验条件下的真应力-真应变曲线

金属材料应变率敏感性通常采用如下公式表征：

$$m = \frac{\dot{\varepsilon}}{\sigma}\frac{\partial\sigma}{\partial\dot{\varepsilon}} = \frac{\mathrm{d}\log\sigma}{\mathrm{d}\log\dot{\varepsilon}} \tag{4-1}$$

式中，m 是应变率敏感性系数；σ 是应力；$\dot{\varepsilon}$ 是应变率。图 4-35 所示为纯 W、铸态复合材料和预变形复合材料在不同应变取值下得到的应力和应变率对数关系曲线，依据式（4-1），线性拟合得到的斜率即为试样应变率敏感性系数。如图 4-35 所示，随着所选取应变值的逐渐增大，挤压前后复合材料的应变率敏感性系数均逐渐降低。为了便于比较，图 4-35（a）中还列出了 Zr 基非晶合金的断裂强度和应变率的对数关系曲线（空心圆圈所示）。

如图 4-35（a）所示，纯 W 在应变值为 0.05 时的应变率敏感性系数 m=0.027，而铸态复合材料在同样应变值的应变率敏感性系数 m=0.023，较纯 W 小。Zr 基非晶合金由于在动态压缩试验条件下（应变率>10^2s^{-1}）没有任何塑性，因此在较大应变率范围内无法较为准确地拟合线性曲线，如图 4-35（a）所示。在应变率低于 $10^{-2}s^{-1}$ 的准静态压缩范围内，可以较为准确地拟合 Zr 基非晶合金地应变率敏感性系数 m=−0.01（由于 Zr 基非晶合金的断裂强度不到 5%，因此取断裂强度计算该 Zr 非晶合金的应变率敏感性系数）。

关于复合材料的混合法则如下：

$$m_c = v_f m_t + (1 - V_f) m_m \tag{4-2}$$

式中，下标 c、t 和 m 分别代表铸态复合材料、纯 W 和 Zr 基大块非晶合金；V_f 是铸态复合材料中 W 相的体积分数。将 $v_f = 80\%$、$m_t = 0.027$ 和 $m_m = -0.01$ 代入式（4-2），得到 $m_c \approx 0.02$。考虑误差因素，这一计算结果与试验结果基本吻合。由于 W 相的体积分数高达 80%，因此铸态复合材料的应变率敏感性系数与纯 W 非常接近。Zr 基非晶合金的负应变率效应导致铸态复合材料的应变率敏感性系数低于纯 W。如图 4-35（a）所示，预变形复合材料的应力水平较铸态复合材料有了极大的提高，但应变率敏感性系数却有所降低，这与预变形复合材料在静液挤压过程中产生塑性形变有关。

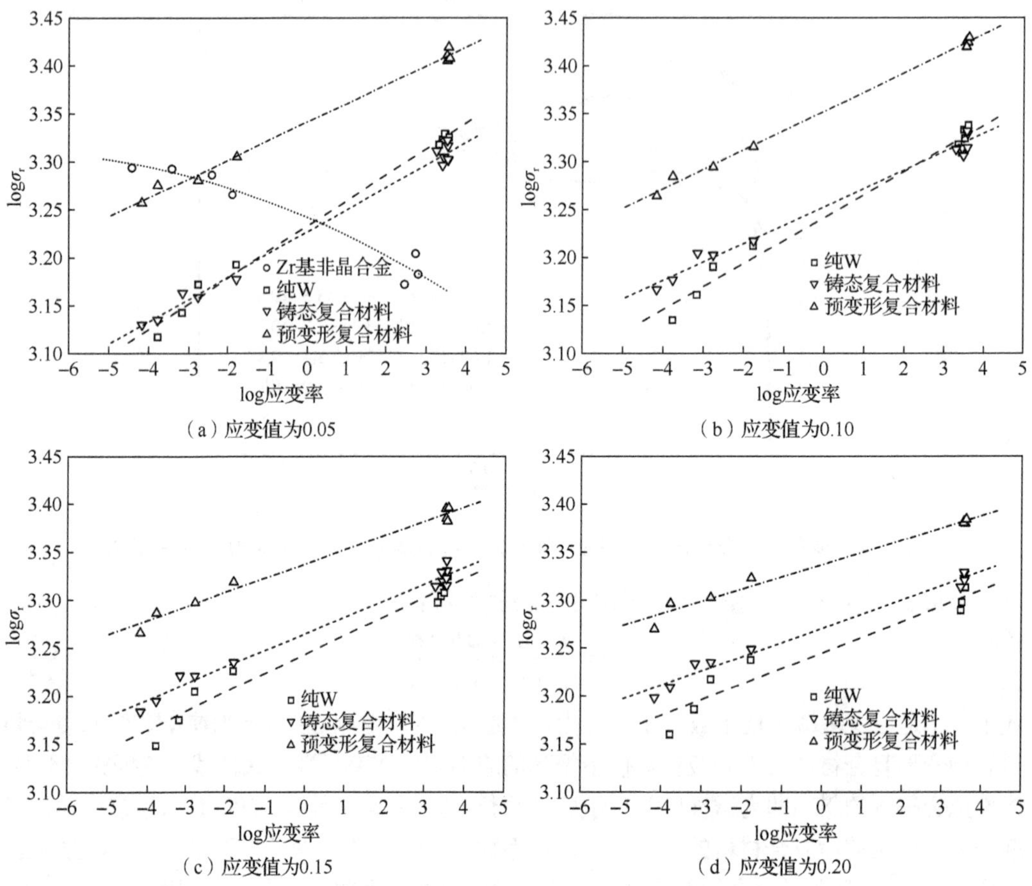

（a）应变值为0.05　（b）应变值为0.10　（c）应变值为0.15　（d）应变值为0.20

图 4-35　不同应变值对应的应力和应变率对数关系曲线

铸态和预变形复合材料在不同应变率条件下的轴向压缩变形过程，其实就是 W 相中位错运动导致的加工硬化和微裂纹、微孔洞及温度升高导致的加工软化相互竞争的过程。纯 W、铸态复合材料和预变形复合材料在动态压缩条件下的加工硬化率均低于准静态压缩，表明在动态压缩下由微裂纹和微孔洞等引起的材料软化效应比准静态压缩下的更加显著。如图 4-32 所示，纯 W 在动态压缩试验条件下表现出应力随应变增加而逐渐降低的加工软化现象，与此类似，Zr 基非晶合金的断裂强度同样随着应变率的增加而逐渐降低［图 4-35（a）］。尽管纯 W 和 Zr 基非晶合金在动态压缩试验条件下均表现出明显的加工软化现象，但由这两相材料复合得到的铸态复合材料在动态压缩试验条件下的形变初期却表现出一定程度的加工硬化现象。据此推断，多孔 W 所具有的三维连通网状结构是铸态复合材料应力提高的主要原因，因为三维连通网状结构可以在三维方向更加有效地阻碍两相材料中微裂纹的扩展。加工硬化率随应变率的改变而变化的现象是复合材料应变率相关的硬化和软化机制相互平衡的结果。

静液挤压导致预变形复合材料的应变率效应有所降低，如图 4-35 所示。铸态复合材料的屈服强度从准静态到动态提高了约 50%，而在同样的应变率范围内，预变形复合材料的屈服强度提高了约 40%。这一现象与经冷加工处理的金属和与其对应的退火态表现出的应变率效应相一致，与位错运动有关。

表 4-2 所示为图 4-35 所示纯 W、铸态复合材料和预变形复合材料在不同应变取值下拟合得到的应变率敏感性系数，发现应变率敏感性系数 m 随着应变值的增加而逐渐降低。纯 W 在应变值为 0.2 时的应变率敏感性系数比应变值为 0.05 时降低了约 40.7%，在同样的应变值下，铸态复合材料和预变形复合材料的应变率敏感性系数 m 降低幅度基本相同，约为 35%。挤压前后复合材料的应变率敏感性系数较纯 W 的降低幅度小，这同样表明具有三维连通网状结构的增强方式可以有效阻碍复合材料两相内裂纹的形核和扩展，增强复合材料在动态压缩载荷作用下的承载力。

表 4-2　各种试样在不同应变取值下对应的应变率敏感性系数 m

材料	应变率敏感性系数			
	5%	10%	15%	20%
纯 W	0.027	0.024	0.020	0.016
铸态复合材料	0.023	0.019	0.017	0.015
预变形复合材料	0.020	0.020	0.015	0.013

表 4-3 所示为铸态复合材料和预变形复合材料试样的显微硬度测试结果。显微硬度测试结果表明，预变形复合材料中非晶相的显微硬度较铸态复合材料中非晶相有微小提高。推断认为，这可能与预变形复合材料中非晶相在静液挤压过程中形成一些沿挤压方向排列的具有中短程有序排列的结构（1～2nm）有关。此外，静液挤压导致预变形复合材料中非晶相形成狭长形状，在进行显微硬度测试时，压头较铸态复合材料中非晶相更加接近两相界面，这也有可能导致预变形复合材料中非晶相的显微硬度测试结果偏高。关于非晶合金内形成中短程有序排列结构的研究可参见文献[42]和[43]。显微硬度测试结果表明，预变形复合材料在轴向压缩载荷作用下的应力水平较铸态复合材料有所提高主要是因为 W 相的加工硬化，而非晶相无加工硬化现象。

表 4-3　挤压前后复合材料试样的两相显微硬度测试结果

复合材料	显微硬度（HRC）	
	W 相	Zr 基非晶相
铸态复合材料	48.31	54.70
预变形复合材料	54.86	55.10

参 考 文 献

[1] INOUE A, SHIBATA T, ZHANG T. Effect of additional elements on transition behavior and glass formation tendency of Zr-Al-Cu-Ni alloys [J].Materials transactions JIM, 1995, 36(12): 1420-1426.

[2] PEKER A, JOHNSON W L. A highly processable metallic glass: $Zr_{41.2}Ti_{13.8}Cu_{12.5}Ni_{10.0}Be_{22.5}$ [J]. Applied physics letters, 1993, 63(17): 2342-2344.

[3] INOUE A. High strength bulk amorphous alloys with low critical cooling rates [J]. Materials transactions JIM, 1995, 36(7): 866-875.

[4] INOUE A. Stabilization of metallic supercooled liquid and bulk amorphous alloys [J]. Acta materialia, 2000, 48(1): 279-306.

[5] ZHANG Q S, ZHANG H F, DENG Y F. Bulk metallic glass formation of Cu-Zr-Ti-Sn alloys [J]. Scripta materialia, 2003, 49(4): 273-278.

[6] GILBERT C J, RITCHIE R O, JOHNSON W L. Fracture toughness and fatigue-crack propagation in a Zr-Ti-Ni-Cu-Be bulk metallic glass [J]. Applied physics letters, 1997, 71(4): 476-478.

[7] KAWAMURA Y, KATO H, INOUE A. Full strength compacts by extrusion of glassy metal powder at the supercooled liquid state [J]. Applied physics letters, 1995, 67(14): 2008-2010.

[8] CONNER R D, DANDLIKER R B, JOHNSON W L. Mechanical properties of tungsten and steel fiber reinforced $Zr_{41.25}Ti_{13.75}Cu_{12.5}Ni_{10}Be_{22.5}$ metallic glass matrix composites [J]. Acta materialia, 1998, 46(17): 6089-6102.

[9] SZUECS F, KIM C P, JOHNSON W L. Mechanical properties of $Zr_{56.2}Ti_{13.8}Nb_{5.0}Cu_{6.9}Ni_{5.6}Be_{12.5}$ ductile phase reinforced bulk metallic glass composite [J]. Acta materialia, 2001, 49(9): 1507-1513.

[10] HUFNAGEL T C, FAN C, OTT R T. Controlling shear band behavior in metallic glasses through microstructural design [J]. Intermetallic, 2002, 10(11-12): 1163-1166.

[11] JIAO T, KECSKES L J, HUFNAGEL T C. Deformation and failure of $Zr_{57}Nb_5Al_{10}Cu_{15.4}Ni_{12.6}$/W particle composites under quasi-static and dynamic compression [J]. Metallurgical and materials transactions A, 2004, 35(11): 3439-3444.

[12] LI H, SUBHASH G, KECSKES L J. Mechanical behavior of tungsten preform reinforced bulk metallic glass composites [J]. Materials science and engineering A, 2005, 403(1-2): 134-143.

[13] CHOI-YIM H, BUSCH R,JOHNSON W L. Synthesis and characterization of particulate reinforced $Zr_{57}Nb_5Al_{10}Cu_{15.4}Ni_{12.6}$ bulk metallic glass composites [J]. Acta materialia, 1999, 47(8): 2455-2462.

[14] XU Y K, XU J. Ceramics particulate reinforced $Mg_{65}Cu_{20}Zn_5Y_{10}$ bulk metallic glass composites [J]. Scripta materialia, 2003, 49(9): 843-848.

[15] CHOI-YIM H, CONNER R D, SZUECS F. Quasistatic and dynamic deformation of tungsten reinforced $Zr_{57}Nb_5Al_{10}Cu_{15.4}Ni_{12.6}$ bulk metallic glass matrix composites [J]. Scripta materialia, 2001, 45(9): 1039-1045.

[16] QIU K Q, WANG A M, ZHANG H F. Mechanical properties of tungsten fiber reinforced ZrAlNiCuSi metallic glass matrix composite [J]. Intermetallics, 2002, 10(11-12): 1283-1288.

[17] OTT RT, SANSOZ F, MOLINARI J F. Micromechanics of deformation of metallic-glass-matrix composites from in situ synchrotron strain measurements and finite element modeling[J]. Acta materialia, 2005, 53(7): 1883-1893.

[18] ZHANG H F, WANG A M, LI H. Quasi-static compressive property of metallic glass/porous tungsten bi-continuous phase composite [J]. Journal of materials research, 2006, 21(6): 1351-1354.

[19] DONG W B, ZHANG H F, SUN W S. Zr-Cu-Ni-Al-Ta glassy matrix composites with enhanced plasticity [J]. Journal of materials research, 2006, 21(6): 1490-1499.

[20] LEE J C, KIM Y C, AHN J P. Enhanced plasticity in a bulk amorphous matrix composite: macroscopic and microscopic viewpoint studies [J]. Acta materialia, 2005, 53(1): 129-139.

[21] BIAN Z, KATO H, QIN C L. Cu-Hf-Ti-Ag-Ta bulk metallic glass composites and their properties [J]. Acta materialia, 2005, 53(7): 2037-2048.

[22] 王鲁，王富耻，程焕武，等. 钨丝/锆基非晶合金复合材料的动态力学特性[J]. 北京理工大学学报，2003，23（2）：165-167.

[23] CAI W D, LI Y, DOWDING R J. A review of tungsten-based alloys as kinetic energy penetrator materials[J]. Reviews in

particulate materials, 1995, 3: 71-132.

[24] LENG Y, COURTNEY T H. Fracture behavior of Laminated metal-metallic glass composites [J]. Metallurgical transactions A, 1990, 21(8): 2159-2168.

[25] CONNER R D, CHOI-YIM H, JOHNSON W L. Mechanical properties of $Zr_{57}Nb_5Al_{10}Cu_{15.4}Ni_{12.6}$ metallic glass matrix particulate composites [J]. Journal of materials research, 1999, 14(8): 3292-3297.

[26] HAYS C C, KIM C P, JOHNSON W L. Improved mechanical behavior of bulk metallic glasses containing in situ formed ductile phase dendrite dispersions [J]. Materials science and engineering A, 2001, 304-306(s1): 650-655.

[27] YOKOYAMA Y, YAMANO K, FUKAURA K. Enhancement of ductility and plasticity of $Zr_{55}Cu_{30}Al_{10}Ni_5$ bulk glassy alloy by cold rolling [J]. Materials transactions JIM, 2001, 42(4): 623-632.

[28] WANG G, SHEN J, SUN J F. Tensile fracture characteristics and deformation behavior of a Zr-based bulk metallic glass at high temperatures [J]. Intermetallics, 2005, 13(6): 642-648.

[29] ZHANG Z F, ECKERT J, SCHULTZ L. Difference in compressive and tensile fracture mechanisms of $Zr_{59}Cu_{20}Al_{10}Ni_8Ti_3$ bulk metallic glass [J]. Acta materialia, 2003, 51(4): 1167-1179.

[30] BUCKI J J. Hydrostatic extrusion of tungsten heavy alloys [J]. Metal powder report, 1998, 53(1): 41-41.

[31] LIANG G X, LI Z M, WANG E. Hot hydrostatic extrusion and microstructures of mechanically alloyed Al-4.9Fe-4.9Ni alloys[J]. Journal of materials processing technology, 1995, 55(1): 37-42.

[32] HU L X, LIU Z Y, WANG E. Microstructure and mechanical properties of 2024 aluminum alloy consolidated from rapidly solidified alloy powders [J]. Materials science and engineering A, 2002, 323(1-2): 213-217.

[33] YU Y, HU L X, WANG E. Microstructure and mechanical properties of a hot-hydrostatically extruded 93W-4.9Ni-2.1Fe alloy[J]. Materials science and engineering A, 2006, 435-436, 620-624.

[34] CHOI-YIM H, SCHROERS J, JOHNSON W L. Microstructures and mechanical properties of tungsten wire/particle reinforced $Zr_{57}Nb_5Al_{10}Cu_{15.4}Ni_{12.6}$ metallic glass matrix composites [J]. Applied physics letters, 2002, 80(11): 1906-1908.

[35] LENNON A M , RAMESH K T. The thermoviscoplastic response of polycrystalline tungsten in compression [J]. Materials science and engineering A, 2000, 276(1-2): 9-21.

[36] RAMESH K T, COATES R S. Microstructural influence on the dynamic response of tungsten heavy alloys [J]. Metallurgical transactions A, 1992, 23(9): 2625-2630.

[37] LANKFORD J, ANDERSON C E,BODNER S R. Fracture of tungsten heavy alloys under impulsive loading conditions [J]. Journal of materials science letters, 1988, 7(12): 1355-1358.

[38] LANKFORD J, COUQUE H, BOSE A. Shock waves and high strain rate phenomena in materials [M]. New York: Marcel Dekker, 1992.

[39] MARGEVICIUS R W, RIEDLE J,GUMBSCH P. Fracture toughness of polycrystalline tungsten under mode Ⅰ and mixed mode Ⅰ/Ⅱ loading [J]. Materials science and engineering A, 1999, 270(2): 197-209.

[40] DÜMMER T, LASALVIA J C, RAVICHANDRAN G. Effect of strain rate on plastic flow and failure in polycrystalline tungsten [J]. Acta materialia, 1998, 46(17): 6267-6290.

[41] SUBHASH G, LEE Y J, RAVICHANDRAN G. Plastic deformation of CVD textured tungsten-Ⅱ. Characterization [J]. Acta metallurgical et materialia, 1994, 42(1): 331-340.

[42] HIROTSU Y, OHKUBO T,MATSUSHITA M. Study of amorphous alloy structures with medium range atomic ordering [J]. Microscopy research and technique, 1998, 40(4): 284-312.

[43] XING L Q, LI Y, RAMESH K T. Enhanced plastic strain in Zr-based bulk amorphous alloys [J]. Physical review B, 2001, 64(18): 180201.

第 5 章　多孔 SiC/非晶复合材料

防护材料技术一直是各国武器装备发展的重点关注对象。随着现代战争内涵的不断发展和变化，部队作战的机动性、灵活性和远程部署能力已经逐渐成为夺取战争胜利的关键因素，这就要求武器装备必须实现轻量化，因而发展具有高性能的轻质防护材料显得尤为重要[1-3]。

陶瓷材料由于具有低密度、高强度、高硬度等优点，以及非常好的抗冲击性能，而广泛应用于轻质装甲防护领域[4,5]。然而，陶瓷材料存在塑性差、易碎的缺点，不能抗多次打击，因而其应用一直受到很大限制。另外，陶瓷破碎是消耗弹丸能量的一个关键过程，因此并不能避免这种破碎的产生，唯一有效的方法是延缓和限制裂纹的扩展。为此，人们基于改善陶瓷材料韧性的目的开展了大量的研究工作，发现通过成分调整仅能在一定程度上改善陶瓷材料的韧性，只有通过改善材料内部的显微结构以更好地分散弹丸的能量，才能实现陶瓷材料的大幅增韧[6-9]。因此，发展陶瓷金属复合材料，利用其多界面吸能特性，以有效限制材料在多次高应变率冲击载荷作用下的裂纹扩展成为当前国内外的研究热点和关键点。

非晶合金是 20 世纪 90 年代迅速发展起来的一类新型材料。该类合金的熔点一般较低，有利于两相界面的反应润湿调控，可显著降低冷却过程中复合材料内部的残余热应力，因此非常适合作为复合材料的母相[10,11]。并且，与传统晶态合金相比，非晶合金在多项性能方面具有十分明显的优势，如高强度、高硬度、高断裂韧性，特别是其具有高弹性应变（约 2%），可显著吸收、消耗弹丸冲击能，延长弹靶作用时间，从而可以在弹丸侵彻到背板之前有效分散弹丸冲击能量，进而提高材料的抗冲击性能[12-15]。

SiC 作为一种传统的陶瓷材料，密度低且抗冲击性能良好，因而广泛应用于高速冲击领域[1,2]。然而，完全脆性的特征使其很难作为单相材料来使用。非晶合金具有高强度、高硬度及良好的断裂韧性，特别是具有优异的能量吸收能力[3-6]。因此，将二者复合，可达到兼顾陶瓷材料强度和韧性的目的，必将进一步提升轻质陶瓷装甲的抗冲击性能，预期可以成为具有重大应用前景的新型轻质装甲防护材料。该类装甲防护材料的研制成功将能够有力支撑与推动飞机、作战车辆、后勤、指挥通信等装备防护能力的提高，开展相关技术研究具有重要意义。

目前，研究者已成功地开发出多种 SiC 颗粒增强非晶复合材料[7-12]。当 SiC 颗粒在非晶合金基体中均匀分布时，该复合材料的抗压强度较 SiC 材料有着明显提升[12]。然而，由于 SiC 颗粒的分布、尺寸及体积分数等均难以调控，因此该类复合材料通常表现出不稳定的力学性能[3,13]。相比颗粒增强金属基复合材料，以多孔材料作为增强相的金属基复合材料，其两相均呈三维连续分布，能够最大限度地发挥增强相和金属相对复合材料整体的强化作用，预期具有更优异的力学性能[14-17]。

5.1　微观组织结构

5.1.1　显微组织

图 5-1 所示为多孔 SiC 的孔径分布曲线。多孔 SiC 中的孔隙分布均匀，孔径大小主要集中在 10～40μm，有利于复合材料制备过程中非晶合金的浸渗。

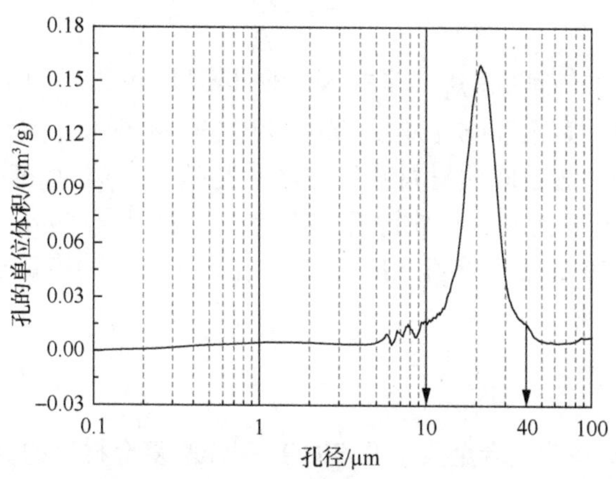

图 5-1　多孔 SiC 的孔径分布曲线

图 5-2 所示为多孔 SiC 和多孔 SiC/Ti 基非晶复合材料的微观形貌。多孔 SiC 具有明显的三维连通网络结构，如图 5-2（a）所示。如图 5-2（b）所示，复合材料中深色 SiC 相包围在浅色非晶相周围，两相连续分布，界面清晰。然而，多孔 SiC 中的少量闭孔在非晶合金浸渗过程中部分被保留而成为复合材料的孔隙缺陷［图 5-2（b）中箭头所示］，这将大大降低复合材料的力学性能。

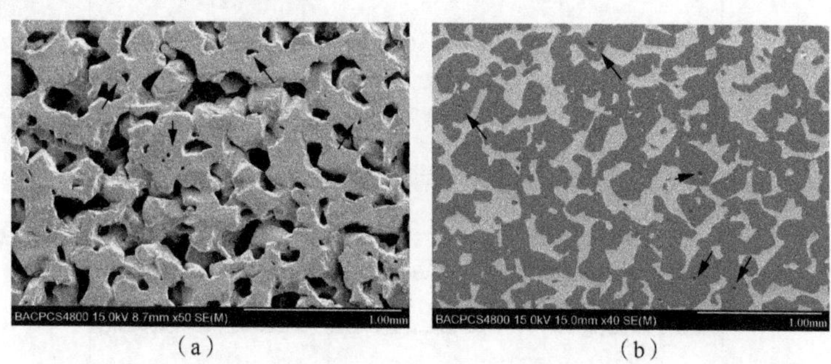

图 5-2　多孔 SiC 和多孔 SiC/Ti 基非晶复合材料的微观形貌

多孔 SiC 中的闭孔主要是在烧结过程中产生的，其来源有两个方面：一是烧结过程中过量的黏结剂填充在 SiC 颗粒之间，堵塞微孔而形成；二是烧结过程中 SiC 与 O_2 发生反应，产生一定量的 CO 或 CO_2 气体，这些气体分散在 SiC 内部，不断聚集而最终形成闭孔。目前的多孔 SiC 制备工艺均无法完全消除闭孔，只能尽可能地减少闭孔的数量。为此，可以增大多孔 SiC 的孔隙率，但是孔隙率的增大，会导致多孔 SiC 强度的降低。

并且，随着多孔 SiC 孔隙率的增大，复合材料的密度将显著增大，这将不利于其作为轻质装甲防护材料的应用。Strassburger[18]提出只有陶瓷体积含量达到 70%以上，复合材料的抗冲击性能才能和对应纯陶瓷的抗冲击性能相当。综合抗冲击性能与密度的要求，确定多孔 SiC 的孔隙率为 15%。在孔隙率确定的情况下，通过控制黏结剂添加比例和烧结工艺，尽量减少闭孔数量。

多孔 SiC 的理论孔隙率为

$$P_t = 1 - \frac{\rho_b}{\rho_r} \tag{5-1}$$

式中，ρ_b 是多孔 SiC 的体密度；ρ_r 是多孔 SiC 的真密度。多孔 SiC 的真密度为 3.18g/cm^3，体密度为 2.65g/cm^3。根据式（5-1），计算出多孔 SiC 的理论孔隙率为 16.67%。而根据《压汞法和气体吸附法测定固体材料孔径分布和孔隙度　第 1 部分：压汞法》（GB/T 21650.1—2008）测得多孔 SiC 的实际孔隙率为 14.04%[19]。多孔 SiC 的理论孔隙率与实际孔隙率相差 2.63%，表明多孔 SiC 所含闭孔较少，这将有助于复合材料力学性能的提高。

5.1.2　物相鉴定

图 5-3 所示为 Ti 基非晶合金及多孔 SiC/Ti 基非晶复合材料的 XRD 图谱。Ti 基非晶合金的 XRD 图谱上只有一个明显宽化的漫散射峰，无其他衍射峰出现，表明 Ti 基非晶合金为完全非晶态。复合材料的 XRD 图谱上为 SiC 晶体相的强衍射峰叠加在具有明显非晶特征的漫散射峰上，无其他衍射峰出现，表明多孔 SiC 与 Ti 基非晶复合后，基体合金仍保持了非晶结构，而多孔 SiC 仍保持原晶体结构。

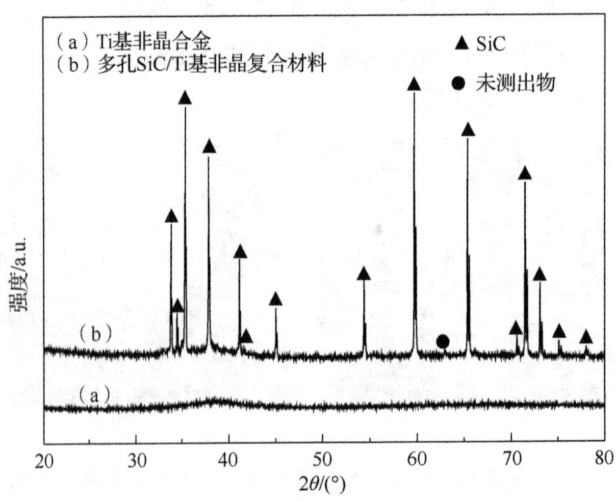

图 5-3　Ti 基非晶合金及多孔 SiC/Ti 基非晶复合材料的 XRD 图谱

5.1.3　两相界面结构

图 5-4 所示为多孔 SiC/Ti 基非晶复合材料两相界面处的 TEM 明场相照片和对应 SAED 照片。从图 5-4（a）中可以看出，SiC 相与 Ti 基非晶合金相界面清晰，在界面处

没有观察到类似气孔或者孔隙等缺陷，界面处局部区域形成界面层。图 5-4（c）所示界面区域的衍射花样表明界面处发生了局部的界面反应，析出少量晶体相。多孔 SiC/Ti 基非晶复合材料的界面层宽度（50～100nm）远小于多孔 SiC/Zr 基非晶复合材料的界面层宽度（约 1μm）[20,21]，表明多孔 SiC/Ti 基非晶复合材料具有更好的界面结合状况，有利于力学性能的提高。

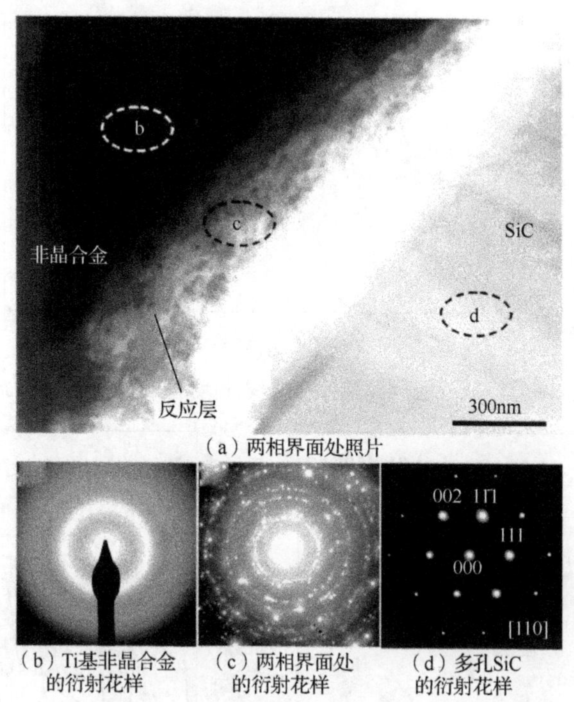

（a）两相界面处照片

（b）Ti基非晶合金的衍射花样　（c）两相界面处的衍射花样　（d）多孔SiC的衍射花样

图 5-4　多孔 SiC/Ti 基非晶复合材料两相界面处的 TEM 明场相照片和对应 SAED 照片

5.2　轴向压缩力学行为

5.2.1　应变率相关力学性能

图 5-5 所示为多孔 SiC/Ti 基非晶复合材料在准静态和动态压缩下的真应力-真应变曲线。在两种加载方式下，复合材料均呈典型的线弹性变形，无宏观塑性。复合材料在动态加载下的抗压强度约为 1775MPa，比准静态加载下的抗压强度降低约 14.6%。

图 5-6 所示为不同应变率条件下 Ti 基非晶合金及其复合材料的轴向压缩真应力-真应变曲线。从图 5-6（a）可以看出，Ti 基非晶合金的断裂强度随应变率的提高而逐渐降低，表现为负应变率效应。当应变率从 $8.9\times10^{-5}s^{-1}$ 增加到 $1425s^{-1}$ 时，非晶合金的断裂强度降低了约 36.1%。与非晶合金负应变率效应不同，复合材料的断裂强度在准静态压缩（应变率为 7.4×10^{-5}～$7.4\times10^{-3}s^{-1}$）及动态压缩（应变率为 1.7×10^{3}～$3.4\times10^{3}s^{-1}$）下均随着应变率的提高而增加，表现为正应变率效应。然而，在应变率从 $7.4\times10^{-3}s^{-1}$ 增加到

$1.7\times10^3 s^{-1}$ 时，复合材料的断裂强度却明显降低，表现为负应变率效应。Ti 基非晶合金及其复合材料的力学性能均具有明显的应变率效应，为此引入应变率敏感性系数进一步表征。

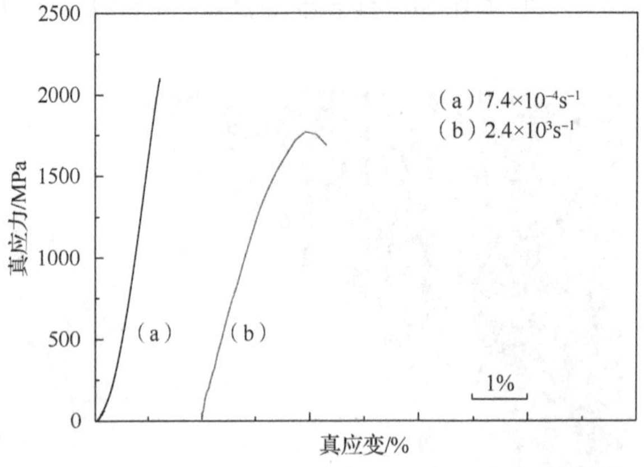

图 5-5　多孔 SiC/Ti 基非晶复合材料在准静态和动态压缩下的真应力-真应变曲线

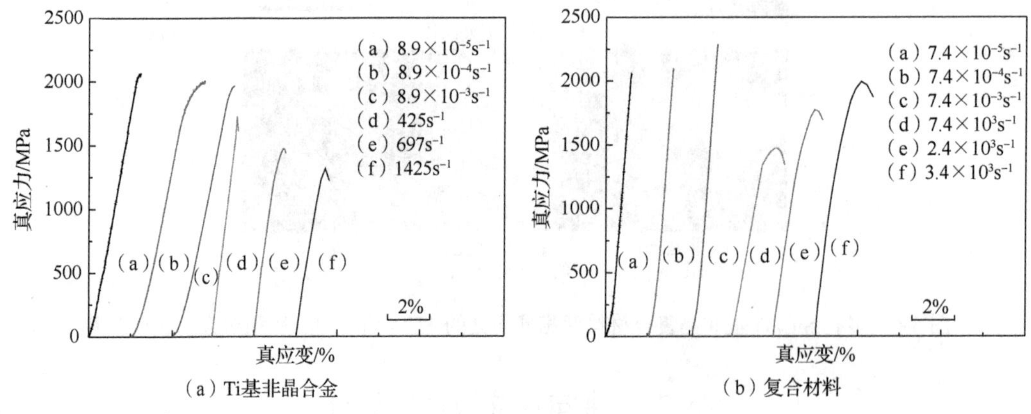

图 5-6　不同应变率条件下 Ti 基非晶合金及其复合材料的轴向压缩真应力-真应变曲线

图 5-7 所示为 Ti 基非晶合金及复合材料的应力和应变率对数关系曲线。线性拟合得到的斜率即为应变率敏感性系数。在应变率介于 8.9×10^{-5}～$425 s^{-1}$ 时，Ti 基非晶合金的应变率敏感性系数（m_{im}）为−0.012。当应变率继续增加介于 425～$1425 s^{-1}$ 时，m_{im}=−0.2181。结果表明，Ti 基非晶合金具有负应变率效应。然而，复合材料表现出明显不同的应变率效应。在应变率介于 7.4×10^{-5}～$7.4\times10^{-3} s^{-1}$ 时，复合材料的应变率敏感性系数（m_{ic}）约为 0.023，表现为正应变率效应。而当应变率从 7.4×10^{-3} 增加到 $1.7\times10^3 s^{-1}$ 时，m_{ic} 变为−0.0358，表现为负应变率效应。当应变率继续增加介于 1.7×10^3～$3.4\times10^3 s^{-1}$ 时，m_{ic}=0.441，表现为正应变率效应。

Ti 基非晶合金呈负应变率效应，而多孔 SiC 呈正应变率效应[22]。由于多孔 SiC 的体积分数高达 86%，因此复合材料应变率相关的力学响应主要由多孔 SiC 所决定。因此，在准静态（应变率介于 7.4×10^{-5}～$7.4\times10^{-3} s^{-1}$）与动态压缩（应变率介于 1.7×10^3～

$3.4\times10^3s^{-1}$）下，SiC 相正应变率效应起主导作用，因而复合材料表现为正应变率效应。然而，当应变率从 $7.4\times10^{-3}s^{-1}$ 增加到 $1.7\times10^3s^{-1}$ 时，复合材料中裂纹的不稳定扩展程度明显加剧，这将对复合材料的应变率效应产生重大影响。在应变率为 $7.4\times10^{-3}s^{-1}$ 的加载条件下，由于非晶相对裂纹扩展的有效阻碍作用，裂纹的不稳定扩展相对比较困难。而当应变率增加到 $1.7\times10^3s^{-1}$ 时，高速的能量输入使裂纹更容易在 SiC 相中萌生，而且非晶相的软化程度明显加剧，从而导致其不能有效阻碍裂纹扩展，因而裂纹的不稳定扩展程度加剧，这将显著降低复合材料的承载能力。因此，当应变率从 $7.4\times10^{-3}s^{-1}$ 增加到 $1.7\times10^3s^{-1}$ 时，复合材料的抗压强度明显降低，表现为负应变率效应。

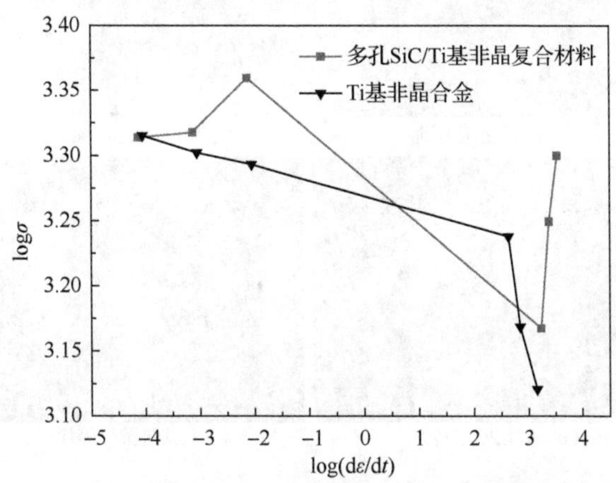

图 5-7　Ti 基非晶合金及复合材料的应力和应变率对数关系曲线

5.2.2　变形和断裂

图 5-8 所示为多孔 SiC/Ti 基非晶复合材料在准静态及动态压缩下的断口宏观形貌。在两种加载方式下，复合材料具有相似的破坏特征，均断裂成几个大的碎块，主要有剪切断裂产生的楔形碎块和纵向劈裂产生的条形碎块，这表明复合材料呈剪切断裂与纵向劈裂的混合断裂模式。不同之处在于，动态压缩下形成的碎块尺寸比准静态压缩更小，这表明动态压缩下的破坏程度比准静态压缩更剧烈。

图 5-9 为准静态压缩下多孔 SiC/Ti 基非晶复合材料中 Ti 基非晶合金相和 SiC 相的断口微观形貌。从图 5-9（a）～（c）可以看出，非晶合金相断口形貌主要呈光滑区域［图 5-9（a）方框标记］、脉状花样［图 5-9（b）］及韧窝状花样［图 5-9（c）］3 种特征。如图 5-9（d）～（f）所示，SiC 相的断口形貌主要呈解理台阶［图 5-9（d）］、微裂纹［图 5-9（e）］及 SiC 颗粒碎化［图 5-9（f）］3 种特征。

图 5-10 为动态压缩下多孔 SiC/Ti 基非晶复合材料中 Ti 基非晶合金相和 SiC 相的断口微观形貌。该复合材料在动态压缩下的断裂形貌特征比其在准静态压缩下的断裂形貌特征更加复杂。从图 5-10（a）～（c）可以看出，Ti 基非晶合金相断口形貌呈光滑区域、脉状花样和多重脊状条带区［图 5-10（a）］、韧窝状花样及部分的非晶碎化［图 5-10（b）］等多种特征。剪切带内部绝热温升引起局部区域软化甚至熔化，而最终导致光滑区域的形成[23,24]［图 5-10（a）］。在动态压缩作用下，复合材料内部具有复杂的应力状态，剪

应力诱导形成脉状花样［图 5-10（a)］，而拉应力诱导形成韧窝状花样[17]［图 5-10（b)］。如图 5-10（c）所示，多重脊状条带区域由几条相互平行的较宽的脊状条带组成，脊状条带表面附着明显的黏性层［图 5-10（c)］。如图 5-10（d）～（f）所示，SiC 相的断口形貌主要呈解理台阶［图 5-10（d)］、微裂纹［图 5-10（e)］及 SiC 颗粒碎化［图 5-10（f)］3 种特征。SiC 的碎化程度在动态压缩下比准静态压缩更为剧烈。

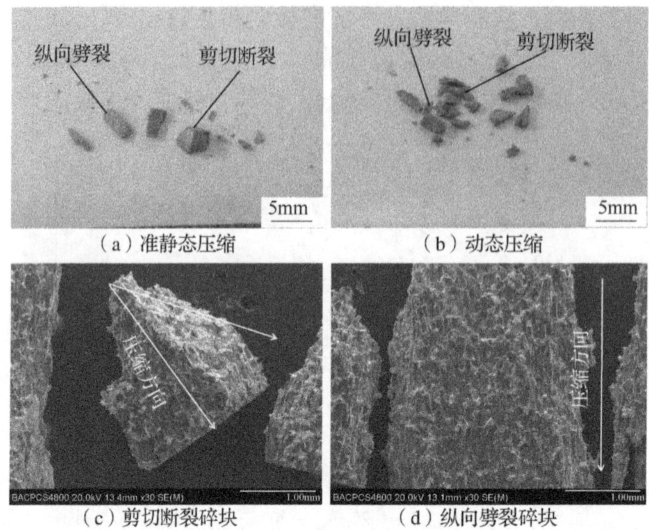

（a）准静态压缩　（b）动态压缩

（c）剪切断裂碎块　（d）纵向劈裂碎块

图 5-8　多孔 SiC/Ti 基非晶复合材料在准静态及动态压缩下的断口宏观形貌

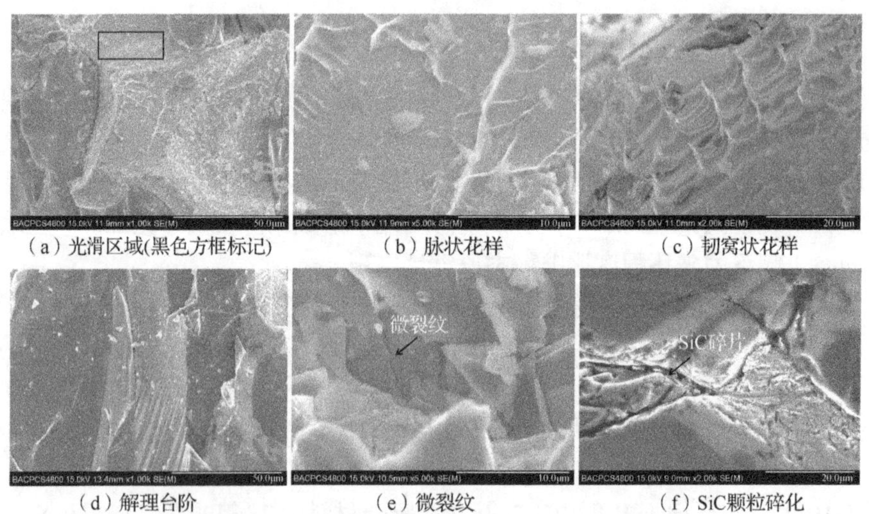

（a）光滑区域(黑色方框标记)　（b）脉状花样　（c）韧窝状花样

（d）解理台阶　（e）微裂纹　（f）SiC颗粒碎化

图 5-9　准静态压缩下多孔 SiC/Ti 基非晶复合材料中 Ti 基非晶合金相[（a）～（c）]和 SiC 相[（d）～（f）]的断口微观形貌

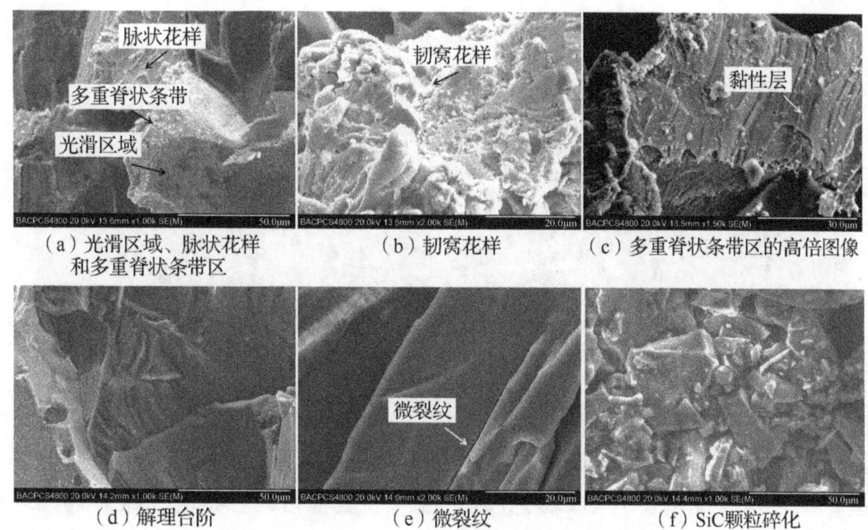

（a）光滑区域、脉状花样和多重脊状条带区　（b）韧窝花样　（c）多重脊状条带区的高倍图像

（d）解理台阶　（e）微裂纹　（f）SiC颗粒碎化

图 5-10　动态压缩下多孔 SiC/Ti 基非晶复合材料中 Ti 基非晶合金相[（a）～（c）]和 SiC 相[（d）～（f）]的断口微观形貌

如图 5-9 与图 5-10 所示，尽管复合材料在准静态与动态压缩下均呈现出剪切与劈裂的混合断裂模式，然而复合材料在动态压缩下的破坏程度明显高于准静态压缩下的破坏程度。非晶合金在轴向压缩载荷作用下发生高度局域化的剪切带变形，因而可认为是典型的绝热过程。

从式（2-16）可以看出，绝热温升与应变率成正比。因此，动态压缩诱导的绝热温升明显高于准静态压缩的情况。因而，复合材料中 Ti 基非晶合金相在动态压缩下出现了大面积的合金熔化现象，如图 5-10（c）所示。准静态压缩下，裂纹有足够的时间在 SiC 相中萌生和长大，而在动态压缩下，大量的微裂纹迅速在 SiC 相中萌生以累积高速率的能量输入，导致 SiC 相发生剧烈的破碎，如图 5-10（f）所示。

图 5-11 所示为多孔 SiC/Ti 基非晶复合材料在 2%变形量后的动态压缩断口微观形貌。从图 5-11（a）中可以看出，裂纹萌生于 SiC 相中，其扩展路径是不规则的。对裂纹扩展路径的高倍放大观察中发现，裂纹萌生于 SiC 相中，沿着 SiC 相或者两相界面处扩展而导致界面剥离的形成，如图 5-11（b）所示。

如图 5-10（e）和图 5-11（b）所示，裂纹容易在 SiC 相中或者复合材料两相界面处萌生。由于 Ti 基非晶合金的屈服强度（约 1800MPa）明显高于 SiC 的抗压强度，裂纹优先在 SiC 相中萌生。另外，复合材料的 SiC 相与 Ti 基非晶合金相具有不同的物理性能，如热膨胀系数[25]、杨氏模量[26]及泊松比[27]等，因此两相界面处容易产生应力集中而导致裂纹萌生。当裂纹扩展到 Ti 基非晶合金相时，非晶相可有效阻碍裂纹扩展，裂纹受到阻碍停止扩展或者绕过非晶相沿着两相界面处扩展，从而导致界面剥离的发生，如图 5-11（b）所示。当裂纹扩展到 SiC 相时，裂纹是穿过 SiC 相还是在两相界面处停止扩展，这与两相界面结合强度密切相关。如果界面强度足够高，裂纹将在两相界面处停止扩展，从而延迟复合材料失效。然而，若界面结合强度较弱，裂纹将穿过 SiC 相，加速复合材料失效。因此，良好的界面结合是提高复合材料承载能力的关键。

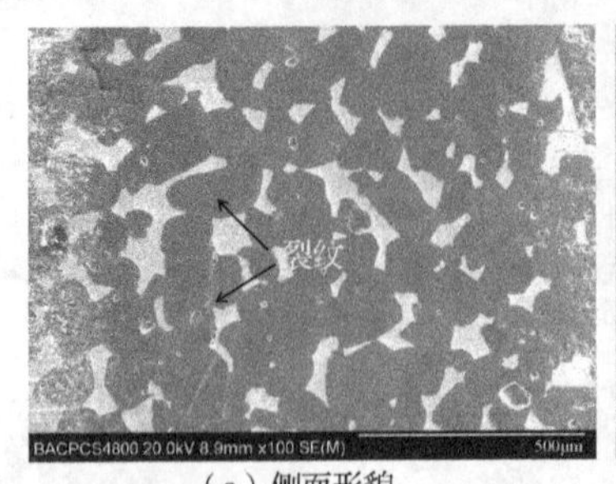

（a）侧面形貌

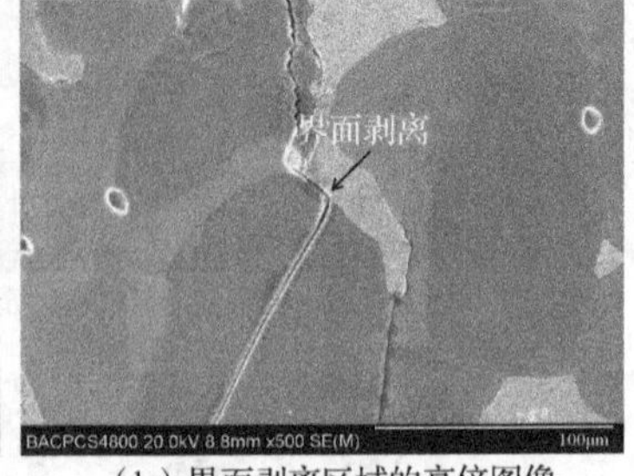

（b）界面剥离区域的高倍图像

图 5-11　多孔 SiC/Ti 基非晶复合材料在 2%变形量后的动态压缩断口微观形貌

如图 5-6 所示，多孔 SiC/Ti 基非晶复合材料的抗压强度明显高于 Ti 基非晶合金的抗压强度，并且显著高于多孔 SiC 的抗压强度[28]。复合材料独特的三维连通网络结构促使两相在三维空间连续均匀分布。均匀分布的 SiC 相可显著阻碍 Ti 基非晶合金相的变形，这抑制了 Ti 基非晶合金相中剪切带的形成，从而提高了 Ti 基非晶合金相的抗压强度。同时，Ti 基非晶合金相也限制了 SiC 相的变形。由于 Ti 基非晶合金的屈服强度明显高于 SiC 的抗压强度，裂纹优先在 SiC 相中萌生，而此时 Ti 基非晶合金相仍处于弹性变形阶段，SiC 相周围的 Ti 基非晶合金相可有效阻碍裂纹的扩展，从而延迟 SiC 相的失效。这种两相相互约束的变形机制，可有效延迟复合材料的失效，显著提高复合材料的抗压强度。复合材料结构的复杂性导致其内应力分布十分复杂。Ti 基非晶合金相的失效模式将由其周围的应力状况及 SiC 相的约束等因素共同决定，表现为脉状花样、蜂窝状花样、多重脊状条带区与光滑区域等多种断裂特征。Ti 基非晶合金相剧烈的塑性变形有利于减少裂纹前端的应力集中及提高复合材料的强度和韧性。

5.3　压痕响应行为

压痕加载作为一种典型的约束变形加载模式，可有效抑制主剪切带的迅速扩展，进而在压痕下方形成明显的剪切带变形区域。相比于传统单轴加载下有限几条剪切带的快速扩展，压痕加载能够提供更加丰富的剪切带演化信息。目前的研究主要集中在静态压痕作用下非晶合金的剪切带变形机理，而非晶合金具有明显的应变率效应，其在动态压痕作用下的力学行为格外引人关注。

此外，压痕加载与弹丸撞击靶板的作用过程具有明显的物理相似性，是模拟研究材料在高速冲击作用下变形、断裂行为的一种重要手段。静态硬度能在一定程度上表征材料的抗冲击性能，静态硬度越高，则抗冲击性能越好。并且，材料在静态压痕与弹丸加载下的变形和断裂特征也具有一定的相似性，然而，弹丸加载下的变形行为比静态压痕更剧烈。因此，利用静态压痕加载来评估材料的抗冲击性能具有一定的局限性。

传统陶瓷材料的动态硬度明显高于静态硬度，且动态压痕诱导的失效行为比静态压痕更剧烈。而针对非晶合金在动态压痕下的响应特征研究相对较少。Subhash 和 Zhang[29]

报道的 ZrHf 基非晶合金的动态硬度明显低于静态硬度，而动态压痕诱导的塑性变形比静态压痕更为剧烈。多孔 SiC/Ti 基非晶复合材料的两相在两种加载条件下均表现出不同的硬度与变形特征，开展该复合材料在静态与动态压痕加载下的响应行为研究，将有助于揭示其在高速冲击作用下的变形、断裂机制，从而推动其在轻质装甲防护领域的应用。

5.3.1　力学性能

多孔 SiC/Ti 基非晶复合材料在动态压痕加载下容易发生剧烈的塑性变形，这将导致压痕对角线长度很难精确测量，进而影响到动态硬度的测定。如果动态载荷过低，则撞击杆不能从枪管中发射出，以致于不能产生动态压痕，而若载荷过大，则复合材料容易破碎成几个碎块。为了获得有效的动态硬度，加载载荷介于 38～60kg。然而由于复合材料的脆性特征，即使动态载荷在 38～60kg 范围内，仍然很难获得形状规则的动态压痕。为此，通过重复大量压痕试验，选取 5 个形状相对规则的压痕，测量压痕对角线长度，根据硬度计算公式计算出复合材料的动态硬度。

图 5-12 所示为多孔 SiC/Ti 基非晶复合材料的静态硬度与动态硬度。随着载荷由 20kg 增加到 50kg，复合材料的静态硬度由（1340±70）HV 降低为（1103±95）HV。随着载荷的增加，复合材料静态硬度的标准偏差增加，这表明随着载荷的增加，硬度离散程度增加。在 39.2～58.5kg 的载荷范围内，复合材料的动态硬度介于 1664～1508HV。复合材料的动态硬度明显高于静态硬度。复合材料的静态硬度与动态硬度虽都有一定程度的离散，但它们的标准偏差均低于平均硬度的 10%，这表明获得的硬度值是可靠的。

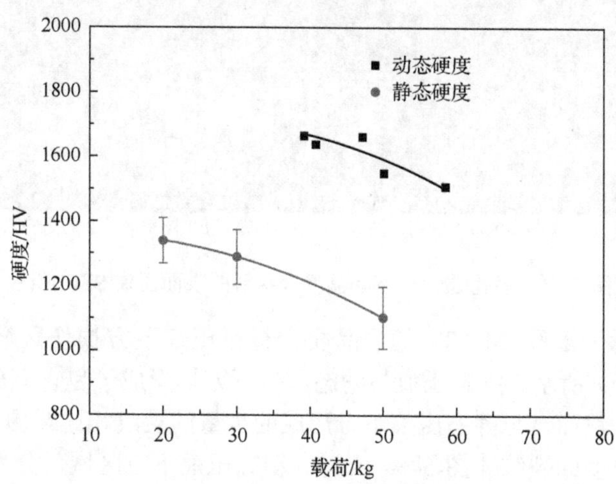

图 5-12　多孔 SiC/Ti 基非晶复合材料的静态硬度和动态硬度

Ti 基非晶合金的动态硬度明显高于静态硬度，并且 SiC 的动态硬度也明显高于静态硬度[30]。Ti 基非晶相与 SiC 相两者的共同作用，促使复合材料的动态硬度明显高于静态硬度，如图 5-12 所示。

5.3.2　变形和断裂

图 5-13 所示为多孔 SiC/Ti 基非晶复合材料的表面压痕 SEM 照片。如图 5-13（a）和（b）所示，压痕特征尺寸介于 200～300μm，压痕区域包含非晶相与 SiC 相。两种压痕加载条件下，复合材料均发生了明显的脆性破坏，压痕区域产生了大量的横向裂纹，并且压痕边缘区域产生了多条放射状的裂纹。所不同的是，动态压痕加载［图 5-13（b）］比静态压痕加载［图 5-13（a）］诱导产生了更剧烈的破坏。动态压痕区域 SiC 相发生明显的破碎，且发生了部分材料剥落的现象，如图 5-13（b）所示。对图 5-13（b）中区域 I 的高倍放大观察中发现，裂纹萌生于 SiC 相中，沿着垂直于压痕边缘区域向外传播，而非晶相中并未出现明显裂纹，如图 5-13（c）所示。对图 5-13（b）中区域 II 的高倍放大观察中发现，非晶相中出现了明显的多重剪切带，并且裂纹容易沿着非晶相与 SiC 相的界面处传播，导致界面剥离的发生，如图 5-13（d）所示。

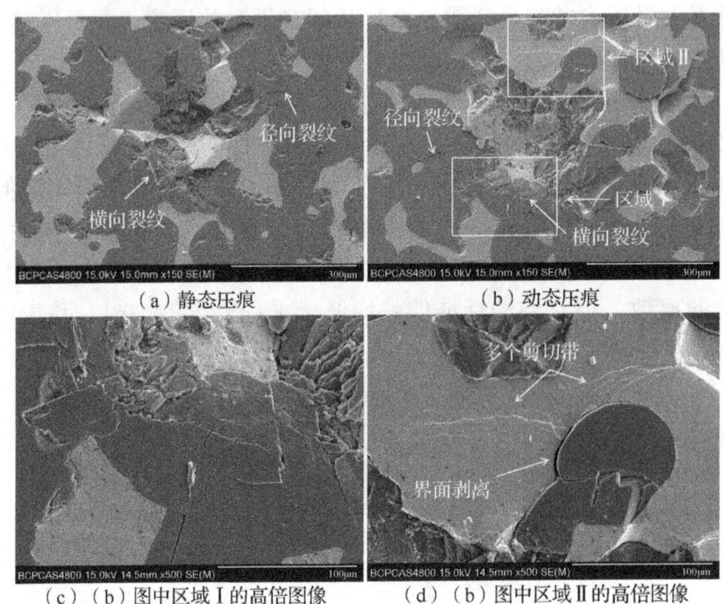

（a）静态压痕　（b）动态压痕

（c）（b）图中区域 I 的高倍图像　（d）（b）图中区域 II 的高倍图像

图 5-13　多孔 SiC/Ti 基非晶复合材料的表面压痕 SEM 照片

图 5-14 所示为多孔 SiC/Ti 基非晶复合材料压痕下方损伤区域 SEM 照片。如图 5-14（a）和（b）所示，静态压痕与动态压痕下方均形成了包含有部分发展的放射形裂纹的损伤区域。然而，与静态压痕下方形成的少量的裂纹相比［图 5-14（a）］，动态压痕下方形成了更多的裂纹［图 5-14（b）］。动态压痕下方区域可分为明显的 3 个不同的损伤区域。区域 I 靠近压痕尖端区域，SiC 相与非晶相均发生了剧烈的脆性破坏，如图 5-14（b）所示。区域 II 靠近压痕边缘区域，其中 SiC 相中形成了大量的宏观裂纹，而非晶相中形成了明显的连续的剪切带，如图 5-14（c）所示。区域 III 与区域 I 和区域 II 相邻，且远离压痕尖端区域，表现为 SiC 相中形成了少量的宏观裂纹，而非晶相中形成了少量的连续剪切带，如图 5-14（d）所示。

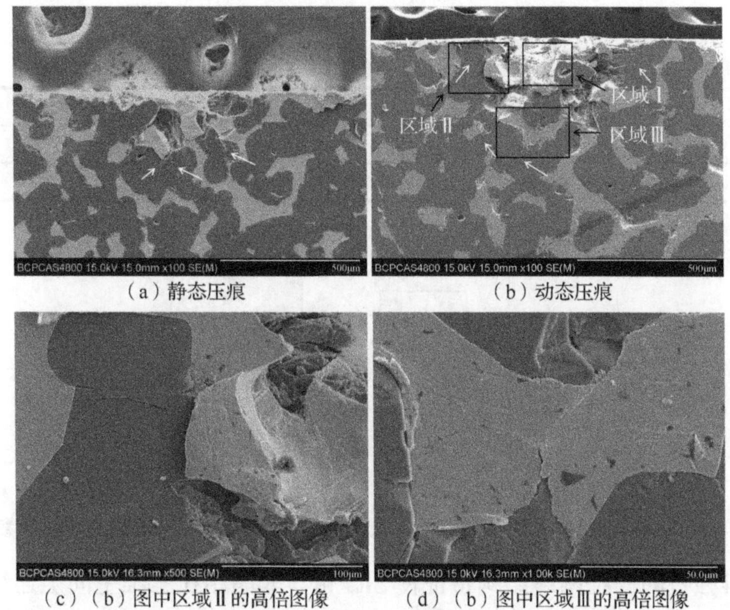

（a）静态压痕　（b）动态压痕

（c）（b）图中区域Ⅱ的高倍图像　（d）（b）图中区域Ⅲ的高倍图像

图 5-14　多孔 SiC/Ti 基非晶复合材料压痕下方损伤区域 SEM 照片

如图 5-13 和图 5-14 所示，复合材料在压痕加载作用下发生了典型的脆性破坏。为此，我们引入了脆性参数（B_c）来表征该复合材料在静态压痕与动态压痕加载下发生脆性破坏的敏感性。脆性参数最早由 J. B. Quinn 和 G. D. Quinn [31]提出，随后 Zhang 和 Subhash[32]进行了进一步修正，表示为

$$B_{\mathrm{c}} = [(EY)/\sigma_{\mathrm{f}}^2]^{1/3} \tag{5-2}$$

式中，Y 是屈服强度；E 是杨氏模量；σ_{f}是断裂强度。本章研究中，将 σ_{f} 替换为单轴压缩下的抗压强度 B。

Zhang 和 Subhash[32]提出脆性材料的静态屈服强度可与静态硬度和杨氏模量建立一定的关系，如式（5-3）所示：

$$Y = (H^4/E)^{1/3} \tag{5-3}$$

式中，H 是硬度。式（5-3）也可用来计算动态屈服强度。

将式（5-3）代入式（5-2）可得

$$B_{\mathrm{c}} = [(E^{2/3}H^{4/3})/\sigma_{\mathrm{f}}^2]^{1/3} \tag{5-4}$$

复合材料的杨氏模量可简化为用混合法进行计算：

$$E = V_{\mathrm{fs}}E_{\mathrm{s}} + (1 - V_{\mathrm{fs}})E_{\mathrm{m}} \tag{5-5}$$

式中，V_{fs} 代表体积分数，下标 s 和 m 分别代表 SiC 和非晶合金。

将 E_{s}（450GPa）[33]和 E_{m}（85.02GPa）代入式（5-5），得出复合材料的杨氏模量为 395.25GPa。复合材料的杨氏模量、硬度及抗压强度如表 5-1 所示，将其代入式（5-4），即可得出复合材料在静态压痕加载与动态压痕加载下的脆性参数值 B，如图 5-15 所示。复合材料的动态脆性参数明显高于静态脆性参数。由于脆性参数值越高，材料越容易发生脆性破坏[31,32]，因此复合材料在动态压痕作用下更容易发生脆性破坏。

表 5-1　多孔 SiC/Ti 基非晶复合材料的力学性能

加载条件	E/GPa	H/GPa	σ_f /GPa	B
静态	395.25	10.8	2.1	6.6
动态	395.25	15.7	1.7	9.0

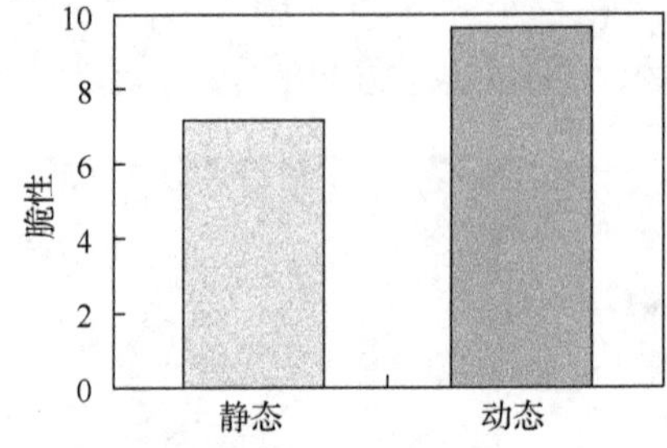

图 5-15　多孔 SiC/Ti 基非晶复合材料在静态压痕和动态压痕加载下的脆性参数

复合材料独特的三维网络结构特征使 SiC 相与非晶相在三维空间上连续均匀分布，因而两相发生协调变形。SiC 相可有效阻碍非晶相的塑性变形，因此剪切带的萌生和扩展受到很大程度的抑制，导致复合材料的非晶相中形成的剪切带［图 5-14（d）］数量远远少于 Ti 基非晶合金的情况。同时，非晶相也在很大程度上限制了 SiC 相的变形，阻碍了裂纹在 SiC 相中的萌生与传播，从而提高了硬度。在持续的载荷作用下，非晶合金相中自由体积的聚集及高应变加载产生明显的绝热温升效应，非晶相发生软化[34,35]。随后，SiC 相中的裂纹才能穿过非晶相，导致复合材料的整体失效。复合材料的这种两相在三维方向的相互增强机制延迟了复合材料的整体失效，显著提高了复合材料的硬度。

Iyer[36]系统研究了 SiC 材料在动态压痕加载下的损伤特征，并根据线弹性接触力学，建立起了压痕下方应力分布与损伤特征的关系模型。复合材料与 SiC 材料在动态压痕加载下均表现为脆性断裂的特征，且复合材料具有各向同性的特征。因此，可以认为复合材料在动态压痕下方的应力分布与 SiC 材料在动态压痕下方的应力分布具有很好的相似性。为此，可将复合材料动态压痕下方的应力分布划分为典型的 4 个区域，如图 5-16 所示。区域 A 中，3 个主应力中（$\sigma_1>\sigma_2>\sigma_3$），仅 σ_1 是拉应力，而 σ_2 为压应力，$\sigma_3\approx0$。区域 B 中 3 个主应力分量均为压应力。区域 C 中，σ_1 是拉应力，而 σ_2 和 σ_3 均为压应力。区域 D 中，σ_1 和 σ_2 为拉应力，而 σ_3 为压应力。裂纹的萌生与拉应力密切相关。区域 A 对应于图 5-14（b）中区域Ⅱ，其靠近压痕边缘区域，σ_1 为拉应力且值较大，因而导致该区域 SiC 相中发生了剧烈的破坏，且非晶相发生了剧烈的塑性变形，如图 5-14（c）所示。区域 B 对应于图 5-14（b）中区域Ⅰ，其处于完全的压缩状态，容易产生较多的微观裂纹，导致非晶相与 SiC 相均发生剧烈的破碎。区域 C 和区域 D 对应于图 5-14（b）中区域Ⅲ，该区域远离压痕边缘区域，拉伸应力分量相对地低于区域 A 的情况。因此，较少的宏观裂纹在 SiC 相中产生且非晶相发生了轻微的塑性变形，如图 5-14（d）所示。

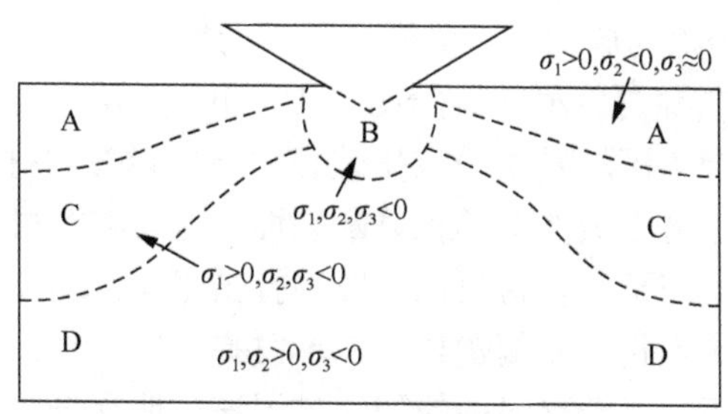

图 5-16　压痕下方的应力分布图

5.4　高速撞击行为

为了满足装甲车辆“轻型化”的发展趋势，亟需发展高性能轻质装甲防护材料[1-3]。陶瓷装甲正是为了满足发展高性能轻质装甲防护材料的要求应运而生的，是目前国内外现役轻质装甲防护材料的重要组成部分。陶瓷材料由于具有低密度、高强度、高硬度等优点，因而具有良好的抗冲击性能。然而，陶瓷材料存在塑性差、易碎的缺点，不能抗多次打击[4,5]。而实际战场中，装甲车辆受到小型穿甲弹和高速弹丸多次打击的概率较大，因此，如何提高陶瓷装甲的抗多次打击能力始终是轻质装甲防护领域的关注焦点。

多孔陶瓷增强金属（多孔陶瓷/金属）基复合材料不仅综合了陶瓷材料和填充金属的优点，还避免了陶瓷材料易碎性的弱点，可显著提高陶瓷装甲的抗冲击性能[37-41]。美国 Lanxide 公司最早开始研发多孔陶瓷/金属基复合材料，模拟靶试结果表明该复合材料具有良好的抗冲击性能[37]。2003 年，法国 Forquin 等[38]报道多孔 R-SiC/Al 合金复合材料的抗冲击性能显著优于 R-SiC。近年来，国内 Wang 等成功制备了具有抗多次打击能力的多孔 SiC/Al 合金复合材料[39-41]。在冲击载荷作用下，金属相不仅约束了陶瓷相的变形，而且其塑性变形抑制了裂纹的快速扩展，使所形成的碎裂带和碎裂区具有一定的变形协调能力，有助于提高复合材料的结构完整性，因而复合材料具有良好的抗冲击性能[40,41]。

与晶态合金相比，非晶合金具有高强度、高硬度、高弹性及良好的冲击韧性等优异的综合力学性能 [10,11,15]。以非晶合金为填充相与陶瓷复合，可达到兼顾陶瓷复合装甲强度、硬度和韧性的目的。为此，北京理工大学与中国科学院金属研究所联合开发出了新型的多孔 SiC/Ti 基非晶复合材料。研究表明，该复合材料不仅具有低密度，而且具有高强度和高硬度，预期具有更加优异的抗冲击性能，研究其抗冲击性能及弹靶作用机理，将为该复合材料在轻质装甲防护领域的应用提供重要科学依据。

5.4.1　损伤特征

图 5-17 所示为多孔 SiC/Ti 基非晶复合材料在弹丸撞击下的截面损伤形貌。如图 5-17（a）所示，复合材料在单发弹打击时并未发生明显的破碎，仍保持较好的结构完整性。复合材料着弹点区域附近发生轻微变形，在变形区下方形成少量的以弹着点为

裂纹源，沿着撞击方向传播的放射状径向裂纹。在远离着弹区域观察到少量的环向裂纹，并且环向裂纹大都未能贯穿复合材料。如图 5-17（b）所示，复合材料在二发弹打击时发生明显的破坏，其着弹点区域发生粉末化破碎并产生轻微的材料崩落，在其下方形成明显的破碎区，破碎区下方形成典型的椎体断裂面，这与陶瓷材料在弹丸撞击下的损伤特征相似[42,43]。不同之处在于复合材料在二发弹打击下，其远离着弹点区域损伤程度较小，仍保持一定的结构完整性，而陶瓷材料在单发弹打击下已发生完全破碎。这些现象表明，在弹丸撞击作用下，复合材料中的裂纹扩展速度明显低于纯陶瓷材料，因而复合材料具有良好的抗多次打击能力。

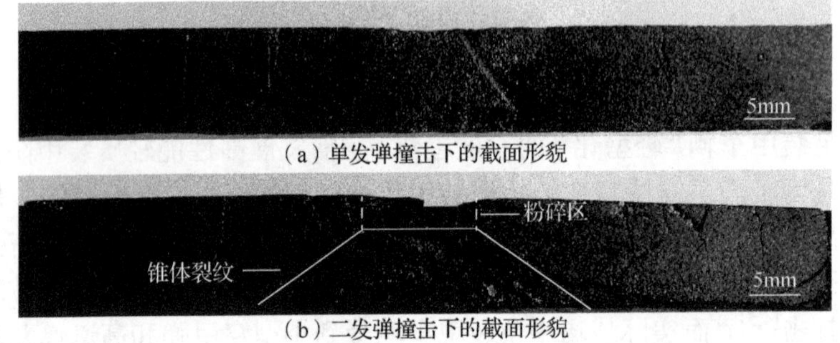

（a）单发弹撞击下的截面形貌

（b）二发弹撞击下的截面形貌

图 5-17　多孔 SiC/Ti 基非晶复合材料在弹丸撞击下的截面损伤形貌

弹丸撞击复合材料时，会在弹丸与复合材料接触面产生压缩波，进而产生压应力。随着弹丸的持续作用，接触面上的压应力持续增加，当压应力超过复合材料的 HEL 时，复合材料中就会形成以着弹点为裂纹源的放射状径向裂纹。弹丸加载具有高速能量输入，因此着弹区域瞬间形成大量的微裂纹，微裂纹的迅速扩展与交汇最终导致材料的碎化，进而形成明显的粉碎区。压缩波传播到复合材料后自由面时会反射形成拉伸波进而产生拉应力，导致复合材料后表面应力集中区域形成径向与环向裂纹，并沿着与弹丸撞击相反的方向传播。破碎区下方的径向裂纹与环向裂纹的不断扩展与交汇，最终导致断裂椎体的形成。在弹丸持续的作用下，弹丸开始侵彻复合材料断裂椎体，最终导致复合材料的失效。

复合材料在弹丸撞击与动态压痕加载下的损伤特征具有明显的相似性，并且复合材料在弹丸撞击下承受三向应力状态，这与其在动态压痕加载下承受的应力状态相似。因此，动态压痕加载与弹靶作用过程具有明显的物理相似性，动态压痕加载有望成为表征材料抗冲击性能的一种有效手段。在未来的研究工作中，将重点开展动态硬度与材料抗冲击性能关系的研究，为材料抗冲击性能表征提供新的思路。

图 5-18 所示多孔 SiC/Ti 基非晶复合材料在弹丸撞击下的断口微观形貌。如图 5-18（a）所示，复合材料呈典型的脆性断裂形貌，断口非常粗糙，且 SiC 相中存在较多的微孔洞［图 5-18（a）中白色箭头所指］。部分微孔洞的产生是多孔 SiC 中存在的闭孔在非晶合金浸渗过程中部分被保留而引起的。这些微孔洞容易成为裂纹源而引起复合材料的迅速失效，因而减少多孔 SiC 中的闭孔缺陷始终是提高复合材料承载能力的关键。进一步的高倍放大观察中发现，裂纹倾向萌生于 SiC 相内部或者两相界面处，裂纹

沿两相界面处的传播容易导致界面剥离现象的发生，如图 5-18（b）所示。界面剥离的产生容易导致复合材料整体的迅速失效，因此，改善界面结合状况以减少界面剥离的发生，是提高复合材料承载能力的重要手段。

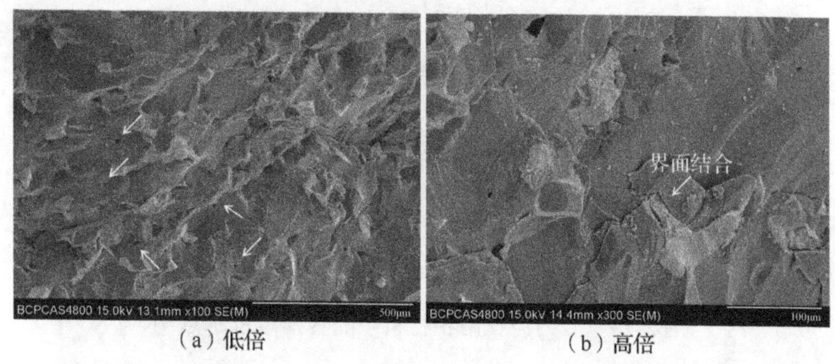

（a）低倍　　（b）高倍

图 5-18　多孔 SiC/Ti 基非晶复合材料在弹丸撞击下的断口微观形貌

针对多孔 SiC/Ti 基非晶复合材料在弹丸撞击下的失效模式研究，发现复合材料的两相在三维空间上连续分布，相互约束，可显著提高其承载能力。SiC 相的约束作用诱发非晶相中多重剪切带的萌生，延长非晶相的承载时间。同时，非晶相的约束作用能有效抑制 SiC 相中裂纹的萌生与传播，增强 SiC 相的承载能力，能够最大限度地发挥 SiC 相和非晶相对复合材料整体的强化作用，两者的综合作用显著提高了复合材料的抗冲击性能。

5.4.2　应力波传播

图 5-19 所示为应力波在两相材料中的传播过程示意图。A 材料与 B 材料具有不同的阻抗，应力波传播到两相界面时将发生反射和透射。应力波在界面不断地反射与透射，会造成应力波的衰减。另外，当应力波传播方向上的相尺寸小到一定程度时，还可能发生应力波的绕射，而不会对应力波的强度产生影响。多孔 SiC/Ti 基非晶合金的两相尺寸较大，因而发生应力波绕射的概率较小，下面重点讨论应力波在两相界面处的反射与透射。

根据一维应力波理论，当应力波从 A 材料传播到 B 材料时，透射波的强度（σ_{T1}）可表示为[44,45]

$$\sigma_{T1} = T_t \sigma_i = \frac{2}{1+n_0}\sigma_i = \frac{2}{1+\dfrac{\rho_1 C_1}{\rho_2 C_2}}\sigma_i = \frac{2\rho_2 C_2}{\rho_1 C_1 + \rho_2 C_2}\sigma_i \tag{5-6}$$

式中，T_t是透射系数；n_0是两种材料的阻抗比；ρ_1是 A 材料的密度；C_1是 A 材料纵波波速；ρ_2是 B 材料的密度；C_2是 B 材料纵波波速；σ_i是入射波的强度。

当$\rho_1 C_1 > \rho_2 C_2$时，$\sigma_{T1} < \sigma_i$，即应力波从高阻抗材料传播到低阻抗材料时，透射波强度小于入射波强度。而当$\rho_1 C_1 < \rho_2 C_2$时，$\sigma_{T1} > \sigma_i$，即应力波从低阻抗材料传播到高阻抗材料时，透射波强度大于入射波强度。

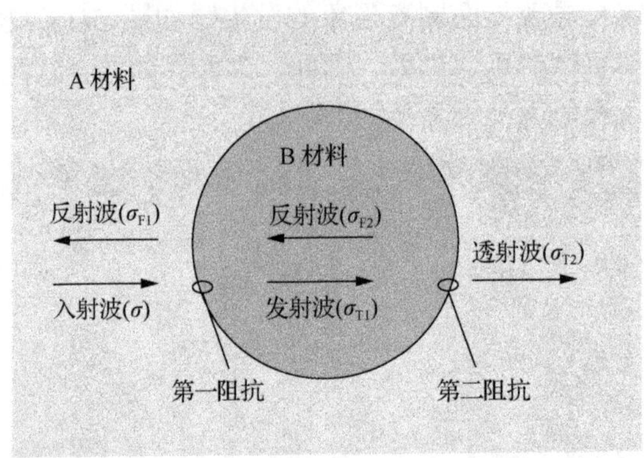

图 5-19　应力波在两相材料中的传播过程示意图

如果应力波从A材料传播到B材料，再由B材料传播到A材料，其透射波强度（σ_{T2}）可表示为

$$\sigma_{T2} = T'\sigma_{T1} = \frac{2}{1+n_0'}\sigma_{T1} = \frac{2}{1+\dfrac{\rho_2 C_2}{\rho_1 C_1}} \times \sigma_{T1} \tag{5-7}$$

将式（5-6）代入式（5-7），得

$$\sigma_{T2} = \frac{4\rho_1 C_1 \rho_2 C_2}{(\rho_1 C_1 + \rho_2 C_2)}\sigma_i \tag{5-8}$$

从式（5-8）可以看出，无论 $\rho_1 C_1$ 与 $\rho_2 C_2$ 的关系如何，始终有 $\sigma_{T2} < \sigma_i$，因此，应力波从 A 材料传播到 B 材料，再由 B 材料传播到 A 材料时，应力波强度将会出现衰减。应力波强度的衰减可表示为

$$\Delta\sigma = \sigma_i - \sigma_{T2} = \frac{(\rho_1 C_1 - \rho_2 C_2)^2}{(\rho_1 C_1 + \rho_2 C_2)^2}\sigma_i \tag{5-9}$$

根据式（5-9），两种材料的阻抗差别越大，应力波强度的衰减程度越大。多孔 SiC/Ti 基非晶复合材料的两相具有不同的阻抗，因而应力波在复合材料中传播时会发生衰减。将 ρ_1、C_1（SiC）[46]与 ρ_2、C_2（Ti 基非晶合金）分别取 3230kg/m^3、12300m/s、5490kg/m^3 及 4985m/s，将以上数值代入式（5-9），可计算出应力波从 SiC 相传播到非晶相，再由非晶相传播到 SiC 相时的应力波强度衰减约为 3.4%。由于复合材料中存在大量的两相界面，应力波在复合材料中传播过程中将会发生大幅度的衰减，因此复合材料具有良好的抗冲击性能。

参 考 文 献

[1] 蒋志刚，曾首义，申志强. 轻型陶瓷复合装甲结构研究进展[J]. 兵工学报，2010，31(5)：603-610.

[2] 曹贺全，张广明，孙素杰，等. 装甲车辆防护技术研究现状与发展[J]. 兵工学报，2012，33(12)：1549-1554.

[3] 曾毅，赵宝荣. 装甲防护材料技术[M]. 北京：国防工业出版社，2014.

[4] MEDVEDOVSKI E. Ballistic performance of armour ceramics: influence of design and structure. part1[J]. Ceramics

international, 2010, 36(7): 2103-2115.

[5] MEDVEDOVSKI E. Ballistic performance of armour ceramics: influence of design and structure. port2[J]. Ceramics international, 2010, 36(7): 2117-2127.

[6] SAVAGE G. Ceramic armor [J]. Journal of institute of metal, 1990, 6(8): 487-492.

[7] VIECHNICKI D J, SLAVIN M J, KLIMAN M I. Development and current status of armor ceramic[J]. American ceramic society bulletin, 1991, 70(6): 1035-1039.

[8] MATCHEN B. Applications of ceramic in armor products [J]. Key engineering materials, 1996, 122(1): 332-342.

[9] ZHOU Z S, WU G H, JIANG L T. Analysis of morphology and microstructure of B_4C/2024Al composites after 7.62 mm ballistic impact [J]. Materials and design, 2014, 63: 658-663.

[10] CHOI-YIM H, JOHNSON W L. Bulk metallic glass matrix composites [J]. Applied physics letters, 1997, 71(26): 3808-3810.

[11] DANDLIKER R B, CONNER R D, JOHNSON W L. Melt infiltration casting of bulk metallic-glass matrix composites [J]. Journal of materials research, 1998, 13(10): 2896-2901.

[12] YAVARI A R, ECKERT J. Mechanical properties of bulk metallic glasses and composites [J]. MRS bulletin, 2007, 32(8): 635-638.

[13] ABBASI M, GHOLAMIPOUR R, SHAHRI F, Glass forming ability and mechanical properties of Nb-containing Cu-Zr-Al based bulk metallic glasses [J]. Transactions of nonferrous metals society of China, 2013, 23(7): 2037-2041.

[14] SCHUH C A, HUFNAGEL T C, RAMAMURTY U. Mechanical behavior of amorphous alloys [J]. Acta materialia, 2007, 55(12): 4067-4109.

[15] TREXLER M M, THADHANI N N. Mechanical properties of bulk metallic glasses [J]. Progress in materials science, 2010, 55(8): 759-839.

[16] SUN B A, WANG W H. The fracture of bulk metallic glasses [J]. Progress in materials science, 2015, 74: 211-307.

[17] CHOI-YIM H, BUSCH R. Synthesis and characterization of particulate reinforced $Zr_{57}Nb_5Al_{10}Cu_{15.4}Ni_{12.6}$ bulk metallic glass composites [J]. Acta materialia, 1999, 47(8): 2455-2462.

[18] STRASSBURGER E. Visualization of impact damage in ceramics using the edge-on impact technique[J]. International journal of applied ceramic technology: ceramic product development and commercialization, 2004, 1(3): 235-242.

[19] 中华人民共和国国家质量监督检验检疫总局，中国国家标准化管理委员会. 压汞法和气体吸附法测定固体材料孔径分布和孔隙度 第一部分：压汞法：GB/T 21650.1—2008[S]. 北京：中国标准出版社，2008.

[20] CHEN Y L, WANG A M, ZHANG H F. Preparation and characterization of amorphous alloy/porous SiC Bi-continuous structure composite [J]. International journal of modern physics B, 2009, 23(6-7): 1294-1299.

[21] CHEN Y L, WANG A M, FU H M. Preparation, microstructure and deformation behavior of Zr-based metallic glass/porous SiC interpenetrating phase composites [J]. Materials science and engineering A, 2011, 530: 15-20.

[22] XIE G Q, LOUZUINE-LUZGIN D V, INOUE A. Characterization of interface between the particles in NiNbZrTiPt metallic glassy matrix composite containing SiC fabricated by spark plasma sintering [J]. Journal of alloys and compounds, 2009, 483(1-2): 239-242.

[23] CHOI-YIM H, BUSCH R, JOHNSON W L. The effect of silicon on the glass forming ability of the $Cu_{47}Ti_{34}Zr_{11}Ni_8Cu_{47}Ti_{34}Zr_{11}Ni_8$ bulk metallic glass forming alloy during processing of composites [J]. Journal of applied physics, 1998, 83(12): 7993-7997.

[24] MUKAI T, NIEH T G, KAWAMURA Y. Effect of strain rate on compressive behavior of a $Pd_{40}Ni_{40}P_{20}$ bulk metallic glass [J]. Intermetallics, 2002, 10(11-12): 1071-1077.

[25] SUBHASH G, DOWDING R J, KECSKES L J. Characterization of uniaxial compressive response of bulk amorphous Zr-Ti-Cu-Ni-Be alloy [J]. Materials science and engineering A, 2002, 334(1-2): 33-40.

[26] LIU L F, DAI L H, BAI Y L. Strain rate-dependent compressive deformation behavior of Nd-based bulk metallic glass [J]. Intermetallics, 2005, 13(8): 827-832.

[27] KAWAMURA Y, SHIBATA T, INOUE A. Superplastic deformation of $Zr_{65}Al_{10}Ni_{10}Cu_{15}$ metallic glass [J]. Scripta materialia, 1997, 37(4): 431-436.

[28] 刘娜. 三维连通网状 SiC/Zr 基非晶复合材料动态性能及变形特征研究[D]. 北京：北京理工大学，2007.

[29] SUBHASH G, ZHANG H W. Dynamic indentation response of Zr-based bulk metallic glasses [J]. Journal of materials research, 2007, 22(2): 478-485.

[30] KLECKA M A, SUBHASH G. Rate-dependent indentation response of structural ceramics [J]. Journal of the American ceramic society, 2010, 93(8): 2377-2383.

[31] QUINN J B, QUINN G D. Indentation brittleness of ceramics: a fresh approach [J]. Journal of materials science, 1997, 32(16): 4331-4346.

[32] ZHANG W, SUBHASH G. An elastic-plastic-cracking model for finite element analysis of indentation cracking in brittle materials [J]. International journal of solids and structures, 2001, 38(34-35): 5893-5913.

[33] ELOMARI S, SKIBO M D, SUNDARRAJAN A. Thermal expansion behavior of particulate metal-matrix composites [J]. Composites science and technology, 1998, 58(3-4): 369-376.

[34] ZHAO M, LI M. Local heating in shear banding of bulk metallic glasses [J]. Scripta materialia, 2011, 65(6): 493-496.

[35] CHEN M W. Mechanical behavior of metallic glasses: microscopic understanding of strength and ductility [J]. Annual review of materials research, 2008, 38(1): 445-469.

[36] IYER K A. Relationships between multiaxial stress states and internal fracture patterns in sphere-impacted silicon carbide [J]. International journal of fracture, 2007, 146(1-2): 1-18.

[37] NEWKIRK M S, URQUHART A W, ZWICKER H R. Formation of Lanxide TM ceramic composite materials [J]. Journal of materials research, 1986, 1(1): 81-89.

[38] FORQUIN P, TRAN L, LOUVIGNE P F. Effect of aluminum reinforcement on the dynamic fragmentation of SiC ceramics [J]. International journal of impact engineering, 2003, 28(10): 1061-1076.

[39] WANG F C, ZHANG X, WANG Y W. Damage evolution and distribution of interpenetrating phase composites under dynamic loading [J]. Ceramics international, 2014, 40(8): 13241-13248.

[40] LI G J, ZHANG X, FAN Q B. Simulation of damage and failure processes of interpenetrating SiC/Al composites subjected to dynamic compressive loading [J]. Acta materialia, 2014, 78: 190-202.

[41] 张旭. SiC_{3D}/Al 复合材料损伤演化机理及抗弹性能研究[D]. 北京：北京理工大学，2014.

[42] SHERMAN D. Impact failure mechanisms in alumina tiles on finite thickeness support and the effect of confinement [J]. International journal of impact engineering, 2000, 24(3): 313-328.

[43] KAWAI N, TSURUI K, SHINDO D. Fracture behavior of silicon nitride ceramics subjected to hypervelocity impact [J]. International journal of impact engineering, 2011, 38(7): 542-545.

[44] MEYERS M A. Dynamic behavior of materials [M]. New York: John Whiley and Son Inc., 1994.

[45] GOEL R, KOLKARNI M D, PANGYA K S. Stress wave micro-macro attenuation in ceramic plates made of tiles during ballistic impact [J]. International journal of mechanical sciences, 2014, 83: 30-37.

[46] NORMANDIA M J. Impact response and analysis of several silicon carbides [J]. International journal of applied ceramics technology, 2004, 1(3): 226-234.

彩　图

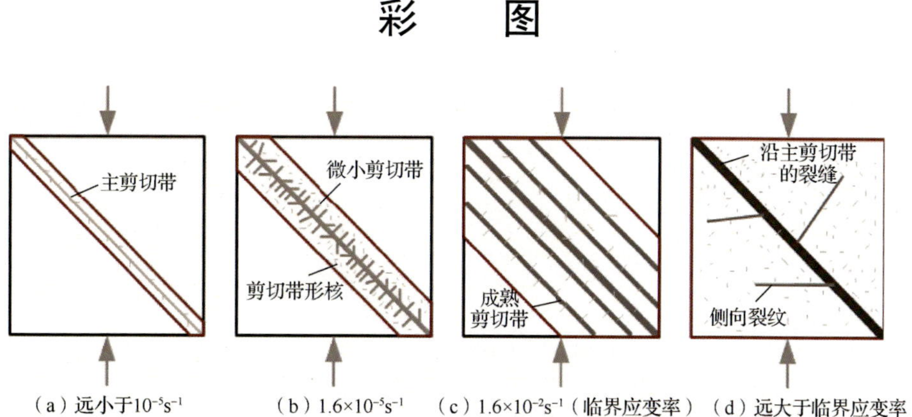

图 2-8　不同应变率条件下剪切带形成和扩展的空间分布示意图

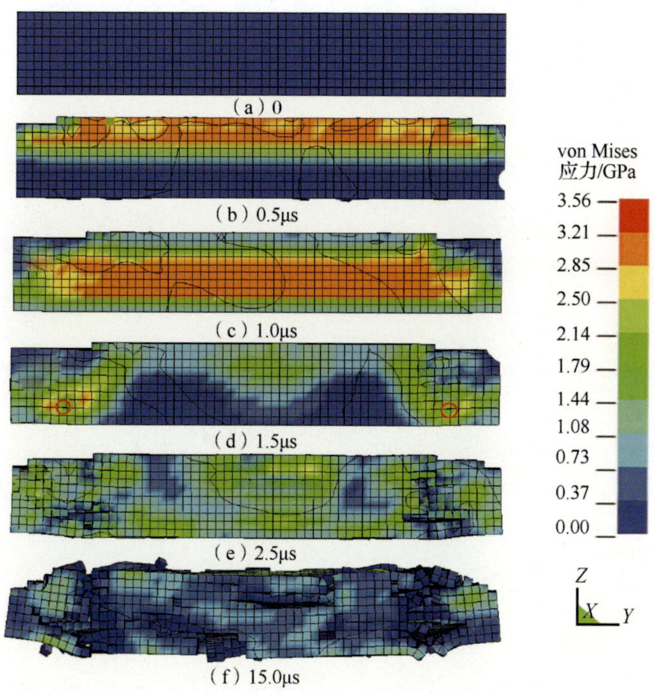

图 2-52　平面冲击下 Ti 基非晶合金截面（Y–Z 平面）在不同时刻的 von Mises 应力分布

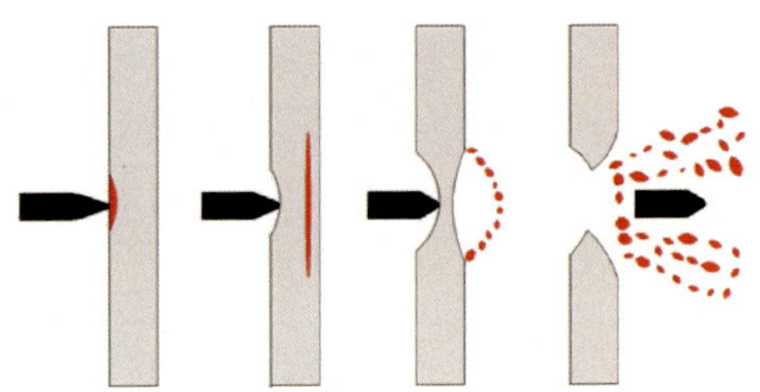

图 2-58　Ti 基非晶合金在高速撞击过程中的损坏示意图

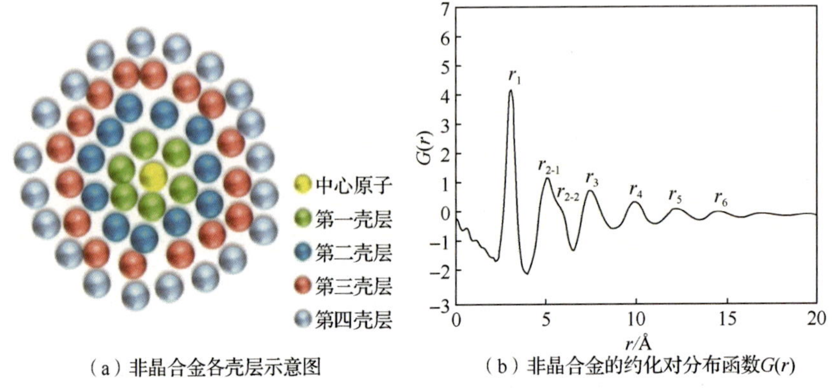

图 2-87　非晶合金各壳层示意图及非晶合金的约化对分布函数 $G(r)$

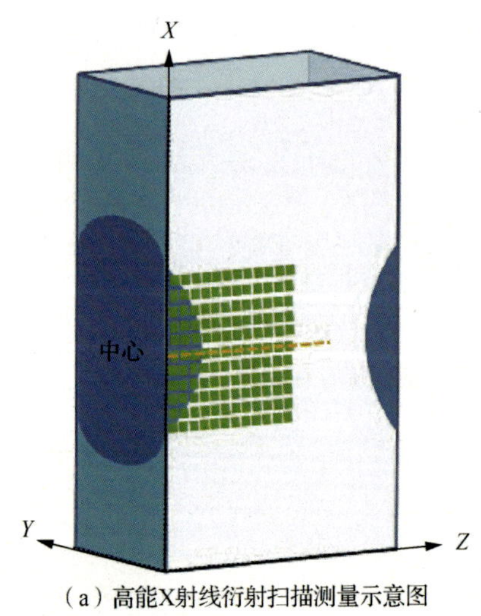

图 2-94　高能 X 射线衍射扫描测量示意图及不同壳层在不同方向的残余应变分布

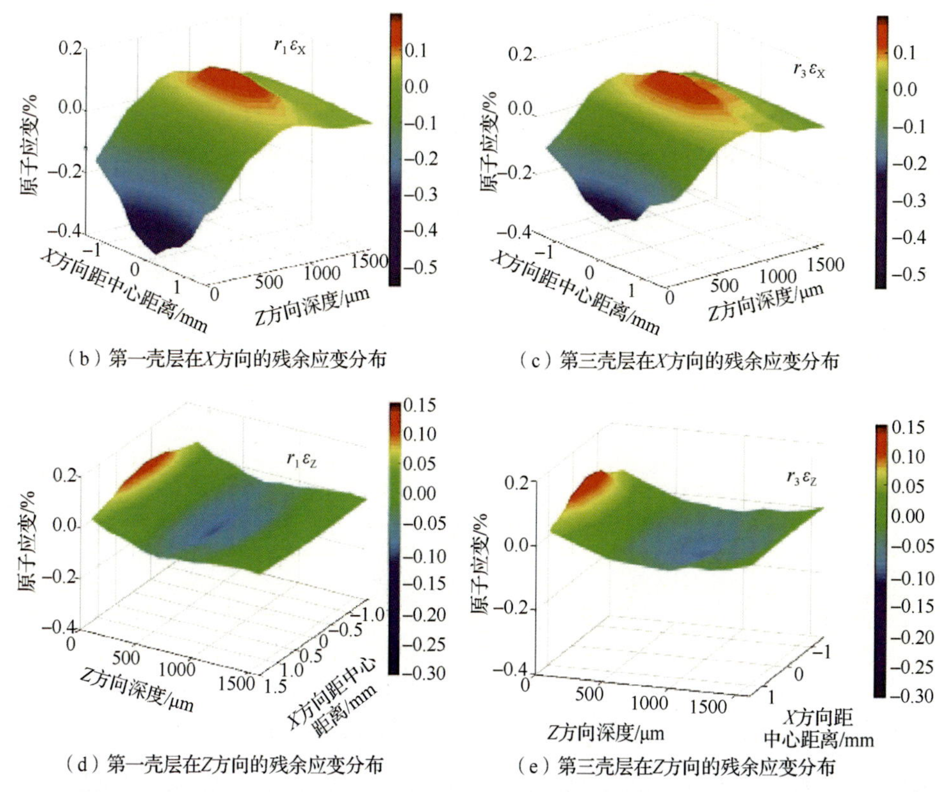

（b）第一壳层在X方向的残余应变分布　（c）第三壳层在X方向的残余应变分布

（d）第一壳层在Z方向的残余应变分布　（e）第三壳层在Z方向的残余应变分布

图 2-94（续）

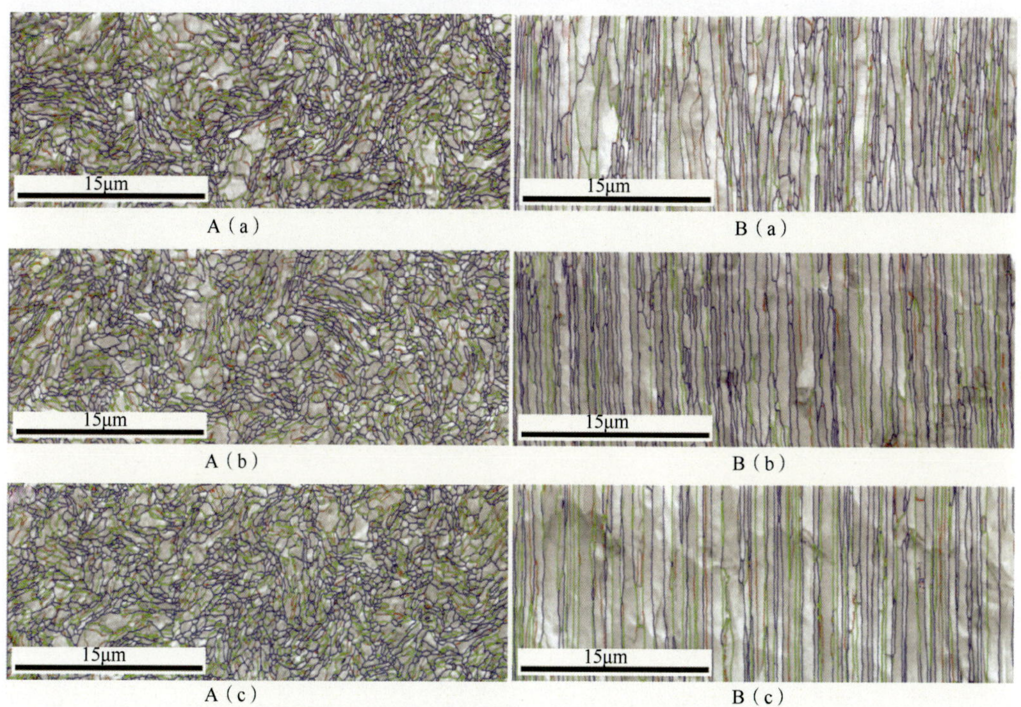

A（a）　B（a）

A（b）　B（b）

A（c）　B（c）

图 3-3　W 丝/非晶复合材料中 W 丝晶界角度分布图

A．横向；B．纵向；（a）Ⅰ号；（b）Ⅱ号；（c）Ⅲ号

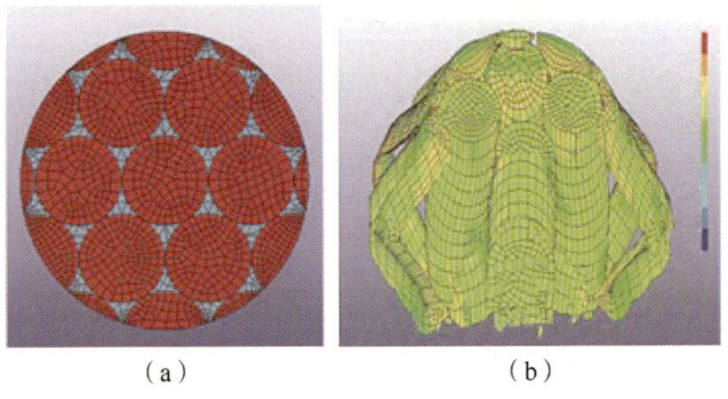

图 3-23　W 丝体积分数为 88%的复合材料的有限元模型及动态压缩后的截面形貌

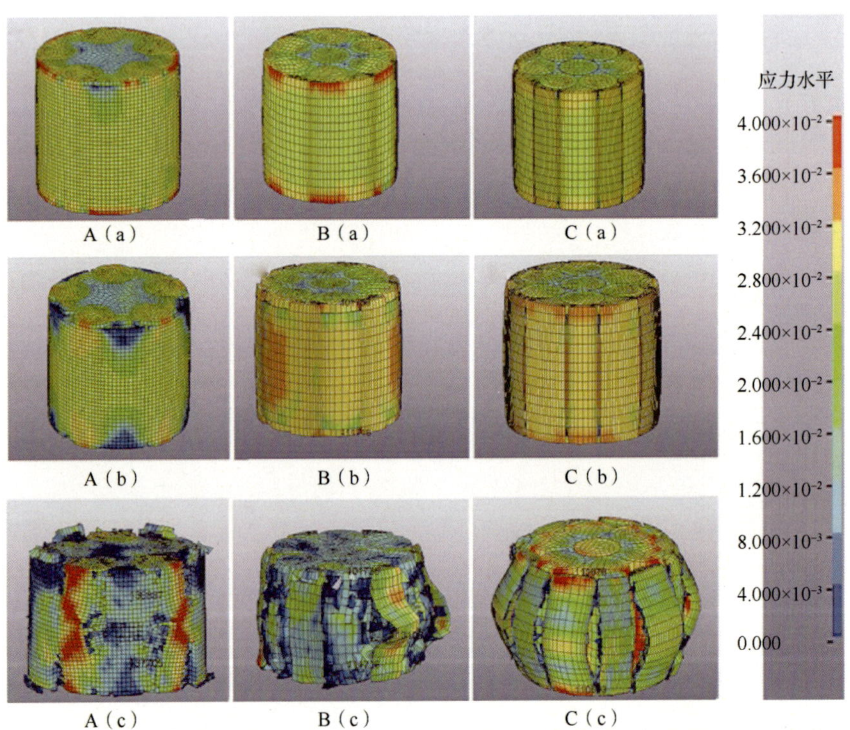

图 3-24　W 丝体积分数为 40%（A）、65%（B）和 83%（C）的复合材料在动态压缩下应变 5%（a）、8%（b）和断裂（c）时的 von Mises 应力分布

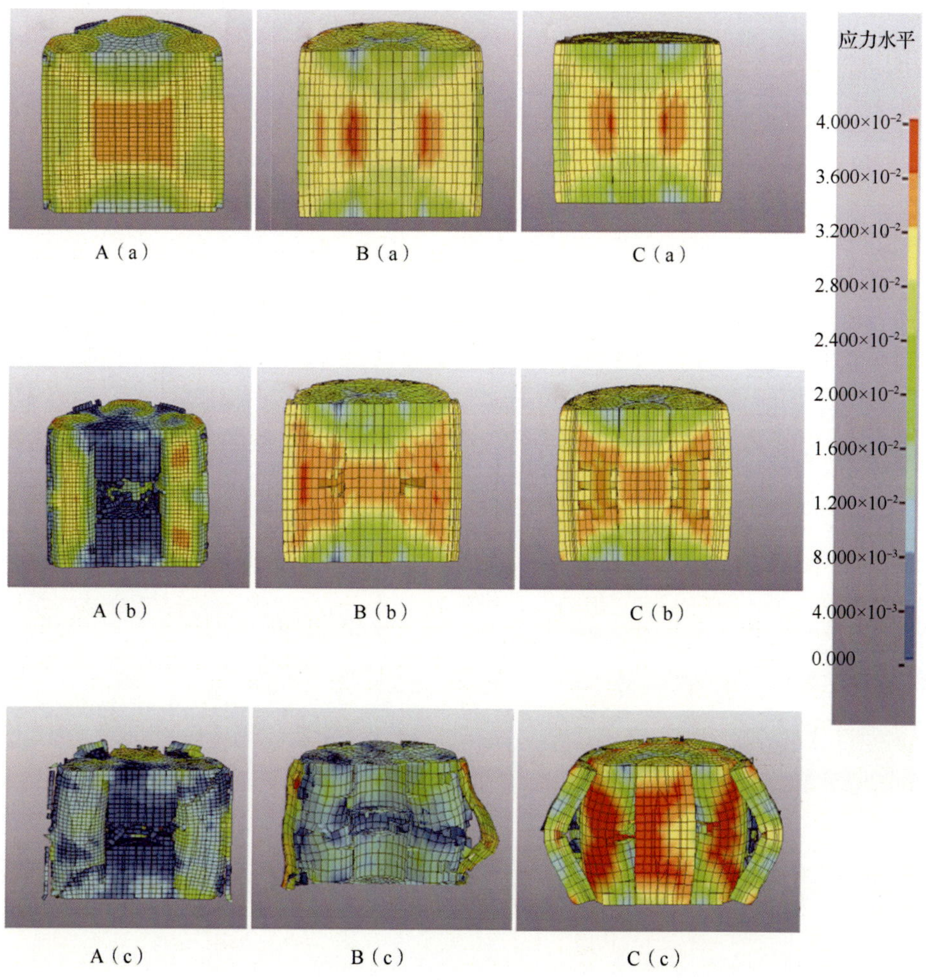

图 3-25　W 丝体积分数为 40%（A）、65%（B）和 83%（C）的复合材料在动态压缩下应变 5%（a）、8%（b）和断裂（c）时的截面 von Mises 应力分布

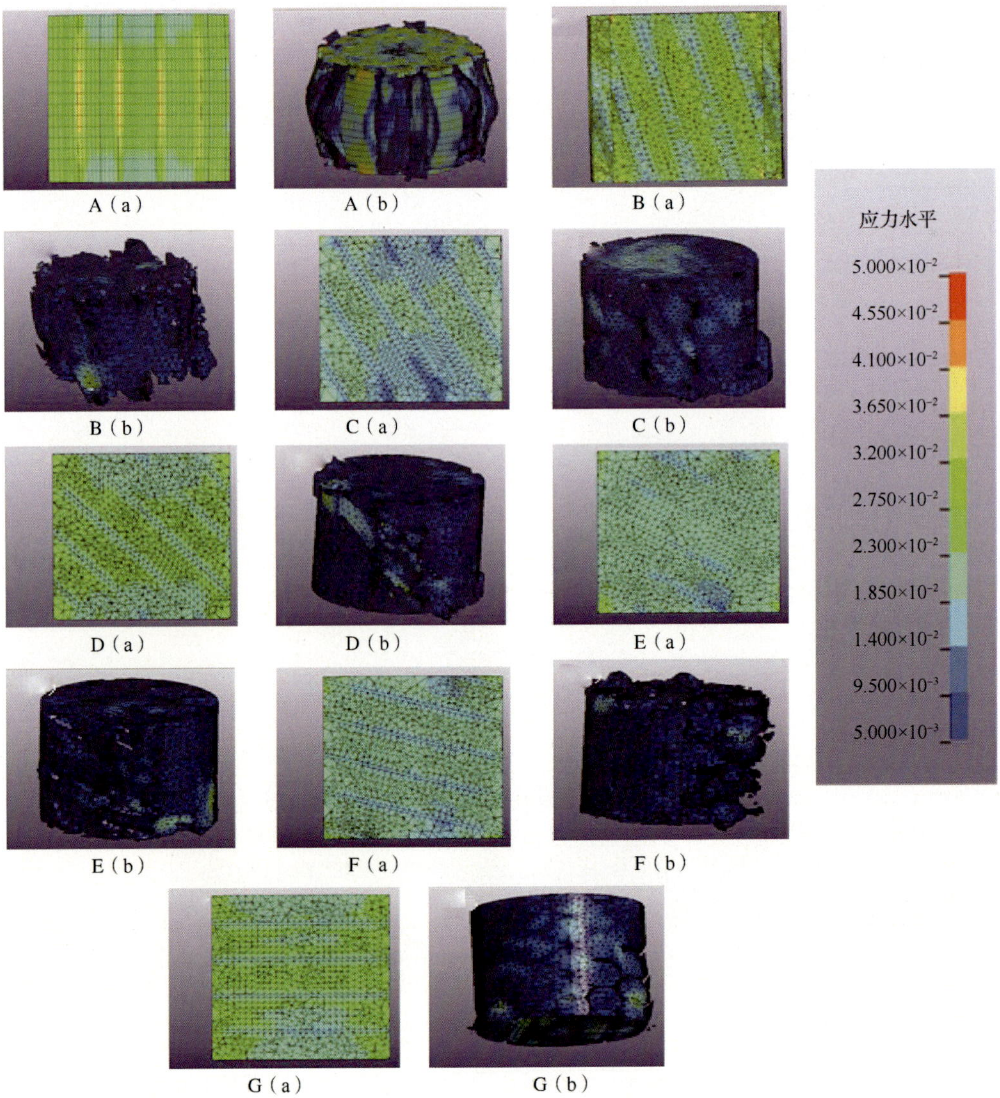

A（a） A（b） B（a）

B（b） C（a） C（b）

D（a） D（b） E（a）

E（b） F（a） F（b）

G（a） G（b）

应力水平

5.000×10^{-2}
4.550×10^{-2}
4.100×10^{-2}
3.650×10^{-2}
3.200×10^{-2}
2.750×10^{-2}
2.300×10^{-2}
1.850×10^{-2}
1.400×10^{-2}
9.500×10^{-3}
5.000×10^{-3}

图 3-33 不同 θ_f 的 W 丝/非晶复合材料在屈服点时截面的 von Mises 应力分布（a）和断裂形貌（b）

A. $\theta_f=0°$；B. $\theta_f=15°$；C. $\theta_f=30°$；D. $\theta_f=45°$；E. $\theta_f=60°$；F. $\theta_f=75°$；G. $\theta_f=90°$